Harald Straube

Ferrum Noricum und die Stadt auf dem Magdalensberg

Mit Beiträgen von
Heimo Dolenz und
Gernot Piccottini

SpringerWienNewYork

em. o. Univ.-Prof. Dipl.-Ing. Dr. Harald Straube
Technische Universität Wien, Österreich

Univ.-Doz. Dr. Gernot Piccottini
Landesmuseum für Kärnten, Klagenfurt, Österreich

Mag. Dr. phil. Heimo Dolenz
Villach, Österreich

Gedruckt mit Unterstützung des Fonds
zur Förderung der wissenschaftlichen Forschung, Wien

Umschlagbild: Luftaufnahme der Ausgrabungen auf dem Magdalensberg (Foto: S. Tichy)

Datenkonvertierung: H. Meszarics · Satz & Layout · A-1200 Wien

Druck und Bindearbeiten:
Ferdinand Berger & Söhne Ges.m.b.H., A-3580 Horn

Graphisches Konzept: Ecke Bonk

Gedruckt auf säurefreiem, chlorfrei gebleichtem Papier – TCF

Mit 86 Abbildungen

Die Deutsche Bibliothek – CIP-Einheitsaufnahme

Ferrum Noricum und die Stadt auf dem Magdalensberg/Harald Straube. Mit Beitr. von Heimo Dolenz und Gernot Piccottini. – Wien : New York : Springer, 1996
NE: Straube, Harald; Dolenz, Heimo; Piccottini, Gernot

ISBN-13: 978-3-211-82789-5 e-ISBN-13: 978-3-7091-6890-5
DOI: 10.1007/ 978-3-7091-6890-5

In memoriam

o. Univ.-Prof. Dr. Rudolf Egger
o. Univ.-Prof. Dr. Hermann Vetters
Prof. Dr. Otto Schaaber

Vorwort

Die vorliegende Arbeit enstand auf Anregung von Hermann Vetters, dem langjährigen Leiter der Ausgrabungen auf dem Magdalensberg. Schon sein Vorgänger Rudolf Egger hatte anhand von Funden überzeugend nachgewiesen, daß hier sehr beträchtliche Mengen von Halbzeug und Fertigprodukten aus dem ob seiner hervorragenden Qualität gerühmten norischen Eisen umgeschlagen und in weite Teile des Imperiums exportiert worden waren. Otto Schaaber, der seinerzeitige Leiter des Instituts für Härtereitechnik in Bremen, untersuchte ab Anfang der sechziger Jahre eine große Zahl derartiger Fundstücke vom Magdalensberg und konnte die Ursache für die überlegenen Eigenschaften feststellen: Ferrum noricum war kohlenstoffhaltiger, härtbarer Stahl und die norischen Schmiede beherrschten dank ihrer Erfahrung die Kunst der richtigen, auf den Verwendungszweck abgestimmten Werkstoffwahl und -behandlung. Diese bemerkenswerte Erkenntnis warf jedoch eine Reihe von neuen, die Archäologen und die Metallurgen gleichermaßen interessierenden Fragen auf. Eigene Versuche, die zum Ziel hatten, zur Beantwortung dieser Fragen beizutragen, führten zu Ergebnissen, die mit einigen seit Jahrzehnten als Lehrmeinung bestehenden Ansichten in krassem Widerspruch standen und sie widerlegten. Diese mit den thermodynamischen Grundlagen in vollem Einklang stehenden neuen Einblicke in den Verfahrensablauf im Rennofen ermöglichten H. Vetters eine nunmehr von wesentlichen Unstimmigkeiten befreite Übersetzung des die Eisenerzeugung betreffenden Teils der naturalis historia von Plinius.

Die Richtigkeit der durch die Reduktionsversuche auf dem Magdalensberg nachgewiesenen Möglichkeit, im Rennofen auch kohlenstoffhaltiges Eisen zu erzeugen, ist inzwischen durch mehrere analoge Versuche aber auch durch aus Rennöfen stammende, nicht weiter verarbeitete Fundluppen bestätigt. In Anbetracht der Bedeutung der Eisengewinnung für die Entwicklung der Zivilisation und der Rolle des norischen Stahls und des Handelszentrums Magdalensberg gab H. Vetters den Anstoß zu dieser Arbeit, die von einem Archäologen und einem Metallurgen gemeinsam geschrieben werden sollte. Langandauernde Krankheit erlaubten es ihm nicht, die Verfassung des ihm zugedachten historischen Teils in Angriff zu nehmen. H. Vetters ist nun nicht mehr unter uns, sein Wirken und sein geistiges Vermächtnis leben aber mit seinen Freunden und Schülern weiter fort. Der Verfasser sah es als eine ihm übertragenen Pflicht an, die von ihm übernommene Arbeit zum Abschluß zu bringen und ist dankbar, daß Univ.-Doz. Dr. Gernot Piccottini, der nunmehrige alleinverantwortliche Leiter der Ausgrabungen auf dem Magdalensberg auch die Nachfolge von H. Vetters als Verfasser des Abschnittes über die hier bestandene Stadt übernommen hat. Der Beitrag von Mag. Dr. phil. Heimo Dolenz stellt eine sinnvolle Abrundung dieser dem norischen Stahl gewidmeten Arbeit dar und ist zugleich Einbindung der jungen Archäologen-Generation im Sinne der Pflicht zur Übernahme des von ihren Lehrern hinterlassenen Erbes.

An dieser Stelle sei den Damen Silvia Körner und Heidemarie Knoblich für die Erstellung des Typoskripts und die wertvolle Hilfe bei der Anfertigung der Bildunterlagen gedankt. Besonderer Dank gilt dem Springer-Verlag für die angenehme Zusammenarbeit und das verständnisvolle Eingehen auf Anliegen des Autors.

Der österreichische Fonds zur Förderung der wissenschaftlichen Forschung hat der vorliegenden Arbeit großzügige Unterstützung angedeihen lassen, wofür auch an dieser Stelle nochmals herzlich gedankt sei.

Wien, im Februar 1996 *Harald Straube*

Inhalt

1. Der lange Weg von den Naturwerkstoffen zur Bronze

Künstlerisches Schaffen und Suchen nach technischen Lösungen entspringen kennzeichnender Veranlagung des Menschen. Schon in seiner Frühgeschichte drängt es ihn zur Darstellung der für sein Leben bestimmenden Geschöpfe und Vorgänge. Zeugnisse solch ältesten Kunstschaffens liegen aus allen Zonen unseres Erdballs vor, in denen Funde von vorgeschichtlichen menschlichen Gemeinschaften künden. Eher noch früher ist das Bestreben zu datieren, durch Verwendung naturgegebener oder selbst hergestellter Hilfsmittel das Leben leichter und erfolgreicher zu gestalten. Diese Schaffung und Nutzung von arbeitserleichternden Geräten war und ist eine der wichtigsten, wenn nicht überhaupt die maßgeblichste aller Voraussetzungen für die Entwicklung unserer Zivilisation. Mehr noch: Werkzeuge, ihre ständige Verbesserung und systematische und stets erweiterte Anwendung bilden den tragenden Sockel für die Sonderstellung des homo sapiens in dieser Welt. Sie sind aber auch charakteristisch für die Ambivalenz vieler technischer Errungenschaften, die das Leben verbessern oder ihm gar eine Grundlage bieten sollten, denen aber Voreingenommenheit und Ablehnung zuteil werden, die sich unbegründet gegen ihre Existenz statt gegen den falschen oder mißbräuchlichen Einsatz richten. So gehören schon zu den ersten Werkzeugen die für die nahrungschaffende Jagd ersonnenen, aber auch zur Tötung von Menschen verwendeten Geräte, also Waffen, und die Bibelerzählung von der Ermordung Abels ist vermutlich die älteste erhalten gebliebene Beschreibung eines Waffen- und damit Werkzeuggebrauchs.

Funktionstüchtigkeit, Leistungsfähigkeit und Betriebssicherheit auch einfachsten technischen Gerätes werden in hohem Maße durch die Verfügbarkeit und richtige Wahl geeigneter Werkstoffe bestimmt und dies erklärt, warum die Geschichte der Zivilisation und Technik eng mit der über sehr lange Phasen nur schubweise verlaufenden Entwicklung der Werkstoffgewinnung, -herstellung und -verarbeitung verbunden ist. Die bestehende Wechselwirkung ist unübersehbar und kommt auch in der nach wie vor sinnvollen, von Chr. J. Thomsen zu Beginn des 19. Jahrhunderts eingeführten Bezeichnung der großen Entwicklungsabschnitte nach den Basiswerkstoffen Stein, Bronze und Eisen deutlich zum Ausdruck, die neuerdings eine Ergänzung durch die der Bronzezeit vorausgehende Epoche sich ausbreitender Verwendung von Kupfer erfährt, für die die Bezeichnungen Kupferzeit (Äneolithikum) für den europäischen Raum und Kupfersteinzeit (Chalkolithikum) für den vorderen Orient eingeführt wurden [1, 2]. Die Benennung so langer Zeitabschnitte nach Werkstoffen bedeutet aber nur, daß mit deren Verfügbarwerden neue

Möglichkeiten für technische Lösungen erschlossen wurden und bringt nicht zum Ausdruck, daß diese Materialien im Anwendungsumfang dominierten oder gar andere zur Bedeutungslosigkeit verurteilten. Die Gewinnung metallischen Kupfers aus Erz in vorgeschichtlicher Zeit und die gezielte Herstellung und Verwendung von Stahl im mitteleuropäischen Raum waren technische Entwicklungsschübe entscheidender Bedeutung so wie in unseren Tagen neue, immer höheren Ansprüchen gerecht werdende Werkstoffe oft die Voraussetzung für die technische Evolution und die Realisierung progressiver Konzepte darstellen.

Über ungezählte Jahrtausende standen dem Menschen nur Naturwerkstoffe, wie pflanzliche Fasern, Leder, Holz, Horn, Knochen und vor allem der wegen hoher Härte für Werkzeuge verschiedenster Art, einschließlich von Waffen, sich besonders gut eignende Stein, zur Verfügung. Erst etwa 7000 bis 8000 Jahre vor Beginn unserer Zeitrechnung scheint erstmals gediegenes Kupfer verwendet und weiterverarbeitet worden zu sein [3]. Untersuchungen von in Südanatolien gemachten Funden aus dieser Epoche ergaben, daß sie offenbar bewußt einer Wärmeeinwirkung ausgesetzt worden waren, womit nach bisherigem Kenntnisstand ein erster Schritt auf dem langen Weg metallurgischer Verfahrenstechnik getan erscheint [3a]. Der Werkstoff Kupfer war aber dagegen nicht das Produkt eines von Menschenhand angewendeten metallurgischen Prozesses sondern wurde – so wie auch das schon bekannte Edelmetall Gold – in der Natur als gediegenes Metall gefunden, das in den oberen Schichten der Lagerstätten von Kupfererz in Form meist kleiner, unregelmäßiger Klümpchen oder als im Gestein eingelagerter Adern enthalten ist. Die Entstehung dieses Naturkupfers wurde anschaulich u. a. von H. Moesta [2] beschrieben. Das weitaus häufigste Kupfererz ist Kupferkies $CuFeS_2$ (Chalkopyrit). Dieses sulfidische Mineral ist meist mit Eisenspat, FeS_2, vergesellschaftet. Durch Verwitterungsvorgänge entstehen Sulfate, die – da im Wasser löslich – in tiefere Schichten versinken. Aus dem in Erdoberflächennähe verbleibenden Rest entstehen durch Einwirkung von Wasser sowie Sauerstoff und CO_2 der Luft oxidische oder hydroxidische Kupferverbindungen, vor allem aber das als grüner Malachit bekannte Karbonat $Cu_2(OH_2)CO_3$, die sämtlich leicht zu metallischem Kupfer reduzierbar sind. Als Folge von Erosion können sodann in den oberen Lagen sehr kupferreiche Erze und in Verbindung mit Reduktion schließlich metallische Kupferteilchen entstehen.

Die ältesten Funde von Kleinteilen aus solchem Naturkupfer, wie Nadeln und Schmuckkügelchen, wurden im westlichen Iran, in Anatolien und der Schweiz gemacht und ihre Anfertigung wird dem 9. bis 7. Jtsd. v. Chr., also noch der Periode des Übergangs vom Paläo- zum Mesolithikum zugeschrieben [2]. Bedingt durch die geringen verfügbaren Mengen blieb die Verwendung von Naturkupfer noch lange Zeit, bis etwa ins 4. Jtsd. sehr begrenzt und erstreckte sich vorwiegend auf Schmuck, Ziergegenstände und Kleingeräte. Selbst bei Berücksichtigung dieses der Sammlung von Erfahrungen nicht gerade förderlichen Umstandes ist die Annahme nicht unbegründet, daß

Kenntnisse um die gute Verformbarkeit, vielleicht sogar das Wissen um die durch Kaltverformung entstehende Verfestigung und deren Rückgängigmachen durch Erhitzen bereits zum Erfahrungsschatz des Steinzeitmannes gehörten. Die Nutzung des Feuers war jedenfalls nicht neu und wurde zu jener Zeit wahrscheinlich auch schon zum Bersten von Gestein und Gewinnen metallischer Einlagerungen geübt [4].

Vieler Jahrhunderte bedurfte es, bis etwa im 6. Jtsd. die Zeit reif für die nächsten Schritte war, nämlich für die Herstellung größerer Gegenstände durch Umschmelzen von kleinen Kupferprodukten oder durch Einschmelzen von Naturkupferteilchen. Dafür, aber erst recht für den Kupfer-Formguß sind höhere Temperaturen erforderlich – der Schmelzpunkt von reinem Kupfer liegt bei 1083°C –, die zu erreichen mit den im Zuge der Keramik-Entwicklung verbesserten Öfen nun möglich war. Funde aus dem mittleren Osten und Südeuropa zeigen, daß im 5. Jtsd. derartige Techniken bereits praktiziert wurden und daß etwa zur Mitte des 4. Jtsd. eine gut entwickelte Gußtechnik für Kupfer und wenig später auch für Bronzeguß zur Verfügung stand, die sogar schon das Wachsausschmelzverfahren mit einschloß.

Unabhängig von dem schon damals örtlich sehr unterschiedlichen Entwicklungsstand und dem daher zeitlich weit auseinander liegenden Übergang von der Steinzeit zur Bronzezeit – etwa 4. Jtsd. im Vorderen Orient und in Ägypten, ca. 2000 v. Chr. in Mitteleuropa [1] – ist offensichtlich, daß zwischen diesen beiden Epochen eine langanhaltende Phase liegt, die der Gewinnung und Verarbeitung von Kupfer diente, dem ersten von Menschenhand künstlich erzeugten und technisch genutzten metallischen Werkstoff.

Formgebung durch Hämmern oder Schmieden und Einschmelzen verbunden allenfalls mit Formgießen waren selbstverständlich noch nicht ausreichend dafür, das Metall Kupfer größere Bedeutung erlangen zu lassen oder ihm gar eine Vorrangstellung zu verschaffen. Dazu waren die Mengen an Naturkupfer viel zu klein. Die in vielen Generationen gesammelten Erfahrungen an den Fundstätten metallischen Kupfers mögen aber den Weg zu gut verhüttbarem, d.h. leicht reduzierbarem Mineral erleichtert haben, und sobald es gelang, daraus Kupfer zu gewinnen, wurden erstmals größere Mengen eines Metalls verfügbar. Dies genügte aber bei weitem noch nicht um die für viele Anwendungen, vor allem für Werkzeuge besser geeigneten Naturwerkstoffe zu verdrängen. Das weiche unlegierte Kupfer war in keiner Entwicklungsphase des Menschen ein dominierendes Material. Die in vielen Jahrhunderten während des Neolithikums gesammelten und weitergegebenen Beobachtungen bei seiner Gewinnung öffneten aber den Weg zur gezielten Herstellung von Kupferlegierungen mit überlegener Härte und Festigkeit, den Bronzen. Aber auch zur Verhüttung von Eisenerzen läßt sich zwanglos ein kontinuierlicher Übergang herstellen. Die Bedeutung der von Menschenhand vorgenommenen Reduktion von Kupfer aus Erz liegt also darin, daß damit die Geburtsstunde der künstlichen Gewinnung von Metallen eingeläutet, mehr aber noch darin, daß damit das Tor zur Erzeugung der eigenschaftsmäßig überlegenen Bronzen sowie Eisen und letzten Endes auch Stahl aufgestoßen wurde.

Der wahrscheinlich erste für die Kupfergewinnung über einen metallurgischen Prozeß verwendete Ausgangsrohstoff dürfte aufgrund der Häufigkeit seines Vorkommens und seiner leichten Reduzierbarkeit Malachit gewesen sein. Aus diesem grünen Mineral entsteht bei Temperaturen zwischen 700 und 800°C zunächst schwarzes Kupferoxid CuO

$$Cu_2(OH)_2CO_3 = 2CuO + CO_2 + H_2O$$

und aus diesem wird unter Einwirkung eines kohlenmonoxid (CO)-haltigen, bei der Verbrennung von Holzkohle entstehenden Gases metallisches Kupfer gemäß

$$CuO + CO = Cu + CO_2$$

reduziert, wobei schon sehr geringe Partialdrücke bzw. Volumsanteile von CO im Gasgemisch für diesen Reduktionsvorgang ausreichen. Da deutlich höhere als die genannten und grundsätzlich ausreichenden Temperaturen mit den ursprünglichen Öfen ohne künstlichen Wind nur schwerlich erreicht werden konnten, ist anzunehmen, daß in der Anfangsphase die Kupfergewinnung über den festen Aggregatzustand und nicht über die flüssige Phase erfolgte.

Mutmaßungen müssen klare Antworten ersetzen, wenn es um die Frage geht, welche Verknüpfung von Einzelbeobachtungen oder ob und welche Zufälle dazu führten, die für den Ablauf dieser chemischen Reaktionen notwendigen Bedingungen zu schaffen, d.h. daß das Kupfererz unter reduzierender Atmosphäre genügend lange höherer Temperatur ausgesetzt war. Verfärbungen nahe metallischer Kupfereinlagerungen im Erz könnten als oftmalige Erscheinung aufgefallen und mit anderen Beobachtungen in Zusammenhang gebracht worden sein, was zumindest der Wahl eines gut geeigneten Ausgangsrohstoffs zugute kommen mußte. In Verbindung mit der Möglichkeit, in bereits verbesserten Keramikbrennöfen ausreichend hohe Temperaturen zu erzeugen, waren wesentliche Voraussetzungen und mit den Kenntnissen über die gute Verarbeitbarkeit und die Eigenschaften von Naturkupfer auch ausreichende Motivation für die künstliche Gewinnung dieses Metalls gegeben.

Entgegen einer weit verbreiteten Meinung war es demnach die Kupfererzeugung und nicht die Bronzeherstellung, mit der der Mensch erstmals metallurgische Verfahrenstechnik praktizierte. Eine genauere Datierung dieses Durchbruchs ist heute nicht möglich und wird kaum je erfolgen können, wenn nicht besonders glückliche archäologische Funde zu Hilfe kommen. Es bedurfte jedenfalls einer sehr langzeitigen Evolution, bis irgendwann zwischen etwa 6000 und 4000 v. Chr. die Kunst der Reduktion von Kupfer aus Erz beherrscht wurde und dieses Metall nun als Werkstoff für vielfältige Verwendung zur Verfügung stand.

Auch der zeitliche Verlauf der geographischen Verbreitung dieses ältesten metallurgischen Verfahrens ist nach dem heutigen Wissensstand nicht sicher bestimmbar. Nach vorherrschender Meinung hatte diese Technik ihren

Ursprung im Nahen Osten, von wo sie sich rasch, vor allem in westlicher Richtung ausbreitete. Einen sehr guten Überblick über alle wesentlichen mit der vorgeschichtlichen Kupferverhüttung in direktem Zusammenhang stehenden Funde und Fundorte vermittelt die Literaturauswertung von R. F. Tylecote [5], der auch den vermutlichen Weg der Ausbreitung vom wahrscheinlichen Ursprungsland Anatolien beschreibt. Im weitläufigen Sinn etwa derselben Epoche zuzuordnende Funde aus Indien, dem Nahen Osten, Kleinasien, dem Balkan und Mitteleuropa zeigen, daß die Kunst der Kupfererzeugung in weiten Teilen der Alten Welt zeitlich nicht allzu verschoben beherrscht wurde [2]. Angesichts der großen wirtschaftlichen Bedeutung dieses ersten auf künstlichem Weg gewonnenen Metalls ist aber die Wahrscheinlichkeit eines Technologie-Exports eher geringer einzustufen als die einer Produkt-Ausfuhr und einer fast gleichzeitigen unabhängigen Entwicklung in mehreren Gebieten, in denen die dazu notwendigen Randbedingungen bestanden. Die Technikgeschichte wäre damit nur um ein weiteres, allerdings ältestes Beispiel dafür reicher, daß es die durch den Gesamtentwicklungstand erreichten Voraussetzungen und die durch ihn entstandenen Erfordernisse sind, die den primären Anstoß zu technischen Neuerungen geben, zu deren Durchbruch dann die Kreativität einzelner beiträgt.

Die Reduktion reinen, eisenarmen oxidischen Rotkupfererzes oder des karbonatischen Malachits mittels Holzkohle sollte als erste Phase der alten Kupferverhüttung angesehen werden können. Später wurden dann wohl auch weniger reine oxidische Erze verwendet und schließlich die weitaus häufiger vorkommenden sulfidischen Erze wie Kupferkies ($CuFeS_2$) und Kupferglanz (Cu_2S), wobei diesen der Schwefel durch ein der Reduktion vorangegangenes Rösten weitgehend entzogen wurde. Ein weiterer, wenn auch in der zeitlichen Reihenfolge nicht festlegbarer Entwicklungsschritt war vermutlich die Trennung der aus der Gangart des Erzes und Reaktionsprodukten gebildeten Schlacke vom metallischen Kupfer. Diesem Ziel sind Flußmittel, die den Schmelzbereich der Schlacke herabsetzen, sehr förderlich. Unter Einbeziehung der hiefür guten Eignung des im Kupfererz oft enthaltenen bzw. durch Röstung entstandenen Eisenoxids in die Überlegungen erscheint eine entwicklungsmäßige Verbindung zu der um etwa 1500 v. Chr., also weit später einsetzenden, zunächst nur vereinzelt und in kleinem Umfang betriebenen Eisenerzeugung und der im achten vorchristlichen Jahrhundert beginnenden Hallstattzeit oder älteren römischen Eisenzeit durchaus vorstellbar [4].

Diese wie auch andere Betrachtungen über die mögliche Weiterentwicklung bis zur Verhüttung von Eisenerzen sind zwar logisch und durchaus fundiert aber nur zum Teil durch Fundergebnisse abgesichert und daher nur Vermutungen. Sie schlagen überdies eine Brücke über viele Jahrhunderte. Vorerst blieb unlegiertes Kupfer über sehr lange Zeit der einzige in größeren Mengen hergestellte metallische Werkstoff, bis die Bronze etwa in der ersten Hälfte des zweiten vorchristlichen Jahrtausends die führende Rolle übernahm. Wenn damit auch der Anwendungsumfang von Metall wesentlich erweitert wurde und auch schon Geräte für den täglichen Gebrauch, ja selbst Waffen einschloß, wurden die Naturwerkstoffe noch lange nicht völlig verdrängt. Der harte und verschleißfeste Stein behauptete seine Stellung für viele Werkzeuge bis in die späte Bronzezeit und Holz blieb sogar über Jahrtausende der dominierende Baustoff für Brücken, Landfahrzeuge, Schiffe und die mannigfaltigsten Konstruktionen ehe es ab dem 19. Jahrhundert durch Eisen und Stahl weitgehend abgelöst wurde.

Die ersten Bronzen entstanden ziemlich sicher als zwangsläufige Folge der Verwendung bestimmter Ausgangserze bei der Kupferherstellung und waren kaum das Ergebnis gezielter Legierungsmaßnahmen. Sulfidische Kupfermineralien sind oft vergesellschaftet mit arsenhaltigen, z. B. Enargit (Cu_3AsS_4), deren Arsen teilweise beim Rösten in flüchtiges Arsenoxid, zum anderen Teil in das reduzierte Metall übergeht, dessen Eigenschaften durch dieses Legierungelement merklich verändert werden. Arsen wirkt als Desoxidationsmittel und führt daher zu einschlußarmen und dichten Gußstücken, es erhöht – ähnlich wie Zinn – die Festigkeit und Härte im Gußzustand, vor allem aber wird das Ausmaß der Festigkeitszunahme durch Kaltverformung gesteigert. Den alten Hüttenleuten ist ohne weiteres zuzutrauen, diese verbesserten Eigenschaften wahrgenommen und mit der Beschaffenheit des Ausgangsmaterials in Verbindung gebracht zu haben, so daß schließlich durch Wahl der Erze bewußt auf ein höherfestes Kupfer hingearbeitet werden konnte. Funde derartigen arsenreichen Kupfers aus Ägypten werden der Mitte des 3. Jtsd. v. Chr. zugeschrieben. Nicht viel jüngere Funde aus Europa und sogar ältere aus Nahost weisen auf die weite Verbreitung dieses Werkstoffs hin [2] und die in recht weiten Grenzen, meist zwischen 3 und 8% liegenden Arsengehalte darauf, daß das verhüttete Ausgangsmaterial verschiedene Zusammensetzung hatte oder einer Röstbehandlung zum Schwefelabbau unterworfen worden war, wobei auch Arsen durch Oxidation teilweise verloren ging.

Das Eingehen auf das arsenhaltige Kupfer erschien hier begründet, da es den ersten wichtigen Meilenstein auf dem Weg zur Herstellung metallischer Werkstoffe darstellt, deren Eigenschaften – in diesem Fall vor allem Härte und Festigkeit – absichtlich durch empirisch gefundene Maßnahmen zur Veränderung der chemischen Zusammensetzung beeinflußt wurden. Da das in höheren Massengehalten vorhandene, die Festigkeit des Kupfers verbessernde Arsen kaum auf bewußte Legierungsmaßnahmen zurückzuführen ist, erscheint die bislang noch gebräuchliche Bezeichnung Arsenbronze für diesen Werkstoff nicht glücklich, da der Begriff Bronze auf eine durch gezielte Maßnahmen bei der Herstellung absichtlich hergestellte Legierung hinweist. Einem Vorschlag von A. Hauptmann [1] folgend, wird hier die treffendere und nicht irreleitende Bezeichnung Arsenkupfer vorgezogen. Im Vergleich mit der weit größere Bedeutung erlangenden Zinnbronze war das Zwischenspiel des Arsenkupfers eher kurz. Ebenfalls dem dritten vorchristlichen Jahrtausend zugeschriebene Fundgegenstände [4] aus Zinnbronze in Ägypten, Nahost und Griechenland aber auch in China zeigen, daß beide Legierungsarten nebeneinander erzeugt wurden und daß die

Beherrschung dieser Technik nicht lokal auf nur ein einziges Gebiet beschränkt war.

Die meisten und ältesten Funde stammen jedenfalls aus dem Nahen Osten, der damit zusätzlich als Geburtsland wesentlicher metallurgischer Neuerungen in der Anfangsphase dokumentiert wird. Der Übergang vom Arsenkupfer zur Zinnbronze erfolgte allmählich. Außer diesen beiden Werkstoffarten mit sehr unterschiedlichen Gehalten an dem jeweiligen Legierungselement wurden aber auch Bronzen erzeugt die sowohl Arsen als auch Zinn enthielten. Jedenfalls ist belegt, daß um ca. 3000 v. Chr. in weiten Teilen des Nahen Ostens sowohl Arsenkupfer als auch Zinnbronze bekannt waren und daß etwa zeitgleich mit dem Vordringen der Bronze nach dem Westen das Arsenkupfer an Bedeutung verlor, bis etwa in der 1. Hälfte des 2. Jtsd. v. Chr. die Zinnbronze auch in weiten Teilen Europas zum dominierenden metallischen Werkstoff wurde. Eine Aufzählung und Beschreibung der vielen diese Zusammenhänge belegenden Funde erübrigt sich hier, da sie bereits sehr verdienstvoll von R. F. Tylecote [5] vorgenommen wurden.

Die rohstoffseitigen Voraussetzungen für die Erzeugung von Zinnbronze waren vielerorts gegeben. Im mitteleuropäischen Raum sind bronzezeitliche hüttenmännische Tätigkeiten zum Abbau von Kupfererz z. B. in Mitteldeutschland, in Böhmen und im Alpengebiet nachweisbar, wo vor allem im salzburgischen Mitterberg der damalige Bergbau wegen der beachtlich großen Teufen (ca. 200 m) bemerkenswert ist. Obwohl der Nachweis für den Abbau von Zinnerzen schwer zu erbringen ist, spricht die weite Verbreitung von Lagerstätten (Sachsen, Böhmen, England, Italien, Spanien) dafür, daß auch der gegebene Zinnbedarf aus europäischen Rohstoffen gedeckt wurde. Bronzezeitliche Funde von Zinn in Form von Barren oder Blöcken sind in Grabungen aber nicht gemacht worden und auch schwerlich zu erwarten, was darauf zurückzuführen ist, daß das schon bei Raumtemperatur beständige, weiche und gut umformbare weiße Zinn unter 13°C langsam in die sehr spröde α-Phase umwandelt und leicht zu einem grauen Pulver zerfällt. So gibt es auch nur vereinzelte Hinweise auf einen Ost-West-Handel dieses Metalls, wie die in zwei gesunkenen Schiffen vor der Südküste der Türkei vorgefundenen Reste von Zinnbarren, die allerdings schon der späteren Bronzezeit zugeschrieben werden [5]. Unabhängig von seiner Herkunft ist das Zinn jedenfalls bewußt im Hinblick auf angestrebte Eigenschaften zugesetzt worden, da die verwendeten Ausgangsrohstoffe neben Kupfer nicht auch Zinn in solcher Konzentration enthalten, daß – wie im Falle von Arsen – höhere Gehalte im reduzierten Metall anfallen. Selbst die niedrigsten der zwischen 1 und 25 Gew.-% liegenden Zinngehalte von antiker Bronze [1], sind somit das Ergebnis absichtlicher Legierungsmaßnahmen.

Über die der Entdeckung und gezielten Herstellung von Zinnbronze zugrundeliegenden Beobachtungen können nur Vermutungen angestellt werden. Entscheidend mag gewesen sein, daß reduzierende Bedingungen, wie sie unter glühender Holzkohle herrschen, den Übergang von Zinn aus mineralischem Rohstoff in eine Kupferschmelze bewirken. In diesem Fall wäre die

Zinnzugabe zum flüssigen Kupfer in Form von Zinnerz (Zinnstein = Kassiterit) erfolgt, in dem das Zinn als SnO_2 vorliegt. Selbstverständlich waren damals auch schon die Voraussetzungen für andere Wege der Bronzeherstellung gegeben, nämlich den Zusatz von metallischem Zinn zum metallischen Kupfer oder die simultane Reduktion von oxidischem Kupfererz und Zinnstein [1].

Daß die beobachtete und genutzte Wirkung von Kieselsäure (Quarzsand) und Eisenerz als Flußmittel für die bei der Reduktion sich bildende Schlacke der raschen Ausbreitung von Zinnbronze sehr förderlich gewesen sein mag, ist zwar ebenfalls nur eine Annahme mit allerdings hohem Wahrscheinlichkeitsgrad, ist doch eine Absenkung des Temperaturbereichs für die Erstarrung der Schlacke günstig für den Ofengang und die Abtrennung des metallischen Reduktionsgutes und damit dessen Reinheitsgrad und Eigenschaften. Auch die Gründe für die Verdrängung des Arsenkupfers können nur gemutmaßt werden. Mangelnde Verfügbarkeit geeigneter Mineralien, ungleichmäßiges Arsenausbringen mit der Folge unterschiedlicher Arsengehalte im Metall und schwankende, schwer kontrollierbare Eigenschaften sollten dafür noch eher verantwortlich gewesen sein als eine Überlegenheit der mechanischen Eigenschaften von Zinnbronze. Diese beschränkt sich ohnedies überwiegend auf den Gußzustand [4] und ihre Bedeutung wird durch den relativ engen Bereich der Zusammensetzung, in dem Zinnbronze problemlos verformbar ist, teilweise kompensiert. Ganz in Übereinstimmung damit handelt es sich bei einem Gutteil der stein- und bronzezeitlichen Funde aus Zinnbronze um Gußstücke und nicht durch Warm- oder Kaltverformung entstandene Erzeugnisse. Auch in unseren Tagen wird ein Großteil der zu dieser Gruppe zählenden Werkstoffe zu Gießereiprodukten verarbeitet. Neben den hauptsächlichen Legierungsbestandteilen Kupfer und Zinn wurden in vielen Funden auch geringe Gehalte an anderen Elementen festgestellt, deren Anwesenheit aber nicht als Folge gezielter Maßnahmen anzusehen sondern wohl rohstoffbedingt ist.

Diese Begleitelemente, wie z. B. Eisen, Mangan, Nickel, Phosphor und Schwefel, sind neben dem Hauptlegierungselement Zinn mitverantwortlich für Härte, Festigkeit und andere Eigenschaften, wobei schon Zinn alleine zu recht beachtlicher Festigkeitssteigerung führt. Die in *Tabelle 1* zu Vergleichszwecken vorgestellten Richtwerte heutiger Werkstoffe sollen dies illustrieren und darüber hinaus die durch Kaltverformung erreichte Verfestigung von unlegiertem Kupfer und von verformbaren Zinnbronzen, die – wie aus den Richtwerten für die im Zugversuch festgestellte Bruchdehnung hervorgeht – zu Lasten der Zähigkeit geht. Die Kaltumformung kann bei unlegiertem Kupfer zwar zu einer recht deutlichen Verbesserung der Festigkeit führen, doch wird der Verschleißwiderstand dadurch nicht soweit angehoben, als daß kaltverformtes Kupfer einen für Werkzeuge und Waffen gutgeeigneten Werkstoff darstellte.

Tabelle 1. Richtwerte für die mechanischen Eigenschaften von unlegiertem Kupfer und Zinnbronze

Werkstoff		Werkstoffzustand	Zugfestigkeit[a)] R_m N/mm^2	Bruchdehnung %	Brinellhärte
Kupfer unlegiert		nicht kaltverformt	200–220	min. 30	50
		stark kaltverformt	390–460	1–4	115
Zinnbronze, Knetlegierung	4% Sn	nicht kaltverformt	330–380	45	65–95
		stark kaltverformt	540–630	1–6	160-190
	6% Sn	nicht kaltverformt	350–420	50	75–105
		stark kaltverformt	650–750	1–6	170-200
	8% Sn	nicht kaltverformt	370–450	55	90–115
		stark kaltverformt	700–900	1–2	180-230
Sn-Bz, 12% Sn		Guß	250–320	5–20	75–115

a) 1N/mm^2 = 1MPa = 0,109716 kp/mm^2

Das Zulegieren von Zinn bis zu einem Gehalt von etwa 8 Gew.-% verbessert die Festigkeit und die Härte schon im nicht kaltverfestigten Zustand beträchtlich ohne die Zähigkeit zu beeinträchtigen. Bis zu dem genannten Gehalt zeigen diese Bronzen noch gute plastische Verformbarkeit auch durch Kaltumformung, die – wie auch bei unlegiertem Kupfer – zum Anstieg von Härte und Festigkeit aber gleichzeitig starkem Abfall der Zähigkeit führt.

Bei noch höheren Zinngehalten, also über etwa 9 Gew.-% Sn, wird nach Erstarrung und weiterer Abkühlung eine harte intermetallische Phase ausgeschieden, die die Festigkeit und den Verschleißwiderstand erhöht aber den Werkstoff auch so stark versprödet, daß eine plastische Verformbarkeit praktisch nicht mehr gegeben ist. Diese zinnreicheren Bronzen können also nur als Gußwerkstoffe hergestellt und verwendet werden. Die auch ohne Kaltverfestigung vergleichsweise hohe Härte und die durch die ausgeschiedenen harten Teilchen erhöhte Verschleißfestigkeit erschlossen der Zinnbronze weitere Anwendungsfelder. Die guten Gebrauchseigenschaften in Verbindung mit der vom unlegierten Kupfer übernommenen plastischen Formgebung und dem bald beherrschten Formguß sowie die durch die nur geringen erforderlichen Temperaturen begünstigte Herstellung können als ausreichende Erklärung für die über etwa zwei Jahrtausende währende Dominanz der Zinnbronze angesehen werden.

Nach heutigem Kenntnisstand wurde Kupfer wahrscheinlich noch früher als Gold zu Ziergegenständen verarbeitet und war somit das erste von Menschen verwendete Metall. Über etwa sieben Jahrtausende war es auch das meistverwendete Metall und in Form der Zinnbronze kam ihm schließlich entscheidende Bedeutung zu. Die Zeittafel für die wichtigsten Entwicklungsstufen auf diesem Weg läßt sich natürlich nur mit ungefähren Daten wie folgt skizzieren:

9.–7. Jtsd. v. Chr.	Verarbeitung von Naturkupfer zu Kleinteilen
6. Jtsd. v. Chr.	Erste Herstellung größerer Gegenstände durch Einschmelzen von Naturkupfer und Umschmelzen von Kleinteilen
5.–4. Jtsd. v. Chr.	Breitere Anwendung dieser Gießtechnik
4. Jtsd. v. Chr.	Beginn der Bronzezeit in Nahost und Ägypten
Ende 3. Jtsd. v. Chr.	Beginn der Bronzezeit in Europa
Mitte 1. Jtsd. v. Chr.	Verdrängung der Bronze durch Eisen

In dieser langen Zeit ihrer Vorherrschaft und den vorangegangenen Jahrhunderten der Ausbreitung der Kupferbasismetalle vom Nahen bzw. Mittleren Osten in weite Teile der Alten Welt hat die Verhüttungstechnik allem Anschein nach keine grundsätzlichen Veränderungen erfahren sondern eine langsam verlaufende stetige Entwicklung durchgemacht. An allen durch Funde gesicherten Verhüttungsplätzen war die beherrschende Einrichtung der Schachtofen, zu dessen spätestens in der Blütezeit der Zinnbronze allgemein üblicher Ausstattung eine künstliche Windzufuhr über Blasdüsen sowie ein Schlackenabstich gehörte. Örtlich und zeitlich scheinen Unterschiede zumindest hinsichtlich der zugesetzten eisenoxidhaltigen Flußmittel bestanden zu haben.

Der zunächst durch die verwendeten Erze bedingte, später durch absichtliche Legierungsmaßnahmen eingeschlagene Weg vom Kupfer über Arsenkupfer bis zur Zinnbronze wurde schon aufgezeigt.

Damit waren aber auch Veränderungen bei der Weiterverarbeitung verbunden. Während Kupfer, Arsenkupfer und die zinnarmen Legierungen der frühen Bronzezeit durch Schmieden bei höherer oder Hämmern bei normaler Umgebungstemperatur ihre Endform erhalten konnten, waren die späteren zinnreichen und schließlich auch die zwecks Verbesserung der Gießbarkeit zusätzlich mit Blei legierten Bronzen reine Gußwerkstoffe. Für die Herstellung der Gußstücke wurden Stein- oder Bronzeformen auch schon in geteilter Ausführung verwendet und selbst das auch heute übliche und dem Feinguß zugrunde liegende Wachsausschmelzverfahren war schon bekannt.

2. Der Übergang zur Eisenzeit

Funde beweisen, daß im Zuge der durch Jahrtausende geübten Verhüttung von Kupfererzen und der Gewinnung und Verarbeitung von Kupfer und Bronze ein recht ansehnlicher empirischer Kenntnisstand aufgebaut und konsequent hüttenmännisch genutzt wurde. Damit gewinnt die bereits angedeutete Annahme, daß die Verwendung eisenoxidhaltiger Rohstoffe für die Kupfererzeugung und die dabei gemachten Beobachtungen einen Ausgangspunkt für die erst viel später Bedeutung erlangende Eisenherstellung darstellen können, einiges an Wahrscheinlichkeit. Nach den von J. A. Charles [4] angestellten Überlegungen kann es sogar schon in der Frühphase der Kupferherstellung dazu gekommen sein, daß eben die Verwendung eines eisenoxidhaltigen Minerals nicht nur die beabsichtigte Wirkung eines Flußmittels zur Erzielung einer bei niedriger Temperatur schmelzflüssigen Schlacke ausübte, sondern zusätzlich bewirkte, daß außer dem angestrebten Kupfer unbeabsichtigt auch kleine Mengen an Eisen anfielen.

Diese beschriebenen Vorstellungen über den Ursprung der Eisenmetallurgie werden durch Funde aus dem Timna-Tal im südlichen Israel untermauert, die aus dem dritten vorchristlichen Jahrtausend stammen und die die Verwendung von an Eisen(II)-Oxid (FeO) und Kieselsäure (SiO_2) reichen Schlacken nachweisen [2]. Wegen der Anwesenheit weiterer, als Flußmittel wirkender Komponenten waren diese Schlacken bei noch niedrigeren Temperaturen schmelzflüssig als die reine nur aus FeO und SiO_2 bestehende Verbindung Fayalit ($2FeO.SiO_2$) mit einem Schmelzpunkt von 1205°C und das niedrigstschmelzende Eutektikum im System FeO-SiO_2 mit 23% SiO_2, dessen Schmelzpunkt bei 1175°C liegt. Auch manche andere von Charles [4] aufgezeigte Hinweise sprechen dafür, daß die Eisenerzeugung ein sehr später Ableger der Kupfermetallurgie war. Diese Hinweise beziehen sich auf Zusammenhänge zwischen der alten Kupfergewinnung und der erst viel später praktizierten Verhüttung von Eisenerzen, die schließlich zur Herstellung von zunächst nur weichem Stahl in größerem Umfang führte, womit das Tor zur Eisenzeit aufgestoßen wurde.*

Der Schritt von einem unbeabsichtigten und möglicherweise zunächst auch wenig beachteten Nebenprodukt bei der Kupferherstellung zu einer

* Die Verwendung der Begriffe „Eisen" und „Stahl" erfolgt hier nicht gemäß der heute üblichen Definition, sondern lehnt sich an den alten Sprachgebrauch an, wonach Eisen praktisch kohlenstofffrei, weich und nicht härtbar ist, während Stahl entsprechend seinem Kohlenstoffgehalt eine höhere Festigkeit und Härte aufweist, die durch Wärmebehandlung noch wesentlich erhöht werden können.

gezielten Eisenerzeugung war eher kleiner, bestimmt aber nicht größer als andere hier schon angesprochene Entwicklungssprünge in der Frühzeit der Geschichte der Metallurgie. Daß dieser Schritt aber erst sehr lange nach den ihm zugrunde liegenden Beobachtungen gemacht wurde, kann nur dadurch erklärt werden, daß entweder die dafür als Anstoß dienende Notwendigkeit erst viel später gegeben war oder daß erforderliche Voraussetzungen noch fehlten.

Das in der Bronzezeit allenfalls schon bekannte und als anderer Werkstoff identifizierte, bei der Kupfererzeugung als Nebenprodukt angefallene Eisen hatte keineswegs Eigenschaften, die seine Gewinnung hätte erstrebenswert erscheinen lassen. Praktisch kohlenstofffreies Eisen – und nur solches fiel an – ist nämlich kaum härter als Kupfer und diesem auch festigkeitsmäßig nicht überlegen. Die mechanischen Eigenschaften dieses Eisens werden von denen der alten Bronzen übertroffen, die daher vor allem für Werkzeuge und Waffen die bessere Eignung besaßen. Erst die in der späten Bronzezeit üblichen zinnreichen Gußlegierungen waren wegen ihrer sehr geringen Duktilität für Waffenklingen weniger gut geeignet als die weit zäheren verformbaren Eisenwerkstoffe. Der Überlegenheit der alten Bronzen waren sich offensichtlich die seinerzeitigen Hüttenleute sehr wohl bewußt, denn in der Frühzeit seiner gezielten Herstellung wurde der so gut wie immer weiche Stahl meist nur zu Schmuck und bei Waffen als verzierendes Beiwerk verarbeitet, während die funktionsmäßig beanspruchten Teile, wie etwa die Klingen von Schwertern und Dolchen, aus Bronze gefertigt wurden. Die Werkstoffverwendung war also gerade umgekehrt wie in weit späterer Zeit, als es gelang, kohlenstoffhaltigen Stahl mit wesentlich besseren und in weiten Grenzen beeinflußbaren Eigenschaften herzustellen.

Die Annahme, daß die für die Eisenerzeugung erforderlichen stärker reduzierenden Bedingungen und höheren Temperaturen für die Jahrtausende währende Dominanz der Bronze verantwortlich waren, kann – wenn überhaupt – nur für die erste Phase der Bronzezeit ins Treffen geführt werden, da schon in der Mitte des zweiten vorchristlichen Jahrtausends in weiten Teilen Europas und des Nahen Ostens die Hüttentechnik recht weit fortgeschritten war. Zu dieser Zeit waren nämlich mit künstlichem Wind aus Blasbälgen betriebene Schachtöfen, die hohe Temperaturen zu erreichen gestatteten, bereits bekannt und im Einsatz. Für die Hochburgen der Kupferverhüttung und Bronzeherstellung gibt es deutliche Hinweise, daß man das Nebenprodukt Eisen vom Haupterzeugnis zu unterscheiden und zu separieren verstand [2].

Wegen ihrer leichteren Gewinnbarkeit und vor allem wegen ihrer besseren Eigenschaften bestand somit für lange Zeit überhaupt keine Veranlassung dafür, die Bronze durch kohlenstoffarmes weiches Eisen abzulösen, auch dann, als die technischen Voraussetzungen für dessen Gewinnung aus den Erzen schon gegeben waren. Wenn dennoch nach über zwei Jahrtausenden völliger Bedeutungslosigkeit dieser Werkstoff um etwa 800 v. Chr. vermehrt erzeugt und verwendet wurde und schon bald darauf in der Hallstattzeit seine beherrschende Rolle erreichte, so muß dies andere Ursachen gehabt haben. Dies umso mehr, als außer der der Bronze unterlegenen Härte und Festigkeit und der anspruchsvolleren Herstellung durch die mit über 1530°C hohe Liquidustemperatur von kohlenstoffarmem Eisen ein weiterer Nachteil gegeben ist, weil dadurch – anders als beim Kupfer und seinen Legierungen – ein Recycling durch Wiedereinschmelzen mit den damaligen Mitteln nicht möglich war.

Die nächstliegende und sicher zutreffende Erklärung für das Auslaufen und schließliche Ende der Bronzezeit ist der steigende Bedarf an gut formbaren, zähen metallischen Werkstoffen, der mit den wenigen bekannten, örtlich recht eng begrenzten und teilweise schon erschöpften Zinn- und Kupfererzvorkommen nicht mehr gedeckt werden konnte. Dagegen war Eisenerz in praktisch unbegrenzter Menge und für den Abbau leicht zugänglich fast überall verfügbar. Es ist schwerlich vorstellbar, daß auch andere Gründe als die Knappheit an Zinn- und Kupfererzen dafür verantwortlich gewesen wären, Werkzeuge und Waffen aus einem der altbewährten Bronze nicht ebenbürtigen Werkstoff herzustellen. Die neuerdings geäußerte Annahme [6], daß die als Folge des bei der Kupfergewinnung sehr hohen spezifischen Brennstoffverbrauchs eingetretene weiträumige Entwaldung den Anstoß für den Umschwung zur Eisenherstellung gegeben hätte, wird allein schon dadurch entkräftet, daß die Verhüttung von Eisenerzen bald in weit größerem Umfang erfolgte und damit noch mehr Holzkohle erforderte. Während für die genannten schon damals wirtschaftlich und strategisch sehr wichtigen Anwendungsbereiche die im Vergleich zu Bronze kleinere Korrosionsbeständigkeit von kohlenstofffreiem Eisen kaum ins Gewicht fiel, waren seine geringe Härte, Festigkeit, Steifigkeit und Verschleißbeständigkeit sehr wohl schwerwiegende Nachteile, die auszumerzen erst mit kohlenstoffhaltigem Stahl gelang, der selbst im ungehärteten Zustand Eigenschaften aufweist, die von keinem anderen vordem bekannten metallischen Werkstoff erreicht wurde. Die Möglichkeit, selbst bei gegebenem Kohlenstoffgehalt durch Wärmebehandlung die mechanischen Eigenschaften innerhalb weiter Grenzen zu beeinflussen, macht diese Stähle, abgesehen von der geringeren Korrosionsbeständigkeit, den Bronzen weit überlegen und noch vielfältiger anwendbar. Die gezielte Herstellung solchen Stahles in den zur Deckung des wichtigsten Bedarfs erforderlichen Mengen gelang aber erst sehr viel später und dies nur an Produktionszentren mit erfahrenen Hüttenleuten, die auch örtlich günstige Voraussetzungen zu nutzen und umzusetzen verstanden. Außerhalb dieser bevorzugten Plätze blieb kohlenstoffarmes Eisen über viele Jahrhunderte das Standarderzeugnis bei der Verhüttung von Eisenerzen.

Die bisherige Betrachtung galt dem möglichen Entwicklungsweg, der zur erfolgreichen Verhüttung von Eisenerz führte, wobei nur vereinzelt wichtigere Fundorte erwähnt wurden, die Frage des Urspungslandes der Verhüttungstechnik aber ebenso unberührt blieb wie das Vorkommen und die Verwendung des auf unserem Erdball ähnlich dem gediegenen Kupfer selten aber doch gefundenen metallischen Eisens. Solch „natürliches" Eisen ist – von einer einzigen bekannten Ausnahme abgesehen – nicht terrestrischen Ursprungs sondern stammt von Meteoriten und ist durch höhere Nickelgehalte gekennzeichnet, die in der Regel zwischen 4 und 10 Massenprozent liegen. Seinem hohen Seltenheitswert entsprechend wurde dieses Meteoriteneisen nur für ganz besondere, meist kultbezogene Zwecke verwendet, dies aber schon vor dem Beginn des eigentlichen metallurgischen Zeitalters, also vor den Anfängen der Kupfererzeugung. Die ältesten im Sudan und in Syrien gefundenen Grabbeigaben aus Meteoriteneisen werden dem 6. und 5. Jtsd. zugeschrieben [2]. In einem in Ur, Mesopotamien gefundenen Reststück eines aus 3100 v. Chr. stammenden Eisendolches wurde ein Nickelgehalt von 10,8% festgestellt und Eisengeräte aus der Grabkammer Tut-ench-Amuns (1350 v. Chr.) weisen mit 9% ebenfalls hohe Nickelgehalte auf [7]. Auch für diese jüngeren Fundstücke diente Meteoriteneisen als Ausgangsmaterial. Entgegen dieser allgemein anerkannten Auffassung über die Herkunft des ersten genutzten Eisens vertritt J. Piaskowski [8] die Ansicht, daß es von Menschenhand stammt und aus einem Eisen-Nickel-Mischerz reduziert wurde. Piaskowski selbst datiert dieses Eisen auf ca. 3500 v. Chr., also in eine weit jüngere Epoche als die ersterwähnten Funde, so daß seine Hypothese allein schon deshalb wenig Aussicht auf Akzeptanz hat, wenn nicht erhärtende Beweise oder Indizien erbracht werden können.

Das als Ausnahmsfall erwähnte, nicht aus dem Weltraum importierte sondern auf der Erde selbst entstandene gediegene Eisen kann auf das Zusammentreffen von eisensilikatreichen Mineralien mit einem Kohlenflöz bei sehr hoher Temperatur zurückzuführen sein, also auf außergewöhnliche Bedingungen, wie sie nur selten und auch nur an wenigen Orten bei einem vulkanischen Ausbruch gegeben sind. Dieses terrestrische Natureisen hat der Entwicklung und Ausbreitung der Eisengewinnung aber keinen Anstoß geben können, da es den Menschen dieser Zeit nicht bekannt war. Selbst heute wissen wir nur von einem einzigen Fundort, nämlich der Insel Disco vor der Westküste Grönlands. Das dort von den Eskimos vom Hochmittelalter bis in die Neuzeit zur Herstellung einfacher Werkzeuge und Jagdwaffen genutzte Eisen tritt in Form kleiner, nur millimetergroßer Klümpchen auf, die wegen ihres geringen Kohlenstoffgehaltes von meist unter 0,2% durch Hämmern leicht kaltumformbar sind. Außer diesen kleinen Teilchen wurden aber auch Funde von Natureisen gemacht, deren Gewicht zwischen einigen Kilogramm und 25t liegt, die aber mit 1,7 bis 4% C Gußeisen oder Roheisen entsprechen und nicht umformbar sind. Ebenso wie die kleinen Teilchen sind diese z.T. sehr großen Blöcke nickelhaltig. Die Nickelgehalte aller untersuchten Natureisenfunde von Disco liegen zwischen etwa 0,3 und 3,5% [9, 10] und sind damit deutlich niedriger als die von Meteoriteneisen.

Zu der Frage, wann und wo Eisen erstmals gezielt aus Erz reduziert wurde, gibt es zu viele nicht übereinstimmende Aussagen, als daß heute eine verbindliche endgültige Antwort möglich wäre. Die mit 3000 bis 2700 v. Chr. am weitesten zurückreichende Datierung künstlich erzeugten Eisens bezieht sich auf Funde aus dem Zweistromland [2], wobei jedoch nicht geklärt ist, ob es sich um Importware oder heimische Erzeugnisse handelt. Die meisten Archäologen sehen das Geburtsland der Eisenerzeugung in Kleinasien, genauer in Anatolien oder Armenien [2, 11, 12]. Aus schon besprochenen Gründen war der Produktionsumfang in der Anfangsphase – um 2000 v. Chr. – wohl recht unbedeutend. Erst wesentlich später, um etwa 1400 bis 1200 v. Chr., zur Zeit der Hethiter wurden – wahrscheinlich von den ihnen untergebenen in der Kupfergewinnung langerfahrenen Chalykern [13] – große Mengen erzeugt, wobei diese Annahme ihre wahrscheinlichste Erklärung darin findet, daß der bestehende Bedarf an metallischem Werkstoff durch Bronze nicht mehr gedeckt werden konnte.

Auch nördlich von diesem Gebiet dürfte die Eisenmetallurgie früh beheimatet gewesen sein, denn im Siedlungsraum der Skythen, genauer im Kaukasus, liegen aus dem siebenten bis vierten vorchristlichen Jahrhundert stammende Funde aus weichem aber auch aus kohlenstoffreicherem Stahl vor. Dieser war anscheinend in einem eigenen Zementationsofen aufgekohlt worden. Reste vermutlich eines solchen Ofens wurden jedenfalls im selben Grabungsfeld gefunden [14]. Der kohlenstoffhaltige, bei richtiger Behandlung die Bronze eigenschaftsmäßig übertreffende Stahl ist bereits das Produkt einer weiteren Entwicklungsphase. Die Skythen verfügten demnach über eine ähnlich hochentwickelte Technik wie die Kelten in Mitteleuropa soweit Verarbeitung, Wärmebehandlung und Verwendung von Stahl betroffen sind. Auf die Stahlerzeugung kann diese Aussage jedoch nicht ausgedehnt werde, solange Verhüttungsplätze, Schlacken und andere als Beweismittel dienende Funde nicht festgestellt sind.

Weit entfernt von Kleinasien, in Südrhodesien wurden viele bienenkorbähnliche Öfen entdeckt, die der Reduktion von Eisenerzen gedient hatten [15] und die aufgrund der Datierung von anderen Fundstücken aus etwa 2000 v. Chr., d. h. dem südafrikanischen Neolithikum stammen und deren älteste ohne Gebläse betrieben wurden. Wenn der daraus abgeleiteten Schlußfolgerung, daß hier die Heimstätte der ersten Eisengewinnung liege, auch nicht zugestimmt werden kann, da die ältesten bekannten Funde von durch Menschenhand erzeugtem Eisen ja noch aus früherer Zeit stammen, so weisen diese afrikanischen Untersuchungen doch auf die bereits zur Hochblüte der europäischen Bronzezeit sehr weite Verbreitung der Kenntnis über die Technik der Eisenerzeugung hin. Allein schon die große Entfernung von Kleinasien spricht dafür, daß im südöstlichen Teil Afrikas die Technik der Eisengewinnung eigenständig entwickelt wurde. Darüber hinaus darf wohl mit gutem Grund bezweifelt werden, daß die Transferierung einer so wichtigen Technologie erfolgt sein könnte, ohne daß auch die auf dem Weg zwischen Herkunfts- und Empfängerland liegenden Länder davon erfaßt worden wären, umso mehr als sich unter diesen ein Staat höchstentwickelter Kultur und Zivilisation wie Ägypten befand.

Weit jünger als die südrhodesischen wird der bisher älteste Fund eines derselben Verwendung dienenden Ofens aus dem Mittelmeerraum datiert.

Dieser Ofen aus Gerar in Südpalästina soll um das Jahr 1175 v. Chr. in Betrieb gestanden sein [15].

Der vermutlich bisher älteste Fund wahrscheinlich von Menschenhand erzeugten Eisens ist eine schon 1837 von J. R. Hill in einem Luftkanal der Cheopspyramide entdeckte 260 × 86 mm große, bis 4 mm dicke und 750 g schwere Platte, deren ursprüngliche Abmessungen wohl wesentlich größer waren und deren Fundstelle zwei Mauersteindicken unter der Pyramidenoberfläche nach Urteil der Archäologen einen nachträglichen Einbau ausschließen. Sie muß daher während der 4. Dynastie ca. 2750 v. Chr. im Zuge des Pyramidenbaus installiert worden sein. Als beabsichtigte Funktion wurde die Absperrung des Luftkanals angenommen. Diesem Fundstück wurde in jüngster Zeit eine kleine Probe entnommen, die metallographisch und mittels Röntgenmikroanalyse untersucht wurde [16]. Der Analyse zufolge handelt es sich um nickelfreies Eisen mit 0,1 bis 0,2% Cu, das in der Außenzone 0,2 bis 1,2% Au und als einzigen Gefügebestandteil Ferrit aufweist, demnach also praktisch kohlenstofffrei ist, während der Innenteil kein Gold und außer Ferrit auch Perlit enthält, dessen Mengenanteil etwa 0,25% C entspricht. ElGayar und Jones [16] folgerten, daß diese Platte aufgrund des nicht vorhandenen Nickels nicht aus Meteoriteneisen gefertigt wurde und daß auch natürliches gediegenes Eisen, wie es auf der Insel Disco vor Grönland gefunden wird, nicht in Frage kommt. Da auch ein Nebenprodukt der Kupfererzeugung ausgeschlossen werden konnte, muß die Platte wohl aus einem künstlich hergestellten Werkstoff gefertigt worden sein. Die Verfasser stellten weiter fest, daß der Kohlenstoffgehalt im Inneren nicht auf bewußtes Hinarbeiten auf härtbaren Stahl deutet sondern offensichtlich ein Zufallsergebnis darstellt und daß die Platte durch Verbindung mehrerer kleiner Teile mittels Feuerschweißung entstanden war. Mehrere Einzelheiten deuteten darauf hin, daß diese Arbeit das Werk von Handwerkern mit nur wenig Erfahrung war. Aus den Analysenwerten der oberflächennahen Zone wurde geschlossen, daß das Fundstück goldplattiert war und eine Votivgabe darstellte.

Sowohl die Fundumstände als auch die neuen Untersuchungen des Fundstücks lassen kaum einen Zweifel an Alter und Herstellungsart dieser Platte aus der Cheopspyramide zu. Über die Herkunft, d. h. den Herstellungsort des Werkstoffs können natürlich keine Angaben gemacht werden, doch gab die Untersuchung deutliche Hinweise darauf, daß bei der Reduktion nur niedrige Temperaturen – zwischen etwa 1000 und 1100°C – erreicht worden waren. Temperaturen also, wie sie auch in primitiven Öfen ohne künstliche Windzufuhr möglich sind. Im Zusammenhang mit den bereits erwähnten Ofenfunden aus Südrhodesien [15], besonders den ältesten, nicht mit Gebläse ausgestatteten Öfen, könnte daraus ein Fingerzeig auf den Ursprungsort und ein bestätigender Hinweis für Afrika als Kontinent sehr früher, wenn nicht frühester Eisenerzeugung abgeleitet werden. Da aber auch im Fernen Osten eine sehr frühe Eisenerzeugung durch Funde belegt ist, scheint die Vorstellung berechtigt, daß die Gewinnung von Eisen durch Erzreduktion nicht nur ein einziges Geburtsland hatte, von wo sie ihre Ausbreitung nahm, sondern unabhängig voneinander in mehreren Gebieten entwickelt wurde.

3. Vom Beginn der Eisenzeit bis zur Römischen Kaiserzeit

Zahlreiche Funde aus vielen Teilen Europas, des Nahen aber auch des Mittleren Ostens legen beredt Kunde davon ab, daß die Reduktion von praktisch kohlenstofffreiem, weichen Eisen aus Eisenerzen schon lange vor dem eigentlichen Anbruch der Eisenzeit, der von den Historikern in die anfängliche Hallstattzeit, also das 8. oder 7. Jahrhundert v. Chr. gelegt wird, beherrscht wurde. Auch eigenschaftsmäßig der Bronze überlegener kohlenstoffhaltiger Stahl ist Funden zufolge bereits lange vor der Hallstattzeit an einigen Plätzen erzeugt worden, wenngleich es sich oft eher um ein Zufallsprodukt als um eine gezielte Herstellung gehandelt haben dürfte. Die größere Festigkeit und Härte und die damit bessere Eignung für die damals wichtigsten Geräte, Waffen und Werkzeuge, mögen aber sehr wohl dazu beigetragen haben, daß schon zu Zeiten noch ausreichender Verfügbarkeit von Rohstoffen für die Bronzeerzeugung vielerorts die Kunst der Stahlerzeugung versucht wurde. Wenn dies auch nur vereinzelt gelang, erfuhr aber doch die für die Eisengewinnung notwendige Erfahrung eine weite Verbreitung und war dann zum Zeitpunkt des Bedarfs an einem Nachfolgewerkstoff der Bronze auch bereits vorhanden, so daß dank der Beherrschung des Reduktionsprozesses der Wechsel von der Bronze zu den Eisenwerkstoffen relativ rasch vor sich gehen konnte. Die sonstigen Voraussetzungen, wie Verfügbarkeit der benötigten Rohstoffe, vor allem leicht abbaubaren und gut verhüttbaren Eisenerzes sowie Holzkohle, und die Kenntnis geeigneter Ofenformen für die Erreichung hoher Temperaturen, auch solcher mit künstlichem, durch Gebläse erzeugten Wind, waren damals in vielen Gebieten gegeben.

Zur Illustration der langen Geschichte und weiten Verbreitung der Eisenherstellung bis zu ihrer – nach heutigem Sprachgebrauch – Ausübung in großtechnischem Maßstab seien im folgenden einige Fundbeschreibungen aus dem jüngeren Schrifttum wiedergegeben. Diese Funde sollen als Beispiele neuerer Forschungsergebnisse verstanden werden und erheben auch nicht den geringsten Anspruch auf Vollständigkeit.

Aus dem Raum des östlichen Mittelmeers und den nicht unmittelbar angrenzenden Ländern des Nahen Ostens liegen Funde von Schmuckgegenständen, Werkzeugen und Waffen vor, die beweisen, daß Eisen und Stahl schon um 1300 bis 1100 v. Chr. in großen Teilen der damaligen Welt bekannt waren [17, 18]. Die Fundorte in den heutigen Ländern Griechenland, Zypern, Türkei, Syrien, Jordanien, Israel, Iran und Ägypten machen deutlich, daß die Eisenwerkstoffe trotz der nach wie vor beherrschenden Rolle der Bronze doch schon weitere Verbreitung gefunden hatten. Noch weiter östlich, in Indien, sei nach Agrawal et al. [19] schon ab etwa 1200 v. Chr. sogar die Herstellung von Verbundstählen bekannt gewesen, bei denen durch Aufkohlen der oberflächennahen Zonen die Eigenschaften gezielt beeinflußt wurden. Aus diesem angeblich in Tiegeln erschmolzenen kohlenstoffreichen Stahl, der mit 1,0 bis 1,6% C Werkzeugstahlcharakter besessen haben muß, seien später, zur Zeit Alexanders des Großen in Syrien die berühmten Damaszenerklingen erzeugt worden. Zu einer ähnlichen Aussage gelangte Bh. Prakash [20], nach dem solcher Stahl schon um 400 v. Chr. nach Europa exportiert wurde. In Anbetracht der für Waffen und Werkzeuge besseren Eignung von härtbarem, kohlenstoffhaltigen Stahl hätte eigentlich als naheliegende Konsequenz eine viel frühere Verdrängung der Bronze erfolgen müssen, wenn dieser neue Werkstoff nicht als Zufallsprodukt anfiel sondern gezielt und ohne prohibitiv hohen Aufwand in ausreichender Menge schon damals hergestellt werden konnte.

Ein frühes Zeugnis über die Verwendung von Stahl und die Kenntnis seiner Wärmebehandlung geben aus dem 12. Jahrhundert v. Chr. stammende, auf Zypern gefundene Messer [21, 22]. Funde aus der Zeit nach 1000 v. Chr. weisen auf eine zunehmende Verwendung von Eisen in Griechenland. Da außer phosphorarmen Eisengegenständen auch solche mit höherem Phosphorgehalt gefunden wurden und da auf Kreta Eisenerzvorkommen mit ca. 1%P vorhanden sind, wertete G. J. Varoufskiis [23] dies als Anzeichen für eine schon um 900 v. Chr. erfolgte Verhüttung dieser Eisenerze in Griechenland. Unabhängig von dieser Schlußfolgerung, die allerdings die wenig wahrscheinliche Annahme einer Verschiffung von Erz voraussetzt, zeigen auch diese Funde, daß schon zu einer Zeit, als die Bronze für viele anspruchsvolle Anwendungen noch immer die erste Wahl darstellte, versucht wurde, sie durch die offensichtlich besser verfügbaren Eisenwerkstoffe zu ersetzen. In Ergänzung zu diesem Schrifttumsangaben sei auf die derzeit wohl vollständigste, uns von R. F. Tylecote [5] hinterlassene Zusammenstellung über Funde hingewiesen, aus der die Chronologie der Ausbreitung der Eisenerzeugung und -verarbeitung auch im außereuropäischen Raum hervorgeht.

Die nach ihrem ersten bedeutenden Fundort bezeichnete, im 8. bis 5. Jhdt. v. Chr. das Leben in weiten Teilen Mitteleuropas prägende Hallstattzeit ist so stark durch die rasch zunehmende Verwendung von Eisenwerkstoffen und die Weiterentwicklung ihrer Herstellung, Weiterverarbeitung und Behandlung und damit durch den Übergang in die eigentliche Eisenzeit geprägt, daß sich für den Raum im heutigen Österreich, Süddeutschland, der Schweiz und die mehr oder minder unmittelbar angrenzenden Gebiete die Nennung von Einzelbeispielen erübrigen sollte. In diesen Alpenländern mußten damals bereits aus über 1000jähriger Tradition umfangreiche Erfahrungen über die Verhüttung von Erzen zur Kupfergewinnung und die Bauweise von Verhüttungsanlagen, besonders von Reduktionsöfen verfügbar gewesen sein, die eine gute Ausgangsbasis für die Entwicklung der Eisenherstellung darstellten.

Aus ebendieser Epoche, d. h. dem 8. bis 5. Jhdt. v. Chr. stammen Funde aus dem Territorium der jetzigen Slowakei, aus denen deutlich hervorgeht, daß es damals schon gelang, kohlenstoffhaltigen Stahl herzustellen und der anwendungsorientierten richtigen Wärmebehandlung zu unterziehen. Aus den zahlreichen von R. Pleiner [24] beschriebenen Fundstücken, seien hier als aufschlußreichste ein aus dem 8. Jhdt. v. Chr. stammendes Messer aus gleichmäßig zusammengesetztem übereutektoidischen (> 0,8%C) Stahl und ebenfalls in der Slowakei ausgegrabene Stahlgeräte aus dem 7. bis 6. Jhdt. v. Chr. genannt. Unter diesen befanden sich Äxte mit aufgekohlten Schneiden sowie aus hartem Stahl und Weicheisen zusammengeschweißte Werkzeuge.

Auch in Polen wird das erste Erscheinen von Eisengegenständen mit dem 8. Jhdt. v. Chr. datiert [8, 25]. Zu Beginn der Hallstattzeit wurden Fertigprodukte eingeführt oder das Eisen als Halbzeug importiert und zwar oft als Barren in der Form der auch aus anderen Fundplätzen bekannten beidseitig gegen das Ende zu sich verjüngenden schlanken Doppelpyramiden. Wenn sich in der Anfangsphase die Verwendung hauptsächlich auf Schmuck und Ziergegenstände erstreckte, trat ab Mitte des 6. Jhdt. v. Chr. Eisen zunehmend als Werkstoff für Waffen und Werkzeuge in Erscheinung. Ab dem 4. Jhdt. v. Chr., also in der Latène-Zeit beherrschten dann die einheimischen Hüttenleute nicht nur die schon länger ausgeübte Verarbeitung durch Schmieden sondern auch die Gewinnung aus den Erzen, womit die Eisenerzeugung hier und in anderen Teilen Europas stark ausgeweitet wurde. Die Wechselwirkung zwischen der verbesserten Beherrschung der Verhüttungstechnik und Weiterverarbeitung und der dadurch möglichen Produktionssteigerung einerseits und der Zunahme des Bedarfs andererseits mag – wie auch bei der Einführung neuer vom Markt benötigter Produkte in unseren Tagen – zur Beschleunigung des Wachstums der damaligen Eisen- und Stahlerzeugung beigetragen haben.

In den letzten zwei Jahrhunderten vor Beginn unserer Zeitrechnung war die Verhüttung von Eisenerz so gut wie über ganz Europa verbreitet, wobei jedoch örtlich starke Unterschiede hinsichtlich Erzeugungsumfang, Zusammensetzung und Eigenschaften des Werkstoffs und Art und Größe der verwendeten Reduktionsöfen bestanden. Bedarfsmäßig nahm das fortschrittliche und technisch stärker orientierte Römische Reich die Spitzenstellung ein, was aber nicht bedeutet, daß das Kernland, die apenninische Halbinsel ein wichtiges oder gar dominierendes Herstellungszentrum gewesen sei. Lediglich Elba und die dieser Insel am Festland naheliegenden Orte Diskaearchia und Populonia hatten, herrührend aus der von den Etruskern beherrschten Zeit, eine zwar kleine und mit den Jahren abnehmende Bedeutung [26]. Auch die in Spanien bisher gemachten Funde geben keinen Hinweis auf eine dort im großen Maßstab erfolgte Verhüttung von Eisenerzen zur Römerzeit. Dagegen hatte die Eisenerzeugung in Britannien schon lange vor der römischen Besetzung einen recht beträchtlichen Umfang erreicht [26] und die großen Mengen römerzeitlicher und älterer in Belgien gefundener Eisenschlacken deuten darauf hin, daß auch dort Eisenerz großtechnisch verhüttet wurde [27].

K. Bielenin [28] hat die Verhüttungsplätze im Gebiet des heutigen Polens mit den Resten tausender aus der Periode zwischen Latène- und Römischer

Kaiserzeit stammender Rennöfen beschrieben. Hauptfundorte waren das Heilige Kreuz (swieto krzystie)-Gebirge in Südpolen und der Raum zwischen Weichsel und Oder. Doch auch aus Niederschlesien und der Umgebung von Oppeln lagen Funde vor. Allein auf dem erstgenannten Fundort wurden mehr als 5 000 Schlackenklötze als letzte Reste von Reduktionsöfen festgestellt. Die entweder regelmäßige Anordnung von vielen oder unregelmäßige Gruppierung von nur wenigen Öfen ließ im ersten Fall auf großtechnische Herstellung, im anderen Fall auf einen Betrieb im handwerklichen Maßstab zur Abdeckung des örtlichen Eigenbedarfs schließen. Der angestellten Schätzung

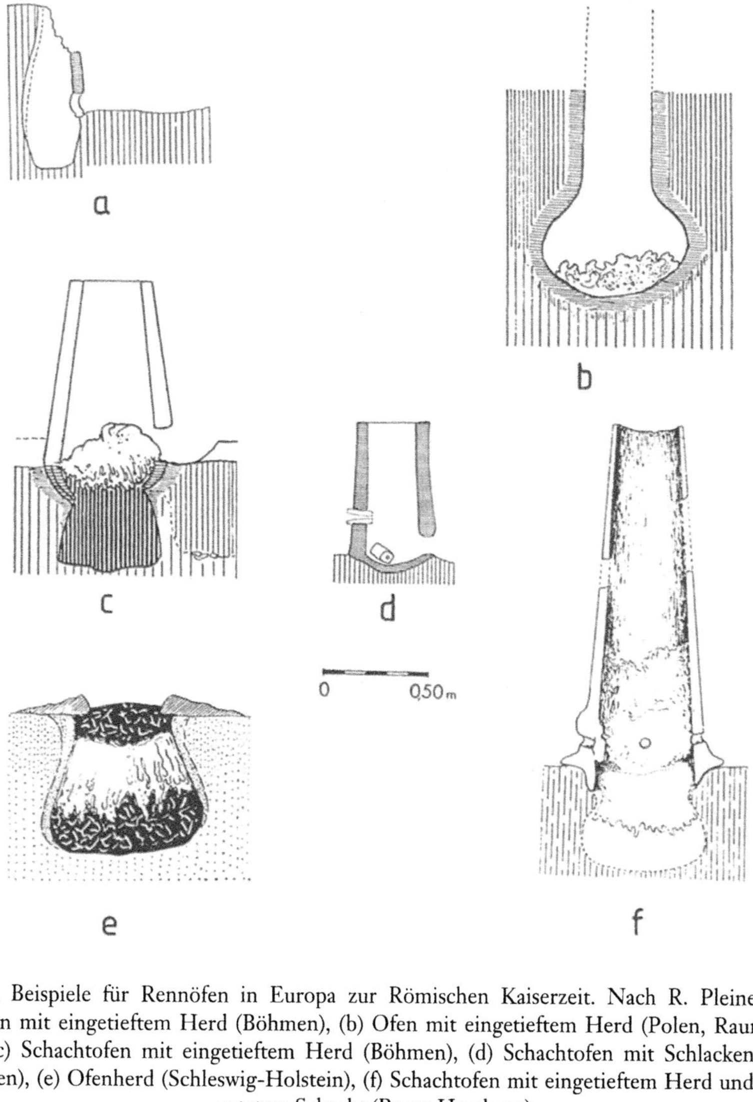

Abb. 1. Beispiele für Rennöfen in Europa zur Römischen Kaiserzeit. Nach R. Pleiner [26]. (a) Ofen mit eingetieftem Herd (Böhmen), (b) Ofen mit eingetieftem Herd (Polen, Raum Krakau), (c) Schachtofen mit eingetieftem Herd (Böhmen), (d) Schachtofen mit Schlackenabstich (Böhmen), (e) Ofenherd (Schleswig-Holstein), (f) Schachtofen mit eingetieftem Herd und aufgesetztem Schacht (Raum Hamburg)

zufolge [25] wurden hier in den drei Jahrhunderten vor und nach Christi Geburt etwa 54000 t Erz verhüttet und zwischen 3800 und 5400 t Eisen gewonnen.

So wie in anderen Gebieten, etwa Kärnten und Steiermark oder dem Siegerland schon früher in der Latènezeit [15], wurde die Eisenreduktion auch in den polnischen Fundgebieten im Rennofen durchgeführt, wie aus den Funden zweifelsfrei festgestellt werden konnte.

Dieser schon viel früher aus dem einfachen, aus einer Grube meist runden Querschnitts mit geeigneter Windzufuhr bestehenden und mit Holzkohle beheizten Rennfeuer weiterentwickelte und bereits zur Kupfergewinnung verwendete, nach dem Gegenstromprinzip arbeitende Schachtofen war jedenfalls zu Beginn der Eisenzeit in weiten Teilen Europas die die Eisenerzeugung beherrschende Anlage und sollte hier seine Bedeutung bis ins späte Mittelalter behalten. Über Ort und genaueren Zeitpunkt seiner ersten Verwendung können bis heute nur Vermutungen angestellt werden. Ebenso ist unbekannt ob der Rennofen nur einen einzigen Ursprungsort – Kleinasien oder Südeuropa oder Afrika – hat und von dort aus Verbreitung fand oder ob er – weil die Zeit dafür reif war und diesen Schritt erforderte – in verschiedenen Gebieten gleichzeitig und unabhängig voneinander entwickelt wurde.

Die Bauformen und Merkmale dieses Schachtofens veränderten sich im Laufe der Zeit aber auch zu einem gegebenen Zeitpunkt konnten sie örtlich recht verschieden sein. Sowohl im keltischen Siedlungsraum als auch in anderen Teilen Europas herrschte zur Latène- bis zur Römischen Kaiserzeit der Schachtofen mit eingetieftem Herd vor, der jeweils nur für einen Reduktionsgang verwendet wurde und je nach Standort sowohl mit natürlichem als auch mit künstlichem, durch Blasbälge erzeugten Wind betrieben wurde. Für beide Arten der Windnutzung liegen Fundbeweise vor [15, 25, 26, 28, 29].

Abbildung 1 zeigt die aufgrund von Funden vorgenommenen Reproduktionen von einigen Bauformen der seinerzeit verwendeten Schachtöfen [26]. Die Vorteile gegenüber ihrem Vorgänger, dem Rennfeuer sind die erreichbaren höheren Temperaturen, die bei ungestörtem Ablauf mögliche Erzeugung größerer Mengen an metallischem Reduktionsgut durch ständige Nachbeschickung mit Erz und Holzkohle und die bessere Beeinflußbarkeit des Prozeßablaufs, wenngleich auch hier die für den Gesamtprozeß entscheidenden Bedingungen in recht engen Grenzen liegen müssen. Der Schachtofen mit Schlackenabstich kann gegenüber dem Ofen mit eingetieftem Herd die Vorteile haben, daß eine wiederholte Verwendung möglich ist, wenn die Auflösung der feuerfesten Baustoffe im Herdbereich nicht allzuweit fortgeschritten ist, und daß die Entnahme des Reduktionsgutes erleichtert wird.

In Übereinstimmung mit dem Hinweis von Plinius [30] auf die Verschiedenheit der Öfen („... et fornacium magna differentia est") geht auch aus den Funden klar hervor, daß sogar an ein und demselben Fundort Schachtöfen oft recht unterschiedlicher Größe in Verwendung standen. So wurden Herddurchmesser zwischen 30 und 100 cm und Herdtiefen bis 90 cm festgestellt und aus den Ofenresten auf Schachthöhen von 80 bis 200 cm geschlosssen

[25, 26, 28, 29]. Die Verwendung derartig großer Rennöfen mit Schachthöhen um 200 cm bei Schachtdurchmessern bis über 100 cm vermutete J. W. Gilles [15] für die Spätlatènezeit im steirisch-kärntnerischen Raum. Obwohl einer der dieser Annahme zugrunde liegenden Ofenfunde, nämlich der von der Feisterwiese in der Steiermark, seitdem als wesentlich jünger erkannt wurde, unterstützen andere Ofenreste die Ansicht von Gilles. Abgesehen von dem Fund in Lölling, der von Gilles genannt wurde, sind dies die fast vier Jahrzehnte später entdeckten großen römerzeitlichen Öfen bei Kitschdorf und Möselhof in Görtschitztal nicht allzu weit von Lölling und dem Magdalensberg in Kärnten [31]. Diese dem Fundmaterial zufolge aus der Zeit zwischen den letzten drei Jahrzehnten v. Chr. bis in das fünfte oder sechste Jahrhundert n.Chr. stammenden Öfen hatten unterschiedliche Formen und auch bezüglich ihrer Größe wichen sie voneinander ab. Gemeinsam waren jedoch die deutlichen Merkmale einer Zufuhr künstlichen Windes. Die zwischen Möselhof und Raffelsdorf gefundenen zwei ältesten Öfen hatten zufolge einer erhalten gebliebenen Längshälfte ein nach oben sich verengendes birnenförmiges Profil, einen weitesten Innendurchmesser von ca. 1,1 m und eine Höhe von etwa 1,5 m. Die Zufuhr des aus Blasbälgen stammenden Windes erfolgte über mindestens drei noch erhalten gebliebene Kanäle, die schräg von oben ca. 50 cm über dem Boden in den Schacht mündeten. In der Nähe dieser Öfen befindet sich eine 200 m lange und 3 m hohe Schlackenhalde, die einen deutlichen Hinweis auf einen in großem Umfang erfolgten Rennofenbetrieb gibt und erwarten läßt, daß hier viele solche Öfen verwendet wurden. Zwei bei Kitschdorf ausgegrabene Öfen wiesen einen Innendurchmesser von 1 m und eine Höhe von ebenfalls 1 m auf. Der Zufuhr des künstliche Windes dienten Rohre mit 5 cm Innendurchmesser, die wiederum schräg von oben zum Ofenraum führten [31a].

Die beispielhaft wiedergegebenen Ergebnisse archäologischer Arbeiten zeigen, daß die Eisenwerkstoffe in der späteren Latènezeit weite Teile Europas erobert hatten. Selbst im entfernteren Nordeuropa, in Skandinavien begann die Eisenzeit schon um 500 v. Chr. [32].

In den zwei letzten vorchristlichen Jahrhunderten waren im Einflußgebiet des Römischen Reiches alle grundsätzlichen Voraussetzungen gegeben, um den schon angedeuteten stark zunehmenden Eisen- und Stahlbedarf dieses expandierenden, seine Vorherrschaft ausbauenden und neue technische Möglichkeiten konsequent nutzenden Staates gerecht zu werden. Der Rennofen, der noch über viele Jahrhunderte das Fundament der Eisengewinnung sein sollte, war allgemein bekannt und die zu seinem erfolgreichen Betrieb erforderliche Arbeitsweise wurde offensichtlich vielerorts mit ausreichender Sicherheit beherrscht. Mit den Worten unseres modernen Sprachgebrauchs zählte die Herstellung schmiedbarer Eisenwerkstoffe zum damaligen Stand der Technik. Die römischen Provinzen und Nachbarländer scheinen also imstande gewesen zu sein, den Bedarf an dem begehrten Werkstoff wenn nicht ganz, dann doch wenigstens zum großen Teil zu decken.

Die Qualität allerdings muß je nach Herstellungsort recht unterschiedlich gewesen sein, schon allein deshalb, weil entsprechend reine, phosphor- und schwefelarme Erze nicht überall zur Verfügung standen. Diese beiden zur Versprödung führenden bzw. die Warmformgebung, z. B. durch Schmieden, wegen der Gefahr des Rotbruchs beeinträchtigenden Elemente werden nämlich im Rennprozeß nicht entfernt. Aber die Zusammensetzung des Erzes war nicht alleine ausschlaggebend für die Güte des Fertigproduktes. Die Führung des Reduktionsprozesses aber auch die Weiterverarbeitung waren ebenfalls von wesentlichem Einfluß. Auf die Bedeutung der Verarbeitung hat bereits Plinius [33, 34] hingewiesen, der auch die für die Güte der Eisenwaren maßgebende Rolle des Erzes und – aus nicht ohne weiteres verständlichen Gründen – des Wassers betonte. Wasser ist als Abschreckmittel bei der Härtung von unlegiertem Kohlenstoffstahl so gut wie unabdingbar, doch sind die Unterschiede der Zusammensetzung von natürlichem Wasser nach heutigem Kenntnisstand zwar nicht völlig einflußlos auf das Ergebnis der Härtung, in der damaligen Zeit aber sicher nicht wahrnehmbar gewesen. Über andere Auswirkungen der Wasser„güte" gibt es nur Spekulationen.

Plinius hat jedenfalls auf Qualitätsunterschiede der Eisenwaren in Abhängigkeit vom Ursprungsland [33] hingewiesen, wobei er dem importierten serischen Eisen, mit dem er das heimische norische Produkt hinsichtlich der Güte vergleicht, den Spitzenplatz zuerkennt und das parthische Erzeugnis an zweite Stelle reiht (ex omnibus autem generibus palma serico ferro est, seres hoc cum vestibus pellibusque mittunt, secunda parthico). Die Serer sind ein von Plinius mehrfach genanntes ostasiatisches Volk, wahrscheinlich die Chinesen, mit denen Rom in enger Handelsbeziehung stand, wie nicht nur die zitierte Textstelle von Plinius verrät. Die Lieferung des so gepriesenen Eisens durch die Serer bedeutet jedoch nicht unbedingt, daß China auch das eigentliche Ursprungsland ist, denn es ist nicht auszuschließen, daß es von den Händlern auf dem langen Landweg über die Seidenstraße erworben wurde. Die Parther besiedelten zur damaligen Zeit den Raum südöstlich des Kaspischen Meeres im heutigen Iran.

Trotz ihrer geschätzten und gerühmten Güte waren diese Produkte mit Nachteilen strategischer Art behaftet: Die Abhängigkeit von Importen, die Fragen ausreichender Verfügbarkeit und termingerechter Lieferung müssen für einen seine militärische Vormachtstellung stark nutzenden Staat von nicht zu unterschätzender Wichtigkeit gewesen sein, so daß der Versorgung aus den eigenen Provinzen und benachbarten Ländern im unmittelbaren Einflußbereich Roms Vorrang eingeräumt wurde. In erster Linie bot sich hiezu der Siedlungraum der Kelten an. Abgesehen von ihren sonstigen bemerkenswerten technisch-handwerklichen Leistungen, die durch viele Funde belegt sind, waren die Kelten hervorragende Hüttenleute und das seinerzeitige Eisenhüttenwesen in Mittel- und Westeuropa war nachdrücklich durch sie geprägt worden. So waren sie die ersten in diesen Gebieten, die Eisenerz auch unter Tage förderten [26], die im großen Umfang Geräte, Werkzeuge und Waffen aus Eisenwerkstoffen herstellten und die die Verbindung von kohlenstofffreiem, zähen und weichen Eisen mit härtbarem, kohlenstoffhaltigen Stahl durch Feuerschweißung so gut beherrschten, daß auch dieser Verbundwerkstoff „Stahl auf Eisen“ gezielt erzeugt werden konnte. Nach heutigem durch Funde belegten Wissensstand waren es auch die Kelten, die als erste in Mittel- und Westeuropa den Schachtofen in größerem Maße zur Eisenverhüttung einsetzten und offenbar auch wesentlich zu seiner weiten Verbreitung beitrugen.

Von den unter römischem Einfluß stehenden Gebieten, in denen Eisenerzeugung betrieben wurde, hatte das Regnum Noricum besonders große Bedeutung. Schon lange vor seiner 15 v. Chr. auf friedlichem Wege und nicht durch gewaltsame Annexion erfolgten Eingliederung in das Römische Reich war dieses weite Teile des heutigen Österreichs, u. a. Kärnten und Steiermark umfassende Königreich Noricum durch einen außerordentlich hohen Entwicklungsstand bei der Herstellung von Eisenwerkstoffen ausgezeichnet [26]. Die dort ansässigen Kelten hatten frühzeitig mit dem Abbau von Eisenerzen und ihrer Verhüttung begonnen und diese Technik ebenso wie die bei der Weiterverarbeitung und Wärmebehandlung zur Eigenschaftsoptimierung erstaunlich weit vorangetrieben. Der mit norischem Stahl zur Römerzeit verbundene Qualitätsbegriff geht aus manchen zeitgenössischen Schriften hervor und die Untersuchung einer Vielzahl von Erzeugnissen aus diesem Gebiet beweist unmißverständlich, daß das hohe Ansehen des hier erzeugten Stahls und der daraus gefertigten Produkte sehr wohl berechtigt war.

Die Noriker verstanden nämlich nicht nur das übliche Rennofenprodukt kohlenstofffreies, weiches Eisen zu erzeugen, sondern beherrschten offenkundig auch die gezielte Herstellung kohlenstoffhaltigen Stahls. Außerdem wußten sie diese Produkte voneinander zu unterscheiden und verstanden die Härtung des Stahls sowie die richtige Wahl der Werkstoffe je nach vorgesehenem Verwendungszweck. Angesichts der immensen wirtschaftlichen, vor allem aber auch wehrtechnischen Bedeutung, die damals der Kunst der Stahlerzeugung innewohnte, scheint der zwar spekulative aber doch tatsachenbezogene Gedanke nicht ganz unangemessen zu sein, daß der seinerzeit ohnegleichen dastehende Vorgang der friedvollen Einverleibung des Königreiches Noricum in das Römische Reich auch mit der norischen Eisenhüttentechnik in gewissem Zusammenhang stehen kann.

O. Schaaber, dem auch das große Verdienst zukommt, viele Funde aus keltischem Gebiet, vornehmlich aus Kärnten sehr eingehend und mit modernen Methoden untersucht und den hohen Stand der damaligen Eisenhüttentechnik nachgewiesen zu haben, hat auch in mehreren Arbeiten Hinweise auf zeitgenössische Autoren und ihre Aussagen gegeben, mit denen sie die Güte des norischen Eisens hervorhoben [34, 35, 36]. Neben Plinius nennt er Petronius, Ovid, Horaz und Martial. Schaaber hält auch fest, daß noch viel später die Qualität dieses Werkstoffs gepriesen wurde, wie etwa von Rutilius im fünften Jahrhundert und in dem um 1100 entstandenen Annolied [36]. Sogar Agricola (1494–1555) erwähnt noch das norische Eisen, wobei er allerdings keine eindeutige Qualitätszuordnung vornimmt, da er es einmal als Stahl kategorisiert und ihm an anderer Stelle nur mittlere Güte zuschreibt. Während die hohe, heute durch Funde eindeutig belegte und durch Untersuchungsergebnisse dieser Funde auch gut erklärbare Qualität des norischen Eisens so sprichwörtlich war, daß sie als bekannt vorausgesetzt selbst in der Literatur ihren Niederschlag fand, wurden Produkte anderer Herkunft auch durchaus negativ beurteilt. So werden die Schwerter der Gallier von Caesar [37] als so weich beschrieben, daß sie schon nach wenigen Streichen wieder geradegerichtet werden mußten. Nach C. Böhne [38] liegt ein in seiner Aussage praktisch gleicher Bericht von Plutarch über die Schlacht an der Allia zwischen Galliern und Römern (387 v. Chr.) vor. Dieser Bericht diente wahrscheinlich im 2. Jhdt. v. Chr. dem Griechen Polybius als Grundlage für seine diesbezügliche Beschreibung.

Ferrum noricum war kohlenstoffhaltiger härtbarer Stahl, dies ist die primäre Ursache seines guten Rufes und seiner Überlegenheit gegenüber den meisten Produkten anderer Provinzen. Die hier und allen bisherigen Indizien zufolge damals kaum anderswo im römischen Einflußgebiet sicher beherrschte Erzeugung dieses Werkstoffs in Verbindung mit seiner zeitbezogen ebenfalls hochentwickelten Weiterverarbeitung und Wärmebehandlung waren allein schon Ursache genug für die wirtschaftliche Bedeutung des Landes Noricum, dessen wichtigster uns bekannter Handelsplatz die große aus der Keltenzeit stammende Stadt auf dem Magdalensberg war. Auf die Geschichte dieser Stadt, ihre Handelsbeziehungen, die wichtigsten dort gemachten Funde, vor allem die aus norischem Stahl oder die damit in Zusammenhang stehenden und die daraus gewonnenen Aussagen soll im folgenden etwas näher eingegangen werden.

4. Die Stadt auf dem Magdalensberg – Norischer Stahl

Einen äußerst eindrucksvollen und hinsichtlich seiner Aussagebreite sehr bedeutsamen Fund in dieser für die seinerzeitigen Verhältnisse Großstadtmerkmale aufweisenden Siedlung stellen die über 300 Wandinschriften im Verputz von Kellerräumen ehemaliger Händler dar. R. Egger [39], dem langjährigen Ausgrabungsleiter gelang es, die Reste dieser Inschriften zur Lesbarkeit zu ergänzen und zu zeigen, daß hier Aufzeichnungen über laufende und in Verhandlung stehende oder beabsichtigte Geschäfte vorlagen, die recht genaue Angaben über die Handelspartner, den Sitz ihrer Niederlassung, über Art und Menge der Handelsgüter und sogar über die vereinbarte bzw. vorgesehene Zahlungsweise enthielten. In der Palette der gehandelten Fertig- und Halbfertigprodukte nehmen die aus metallischen Werkstoffen und unter diesen wiederum solche aus Eisen mengenmäßig eine bevorzugte Stellung ein. So werden große, in Einzelfällen die Tonnengrenze überschreitende Mengen von eisernen Ringen, Haken, Beilen und „Ambossen" genannt [39]. Bei diesen Teilen deren in den Inschriften aufscheinende Bezeichnung mit „Amboß" übersetzt wurde, handelt es sich wahrscheinlich um Halbzeug, möglicherweise auch in Form schlanker, vierseitiger Doppelpyramiden wie sie schon im Zusammenhang mit den Eisenimporten zur Hallstattzeit im heutigen Polen beschrieben wurden. Die Ausführung des Halbfertigprodukts Eisen oder Stahl in Gestalt solcher Doppelstachel ist für die ganze Latène-Periode typisch, war aber auch noch nach Beginn unserer Zeitrechnung in den römischen Provinzen üblich [25, 40, 41]. Eine sinnvolle Erklärung für diese auf den ersten Blick eher nachteilebehaftet erscheinende Form eines erst zur Fertigbearbeitung bestimmten Halbzeugs ist dadurch gegeben, daß damit der Nachweis seiner vom Gerätehersteller meist unbedingt zu fordernden Umformbarkeit durch Schmieden erbracht wurde. Da die Untersuchung etwas später im Ausgrabungsgelände auf dem Magdalensberg gefundener kleinerer Spitzbarren zeigte, daß sie aus Stahl mit unterschiedlichen Kohlenstoffgehalten bestanden – deren untere Werte (0,3 bis 0,6%) höherfesten Baustählen und wenig auf Verschleiß beanspruchten Werkzeugstählen entspricht und deren höhere Werte (1,3% und darüber) typisch für hohen Verschleißwiderstand sind – und da sie auch gehärtet waren [42, 43], stellen diese formähnlichen aber kleineren Teile sicher kein Halbzeug für die Weiterverarbeitung sondern Fertigprodukte dar.

Der mengenmäßig sehr beträchtliche Handelsumfang in Verbindung mit der ungünstigen Verkehrslage abseits von Hauptstraßen in etwa 1000 m Höhe wurde als Indiz dafür gewertet, daß das andernorts zur Weiterverarbeitung bestimmte Halbzeug und die ebenfalls in den Wandinschriften genannten Fertigprodukte aus Eisenwerkstoffen nicht allzuweit von der Stadt auf dem Magdalensberg hergestellt wurden. Um mehr als ein, wenn auch recht gewichtiges Indiz konnte es sich zunächst aber nicht handeln, da vorerst noch keine für eine Verhüttung von Eisenerzen beweiskräftigen Reste oder Spuren von Rennöfen und Schlackenhalden aufgefunden worden waren und auch keines der Ausgrabungsergebnisse den unmittelbaren Nachweis einer in großem Umfang erfolgten Herstellung von Fertigprodukten erbracht hatte. Erst Ende der achtziger Jahre wurden im Görtschitztal südlich von Hüttenberg zwischen Mösel, Wieting und Kitschdorf 15 große Rennöfen freigelegt [31], deren wichtigste Merkmale bereits beschrieben wurden, ebenso wie die anschließende große Schlackenhalde (vgl. S. 22). Mit diesen Funden ist wohl der Nachweis einer auch in der hier besonders interessierenden Zeit zwischen dem ersten vorchristlichen und dem zweiten Jahrhundert n. Chr. erfolgten umfangreichen Eisengewinnung erbracht. Aus anderen in diesen etwa 20 km Luftlinie vom Magdalensberg entfernten Gebiet gemachten Funden geht hervor, daß hier auch Fertigprodukte, z. B. einfache Werkzeuge hergestellt wurden.

Die zum Zeitpunkt der Auffindung der den umfangreichen Handel mit Halbzeug und Fertigprodukten aus Eisenwerkstoffen beweisenden Wandinschriften nicht zu klärende Frage, ob diese Erzeugnisse, von weither bezogen wurden oder aus dem engeren Umkreis des Magdalensbergs stammten, ist nun somit bestimmt im Sinne dieser letztgenannten Antwort entschieden.

Zusätzlich zu Art und Menge der Handelsgüter gaben die Wandaufzeichnungen noch sehr aufschlußreiche Informationen über die geographische Reichweite der Geschäftsbeziehungen. Die Verbindungen erstreckten sich nicht nur auf das nahe und daher lagemäßig bevorzugte Kernland des Römischen Reiches sondern schlossen auch weit entfernte Plätze ein.

Die Aussagekraft dieser kaufmännischen Notizen über die Handelsgeschäfte ist so groß, daß schon allein daraus die Rolle der Stadt auf dem Magdalensberg als wichtiger Großhandelsplatz besonders für Waren aus norischem Eisen deutlich genug hervorgeht [39, 44, 45]. Eine Bestätigung lieferten die bei den Ausgrabungen gemachten Funde von Eisen- und Stahlerzeugnissen wie Nägeln, Beschlägen, Messern, Waffen, Werkzeugen und Geräten verschiedenster Art. Daneben wurde aber auch Halbzeug gefunden. Aus den großen Mengen war ebenfalls weniger auf eine ausschließliche Nutzung zur Deckung des örtlichen Eigenbedarfs zu schließen als vielmehr auf die Verwendung als Handelsgut. Weit wichtiger waren aber noch die metallkundlichen Befunde, die den für die damalige Zeit erstaunlich hohen Entwicklungsstand bei der Herstellung des Werkstoffs, seiner Weiterverarbeitung und der Eigenschaftsoptimierung durch Wärmebehandlung aufzeigten.

Schon die Untersuchung dreier norischer Meißel durch R. Mitsche [46] hatte gezeigt, daß sie zum überwiegenden Teil aus Stahl mit hohem Kohlenstoffgehalt und dadurch auch großer natürlicher, d. h. selbst ohne bewußte Wärmebehandlung vorhandener Härte bestanden und daß dieser kohlenstoffhaltige Stahl offenbar planmäßig und gezielt hergestellt worden war. Zum etwa gleichen Zeitpunkt, nämlich 1960 begann O. Schaaber mit seinen metallkundlichen Arbeiten an Funden vom Magdalensberg und schon das erste untersuchte Stück, ein Nagel, bestätigte das eben erwähnte Ergebnis von R. Mitsche: Auch dieser Nagel war aus kohlenstoffhaltigem Stahl hergestellt [35]. Diese Feststellung war recht unerwartet, da im Gegensatz zu den Meißeln, die guter Schneid- und Verschleißfestigkeit und daher auch hoher Härte bedürfen, für die meisten Nägel die Härte von kohlenstoffarmem Stahl genügt, der auch heute der dafür vorherrschende Werkstoff ist.

Gemäß dem zum Zeitpunkt der Funduntersuchung (1960) gegebenen Wissensstand konnte im Rennofen nur praktisch kohlenstofffreies Eisen erzeugt werden, das einer recht aufwendigen nachträglichen Aufkohlung bedurfte um zu höherfestem und härtbarem Stahl zu gelangen. Die Untersuchungsergebnisse über die Funde vom Magdalensberg bestätigten, daß die Hersteller dieser Gegenstände die Stahlerzeugung beherrschten. Mehr noch: Die Verwendung von Stahl für Nägel deutete darauf hin, daß die Herstellung dieses geschätzten Werkstoffes auf relativ einfache Art erfolgt sein mußte, die ihn in so großer Menge verfügbar machte, daß sein Einsatz nicht auf solche Fälle beschränkt blieb, die einen höheren Kohlenstoffgehalt zur Erreichung der angestrebten Eigenschaften unbedingt erforderlich machten.

Dieses aus der Untersuchung eines Fundnagels sich ergebende Indiz wurde durch die von O. Schaaber aus vielen weiteren Fundstücken abgeleiteten Aussagen [35] erhärtet, Aussagen und Ergebnisse, die dem Verfasser dieser Arbeit durch persönliche Mitteilung noch vor ihrer Veröffentlichung bekannt wurden. Umgekehrt konnte O. Schaaber die aus den später beschriebenen, im Ausgrabungsgelände auf dem Magdalensberg durchgeführten Reduktionsversuchen [47, 48] gezogenen und ihm mitgeteilten Schlußfolgerungen zur Erklärung von Untersuchungsergebnissen von Fundluppen, also nicht weiterverarbeiteten Rennofenerzeugnissen, sowie zur Formulierung grundsätzlicher neuer Fragen heranziehen. Das zur Verfügung gestandene Fundmaterial umfaßte außer diesen Primärprodukten des Rennofens auch noch Halbzeug in Form von Flachstahl und Vierkantstahl mit etwa quadratischem Querschnitt, das von Stück zu Stück sehr unterschiedliche (0,13 bis 0,9%) und in einem Fall auch innerhalb des Stückes stark schwankende (0,45 bis 1,4%) Kohlenstoffgehalte aufwies. Daneben wurden noch Werkstücke verschiedenster Art, wie Haken, Nägel, Spatel, Messer, Feilen und andere Werkzeuge untersucht, von denen ein Großteil aus Stahl mit eutektoidischem (0,8%) und noch höherem Kohlenstoffgehalt bestanden und bei denen in mehreren Fällen eine gezielt vorgenommene Härtung nachweisbar war. Einige der Werkzeuge bestanden sogar aus dem Verbundwerkstoff „Stahl auf Eisen“, d. h. daß für den die Arbeits- oder Schnittfläche beinhaltenden Teil, z.B. die Messerschneide, gehärteter Stahl mit höherem Kohlenstoffgehalt und für den weniger beanspruchten Teil, z. B. den Rücken der Messerklinge, weicher Stahl („Eisen“) verwendet worden war.

Der Stadt auf dem Magdalensberg gebührt wegen des hier erfolgten Zusammenfließens norischer und römischer Kultur und Zivilisation und aufgrund des umfangreichen Fundmaterials und der Vielseitigkeit der daraus gewonnenen Erkenntisse unter den zahlreichen bekannten Siedlungen der Römerzeit bedeutungsorientiert ein Spitzenplatz. Von ganz besonders hoch einzuschätzender Aussagekraft waren aber die erwähnten Fundgegenstände an Eisenwerkstoffen, die unmißverständlich den für die damalige Zeit außerordentlich hohen Stand der Eisenhüttentechnik nachweisen. Aus den Untersuchungsbefunden war zweifelsfrei abzuleiten, daß man kohlenstoffhaltigen, harten von kohlenstoffarmem, weichen Stahl nicht nur zu unterscheiden verstand sondern auch in der Lage war, diese in ihren Eigenschaften sehr verschiedenen Werkstoffe gezielt herzustellen und je nach Verwendungszweck und nach von diesem bestimmten Forderungen richtig auszuwählen und einzusetzen. Die Funde lieferten auch den Beweis, daß die Härtung von kohlenstoffhaltigem Stahl durch rasches Abschrecken von hoher Temperatur beherrscht, daß die Anwendung dieser Methode zur Erzielung sehr hoher Härte und Schneidhaltigkeit auf nur ganz bestimmte Werkstückteile, also die partielle Härtung, praktiziert wurde und daß selbst die Herstellung von Verbundwerkstoffen mit zähem, kohlenstoffarmen Kern und harter, verschleißfester Außenzone üblich war.

Diese Ergebnisse sind umso bemerkenswerter als auch schon viel früher sowohl in Europa als auch in Kleinasien kohlenstoffhaltiger Stahl bei der Erzreduktion im Schachtofen angefallen war und vieles dafür spricht, daß schon die Schmiede jener Zeit verstanden, den härteren Werkstoff vom weichen, praktisch kohlenstofffreien Eisen zu unterscheiden, daß es sich bei diesem Stahl aber eher um gelegentliche Zufallsprodukte handelte. Jedenfalls gibt es keine Hinweise dafür, daß dabei gezielt auf die Gewinnung von Stahl hingearbeitet wurde. Gleiches gilt für die Härtung von Stahl durch Abschrecken aus hoher Temperatur in Wasser. Auch bezüglich dieser Technik gibt es keine Indizien dafür, daß sie – von uncharakteristischen Einzelfällen abgesehen – andernorts zu gleicher Zeit wie in Noricum oder gar früher beherrscht und in größerem Umfang absichtlich angewendet wurde.

Die Metallurgie des Eisens hatte in der Region Noricum für alle Verfahrensstufen der Verhüttung, Weiterverarbeitung und Wärmebehandlung also tatsächlich eine Entwicklungshöhe erreicht, die nach unserem heutigen Wissen deutlich über jener in anderen Regionen lag, wo allenfalls einzelne der Verfahrensschritte bekannt waren oder gar sicher beherrscht wurden [49]. Überlegenheit und der darauf basierende Ruf des legendären Werkstoffs „ferrum noricum" sind somit durchaus begründet und die offenbar nur hier beherrschte erforderliche metallurgische Technik sollte alleine ausreichen um die Tatsache zu erklären, daß das regnum noricum der wohl bedeutendste Lieferant Roms für die technisch und militärisch so wichtigen Eisenwerkstoffe und auch für einige daraus gefertigte Produkte war [26].

Die Funde und ihre metallkundliche Untersuchung ermöglichten, wie vorstehend kurz gezeigt wurde, die Klärung einer ganzen Reihe von bis dahin offenen Fragen zum Themenkreis „norischer Stahl". Andere Fragen blieben vorerst ungeklärt, wie z. B. die den Archäologen interessierende, ob die verkehrsmäßig sehr ungünstig liegende Stadt auf dem Magdalensberg ihre Größe, Bedeutung und Prosperität nur als Handelszentrum erlangt hatte oder ob hier von anderswo bezogene Eisenwerkstoffe zu Halb- und Fertigprodukten verarbeitet wurden oder ob diese Finalerzeugung gar mit einer heimischen Verhüttung von Eisenerzen verbunden war. Einige Funde, wie sehr unvollständige Ofenreste, Blasdüsen von Öfen und vereinzelte Schlacken z. T. in Verbindung mit Holzkohle deuteten zwar auf das Vorhandensein einer Eisenindustrie, doch konnte nicht geklärt werden, ob es sich dabei um eine Eisenerzeugung oder -verarbeitung gehandelt hatte. Die Lage der Funde im Zentrum der Stadt sowie die geringe Menge an Schlacken sprachen eher dafür, daß hier nur eine Weiterverarbeitung und diese nur in kleinerem, handwerklichen Umfang erfolgte [47]. Auf eine Weiterverarbeitung zu Endprodukten war auch daraus zu schließen, daß sich unter den von O. Schaaber untersuchten Funden [35] sowohl ungehärtete als auch gehärtete Feilen befanden. Dies schloß aber selbstverständlich nicht aus, daß im Randbereich oder in der zum Einzugbereich zählenden engeren Umgebung der Stadt auf dem Magdalensberg auch einheimische Eisenerze verhüttet und Stahl erzeugt wurde, denn eine derartige Produktion, vor allem in einem den Eigenbedarf übersteigenden größeren Umfang, lag – wie inzwischen deutlich nachgewiesen [28] – auch damals ausserhalb der die Wohn- und Handelsbezirke umfassenden eigentlichen Siedlungsgebiete der Städte.

Zunächst blieb also die Frage nach der Herkunft des Stahles ungeklärt, wenngleich aus heutiger, stark durch wirtschaftliche Überlegungen diktierter Sicht es nicht sehr wahrscheinlich anmutet, daß große Mengen des im Vergleich zu Fertigwaren weniger wertvollen Rohwerkstoffs Stahl mit den damals verfügbaren Verkehrsmitteln über weitere Entfernungen transportiert wurden. Erst etwa ein Vierteljahrhundert später gelang mit den schon erwähnten Funden von Rennöfen und großen Schlackenhalden im Görtschitztal südlich von Hüttenberg [31] der Nachweis einer in der Nähe der Stadt auf dem Magdalensberg erfolgten Eisenerzverhüttung in für damalige Verhältnisse großtechnischem Maßstab, so daß heute mit großer Sicherheit angenommen werden kann, daß die auf dem Magdalensberg gehandelten Produkte aus Eisen und Stahl aus heimischen Werkstoffen hergestellt worden waren. Vor dem Auffinden dieser eindeutiges Zeugnis ablegenden alten Rennöfen mußten die Archäologen jedoch bestrebt sein, zumindest indirekt bestätigende oder widersprechende Indizien für eine Stahlerzeugung im Raum des Magdalensbergs zu erhalten.

Eine für den Archäologen wie für den Metallurgen gleichermaßen bedeutsame und interessante Frage war ebenfalls aus den Funduntersuchungen allein nicht zu beantworten und blieb vorerst noch offen. Die Frage nämlich nach der von den Norikern geübten Technik bei der Herstellung von kohlenstoffhaltigem Stahl, die ja Grundlage für den Namen „ferrum noricum" war, der als Qualitätsbegriff für ein hochgeschätztes Produkt verstanden wurde [49], eine, wie wir nun wissen, durchaus berechtigte Güteeinstufung. Mit anderen Worten: Das Interesse galt dem Verfahrensweg, auf dem der für die Eigenschaften so überaus wichtige Kohlenstoff in den Grundwerkstoff Eisen eingebracht wurde. Die noch in den sechziger Jahren vorherrschende durch Untersuchungen unterstützte Auffassung [50], daß der Kohlenstoff von allen Schmiedestahlprodukten aus der gesamten Periode von der älteren Eisenzeit bis zum Mittelalter auf Zementation, also auf nachträgliche Aufkohlung von urspünglich kohlenstofffreiem Rennofeneisen zurückzuführen sei, war nicht ohne weiteres mit den Ergebnissen der Untersuchungen an den Magdalensbergfunden in Einklang zu bringen. Allein schon die großen Mengen von Stahlprodukten sprachen gegen die recht zeitaufwendige Aufkohlung von weichem Stahl in festen Zustand durch einen Sekundärprozeß. Gleiches gilt für die Verwendung von kohlenstoffhaltigem Stahl für Nägel, die nicht notwendigerweise einer größeren Härte bedürfen. Wenn für eine solche Massenware Stahl verwendet wurde, dann ist es recht unwahrscheinlich, daß dieser Werkstoff auf dem langwierigen Weg nachträglicher Aufkohlung hergestellt wurde [51]. Daß Nägel schon im ersten Jahrhundert n. Chr. ein echtes Massenprodukt waren, zeigt der Anfang der sechziger Jahre bekanntgewordene Fund aus einem Festungswerk einer römischen Legion bei Inchtuthil in Perthshire, Schottland [52]. Dieser aus dem ersten Jahrhundert n. Chr. stammende Fund umfaßte mehr als 875 000 Nägel von mehr als 5t Gesamtgewicht und mit Längen von etwa 40 bis 380 mm und, soweit untersucht, sehr heterogenem Gefüge mit Bereichen hohen und niedrigen Kohlenstoffgehaltes. Daraus könnte geschlossen werden, daß – da nicht erforderlich – bei Herstellung und Wahl des Werkstoffs nicht auf die Erzielung einer bestimmten Härte sondern nur auf die notwendige Schmiedbarkeit geachtet wurde. Die bei einem Teil dieser wahrscheinlich importierten Nägel festgestellte Kohlenstoffverteilung, nämlich kohlenstoffhaltiger Kern umgeben von weichem Eisen, widerspricht ebenso eindeutig einer Zementation wie der sehr gleichmäßige Kohlenstoffgehalt bei vom Magdalensberg stammenden Fundstücken größeren Querschnitts. In keinem dieser Fälle wurde der für eine sekundäre Aufkohlung typische Kohlenstoffgradient in oberflächennahen Zonen der Werkstücke festgestellt.

Schließlich erschien auch die Tatsache, daß der so wichtige Werkstoff Stahl offenbar nur in wenigen Gebieten, wie eben im ehemals keltischen Noricum gezielt und in größeren Mengen hergestellt wurde, so bemerkenswert, daß nach Hinweisen auf die dafür verantwortlichen Gründe gefragt wurde. Grundsätzlich könnten dafür örtlich bedingte, besonders günstige Gegebenheiten, etwa das verwendete Erz, verantwortlich sein oder aber die Kunst der Hüttenleute, die eine von anderen Verhüttungs- und Verarbeitungsplätzen abweichende Verfahrensweise verwendeten oder den Verfahrensablauf besser beherrschten [51].

Zu all diesen Fragen vermochten weder die bis dahin durchgeführten Funduntersuchungen, die die Fragen zum Teil ja erst aufgeworfen hatten, Klarstellung zu geben, noch war diese von weiteren analogen Ergebnissen mit guter Wahrscheinlichkeit zu erwarten. Auch den Aufzeichnungen von Schriftstellern der Antike waren keine wirklich aufschlußreichen Informationen zu entnehmen. In diesen finden sich zwar einzelne Bemerkungen über den Aufbau der Rennöfen und die Verwendung von künstlichem Wind, über den Verfahrensablauf, die dabei gemachten Beobachtungen und auch über Weiterverarbeitung, Wärmebehandlung und Eigenschaften der Eisenwerkstoffe, doch ließ sich daraus keine einigermaßen geschlossene und sinnvolle Darstellung ableiten. Aus der verständlichen mangelnden Sachkenntnis sowohl der zeitgenössischen Autoren als auch der Übersetzer ihrer Werke ergaben sich eher unklare und teilweise sogar unverständliche oder widersprüchlich anmutende Beschreibungen.

Um zur Klärung zumindest eines Teiles dieser offenen Fragen beitragen zu können, erschien es angezeigt, Verhüttungsversuche unter Verwendung von Rohstoffen aus dem Gebiet des Magdalensbergs und unter möglichst getreuer Simulierung der als wahrscheinlich anzunehmenden seinerzeitigen Arbeitsweise durchzuführen. Aus der Untersuchung des anfallenden Reduktionsgutes und dem Vergleich mit norischen Fundstücken vom Magdalensberg wurden zumindest einige aufhellende diesbezügliche Hinweise erhofft.

5. Beiträge zur Metallurgie des Rennofens durch Versuche

Reduktionsversuche in nachgebauten Rennöfen, die ähnlich den geplanten eigenen Experimenten helfen sollten, einen besseren Einblick in den Ablauf und vor allem das Produkt des Prozesses zu ermöglichen, waren, wenn auch mit unterschiedlichem Erfolg, schon in mehreren Ländern durchgeführt worden. Ofengröße und -formen und die Versuchsbedingungen waren dabei den jeweiligen örtlichen Verhältnissen angepaßt.

Der wahrscheinlich erste und damit älteste Versuch, den Eisenerzverhüttungsprozeß der Frühzeit nachzuahmen, wurde schon im 19. Jahrhundert von Graf Wurmbrand und seinem Mitarbeiter Spieß [53] unternommen. Sie verwendeten keinen Rennofen mit Schacht, wie er zur römischen Kaiserzeit bereits lange bekannt und dominierend war, sondern einen Nachbau seines Vorläufers, einen einfachen Rennherd, wobei ihnen als Vorbild die Reste einer römerzeitlichen Eisenhüttenanlage in der Nähe von Hüttenberg in Kärnten dienten. Dieser Fund könnte allerdings auch ohne weiteres von einem Schachtofen stammen und aus heutiger Sicht erscheint es recht unwahrscheinlich, daß in dieser Epoche die Noriker noch Rennherde in Betrieb hatten. Interessehalber sei aber die von F. Freise [53] stammende Skizze des Hüttenberger Fundrelikts wiedergegeben (*Abb. 2*). A und B sind zwei kreisförmige Gruben mit 0,6 und 1,0 m Tiefe und je 1,6 m Durchmesser. Es wurde vermutet, daß die Grube A zum Rösten des Erzes diente und die mit einer 16 cm dicken Tonschicht ausgekleidete Grube B der eigentliche Rennherd war, wofür eine der 16 cm dicken Auskleidung folgende, bis auf 8 cm Tiefe total verschlackte und mit Quarzbrocken vermengte Tonschicht sprach. Aus dem Fehlen eines Windkanals und dem Vorhandensein zahlreicher verschlackter Tonrohre mit 25 mm Innendurchmesser, 10 mm Wanddicke und

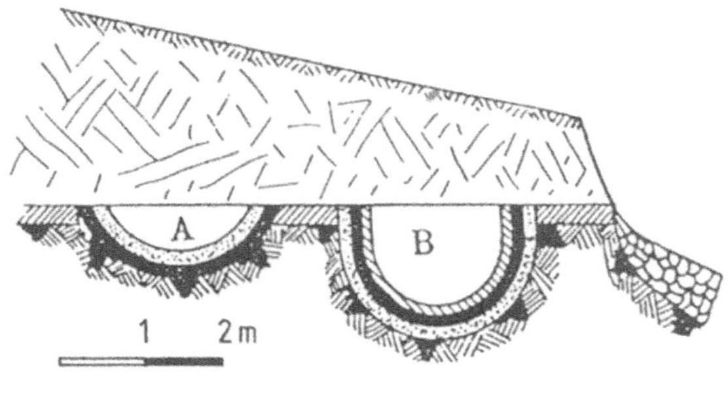

Abb. 2. „Römische Hüttenstätte mit Gebläseherden" bei Hüttenberg/Kärnten. Nach [53].
A .... Röstgrube (?)

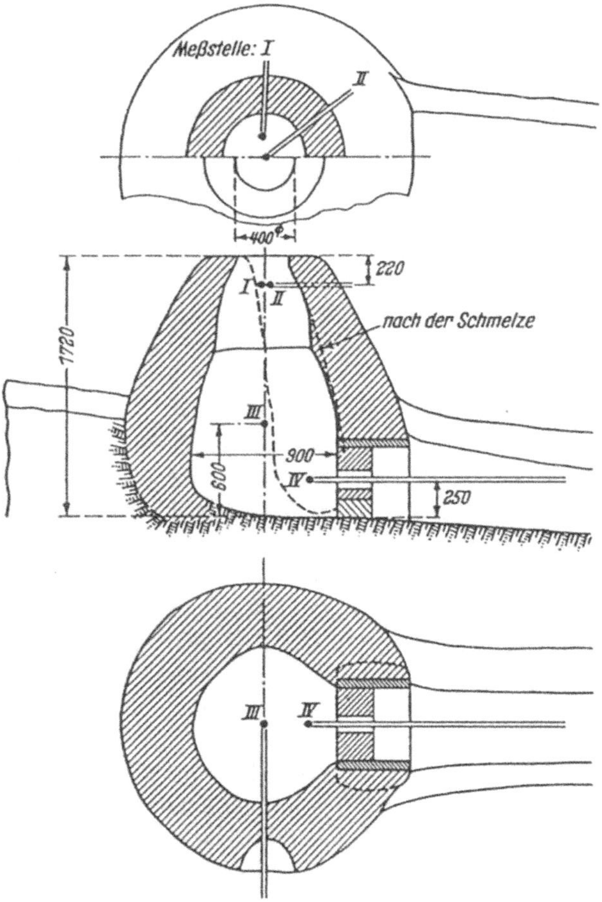

Abb. 3. Rennofen der La-Tène-Zeit. Für einen Rennversuch nachgebaut. Nach J. W. Gilles [55]

110 mm Länge wurde gefolgert, daß der Betrieb unter Verwendung von künstlichem Gebläsewind erfolgte. In ihrem Experiment gelang es Graf Wurmbrand und Spieß unter Verwendung von Holzkohle und von Handgebläse zur Winderzeugung in 26 Stunden aus dem Erz eine 6 kg schwere, gut schmiedbare, weiche Eisenluppe zu erzeugen, wobei das Eisenausbringen etwa 20% betrug.

J. Sadzot [54] konnte durch Laboratoriumsversuche in einem kleinen Ofen die grundsätzliche Möglichkeit der Erzeugung von kleinen Eisenluppen bei Verwendung von natürlichem Windzug bestätigen. Dieser und der Wurmbrandsche Versuch werden hier nur der chronologischen Vollständigkeit halber und wegen des als Reduktionsprodukt angefallenen Weicheisens erwähnt. Von direktem Belang für die von den Norikern praktizierte Eisenhüttentechnik sind sie kaum, da diese ohne jeden Zweifel Schachtöfen mit gebläseerzeugtem, künstlichen Wind verwendeten.

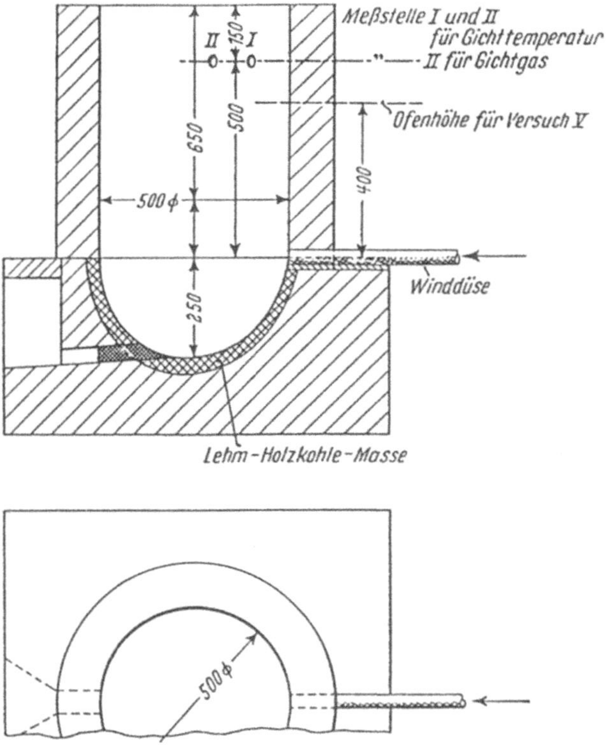

Abb. 4. Versuchsrennofen mit Gebläse. Nach J. W. Gilles [56]

J. W. Gilles [55] führte Reduktionsversuche in einem 172 cm hohen mit Hangwind betriebenen Schachtofen durch, der einen Latène-Zeit-Ofen aus dem Siegerland nachgebaut worden war (*Abb. 3*). 152 kg eines Erzgemisches mit 51,6% Fe, 1,4% Mn, 11,7% SiO_2 und 0,26% P ergaben als Reduktionsgut einen schwammähnlichen Schlackenkuchen, in dem sich zahlreiche Eisengranalien befanden, deren größte 30 mm Durchmesser hatten. Das Gesamtgewicht des metallischen Anteils betrug 17,3 kg, entsprechend einem Eisenausbringen von 22%. Der höchste festgestellte Kohlenstoffgehalt des Eisens lag bei 0,096%, d. h. daß weiches, nicht härtbares Eisen erzeugt worden war.

In einem weiteren Versuch verwendete Gilles [56] einen mit Gebläse ausgestatteten Schachtofen (*Abb. 4*) und spanisches Rösterz mit 51,1% Fe, 0,9% Mn, 8,9% SiO_2 und 0,015% P. Als Produkt fielen eine mit zum Teil lamellarem Eisen durchzogene, wiederum schwammig-poröse Schlacke und mehrere überwiegend aus metallischem Eisen bestehende, 30–250 g schwere Luppen sehr unregelmäßiger Form an. Das Eisenausbringen war mit 33,1% deutlich besser als im vorangegangenen Versuch unter Verwendung des Rennofens mit natürlichem Wind. Der Kohlenstoffgehalt des Eisens betrug 0,11%, war also wieder recht niedrig, jedenfalls zu klein für einen umwandlungshärtbaren Stahl.

E. J. Wynne und R. F. Tylecote [57] experimentierten mit einem kleinen, ca. 230 mm Herddurchmesser aufweisenden, mit künstlicher Windzufuhr ausgerüsteten Schachtofen. Das Ziel ihrer Arbeit lag u. a. darin, Hinweise für den Einfluß verschiedener Arbeitsbedingungen, wie Windmenge, Zahl, Durchmesser und Neigungswinkel der Winddüsen sowie der Stückgrößen von Erz und Holzkohle zu finden. Die im günstigsten Fall gewonnenen größten Eisenluppen hatten Gewichte von 140, 230 und 370 g. Auch dieses reduzierte Eisen war mit 0,08% C ausgesprochen kohlenstoffarm und keinesfalls als Stahl gemäß der hier verwendeten Sprachregelung anzusehen.

Die über diese Experimentalarbeiten erschienenen Veröffentlichungen sind nicht nur wegen der mitgeteilten Ergebnisse von Interesse sondern auch und sogar noch vermehrt wegen der Beschreibung der Versuchsabläufe und der dabei gemachten Beobachtungen. Gemeinsam war diesen Versuchen, daß das anfallende Eisen sehr kohlenstoffarm war, wenn es überhaupt gelang, metallisches Eisen aus dem Erz zu reduzieren. Im Gegensatz dazu standen die Ergebnisse von A. Rjazancev [58], dem es ebenfalls gelang, in einem 140 cm hohen Schachtofen mit natürlichem Windzug kleinere Eisenteilchen zu gewinnen, wobei jedoch die Verwendung eines sehr eisenreichen limonitischen Bohnerzes als Voraussetzung angesehen wurde und wobei überwiegend mit 3,3 bis 3,5% C kohlenstoffreiches, grau erstarrtes Gußeisen und nur wenige Teilchen schmiedbaren Stahls mit in recht weiten Grenzen variierendem Kohlenstoffgehalt anfiel.

Anfangs der sechziger Jahre waren auch schon die Ergebnisse der Reduktionsversuche von M. Radwan und R. Pleiner [59] bekannt, die halbeingetiefte und wenig hohe Schachtöfen verwendeten. Solche Öfen waren außerhalb des unmittelbaren römischen Einflußbereiches während der ersten vier nachchristlichen Jahrhunderte in Böhmen und Polen in Gebrauch. Das Produkt dieser mit mangan- und phosphorarmem Erz (0,21% Mn, 0,02% P) durchgeführten Experimente war nicht allzu verschieden von den meisten anderen. Es bestand aus einem Gemenge von Schlacke und schwammartigem, d. h. stark porösem Eisen, das weitaus überwiegend rein ferritisches Gefüge aufwies, also praktisch kohlenstofffrei war. Nur vereinzelt waren eng begrenzte, geringe lokale Aufkohlungen anhand von neben dem Ferrit vorliegenden Perlitinseln festzustellen. Die Aufkohlung war aber bei weitem nicht groß genug um auch nur in den davon erfaßten Bereichen die Makroeigenschaften merklich zu beeinflussen oder die Voraussetzung für eine Umwandlungshärtung zu schaffen.

In 85 Jahren von 1877 bis 1962 in Rennfeuern und in Rennöfen recht unterschiedlicher Form und Größe und mit voneinander stark abweichenden Arbeitsbedingungen durchgeführte Verhüttungsversuche ergaben somit – von der Ausnahme der Reduktion von Bohnerz in der Wochein [58] abgesehen – ein recht einheitliches Produkt, nämlich kohlenstoffarmes weiches Eisen. Da die überwiegende Mehrheit aller bis dahin in Europa gemachten Funde von Rennofeneisen ebenfalls fast kohlenstofffrei waren, blieb die seit langem vorherrschende Meinung unbestritten, daß solch ein nicht härtbares Weicheisen das typische Erzeugnis des Rennofens sei, daß kohlenstoffhaltiges Eisen oder, mit anderen Worten, abschreckhärtbarer Stahl höchstens als ausgesprochen seltenes Zufallsprodukt dieses Prozesses anfiel [60] und daß nicht schmiedbares Roh- oder Gußeisen mit seinen sehr hohen Kohlenstoffgehalten von über 2% als unerwünschter Ausschuß betrachtet wurde. Der noch um 1960 meistvertretenen Ansicht zufolge wurde der eigenschaftsmäßig dem Weicheisen und der Bronze überlegene härtbare Stahl zu Zeiten des praktizierten Rennofenprozesses nur durch nachträgliche Aufkohlung von weichem Rennofeneisen gewonnen. Diese Auffassung blieb vorerst davon unbeeinträchtigt, daß einige nicht gerade unwichtige, hier bereits erwähnte Fakten deutlich in Widerspruch dazu standen und daß aus der sehr aufschlußreichen Zusammenstellung von E. Schürmann [61] über die Grundlagen des Rennofenverfahrens die grundsätzlich gegebene Möglichkeit einer Aufkohlung des Eisens und damit einer direkten Stahlherstellung hervorging. Allein schon diese Erkenntnis widerlegte die bis dahin mangels anderer Erklärbarkeit bestehende Annahme, daß Stahl einzig und allein nur durch Aufkohlung weichen Rennofeneisens in einem nachgeschalteten Verfahrensschritt hergestellt werden konnte.

Irgendwelche Beweise für eine planmäßig betriebene direkte Stahlherstellung lagen aber jedenfalls nicht vor, was auch aus heutiger Sicht nicht verwunderlich ist, da diese ganz offenbar weitaus schwieriger war als die Gewinnung weichen Eisens. Dies möglicherweise deshalb, da eine größere Anzahl von Voraussetzungen erfüllt sein und/oder Verfahrensparameter in engeren Grenzen eingehalten werden mußten, womit die Erfolgswahrscheinlichkeit für die direkte Stahlerzeugung verringert wurde.

Gemäß der zu Beginn der sechziger Jahre bestehenden und meistvertretenen Vorstellung über den Verfahrensablauf, d. h. über die metallurgischen Vorgänge im Rennofen wurden im oberen Teil des Ofens aus dem teigigen Erz zunächst kleine Eisenteilchen ausgeschieden, die sich später, im unteren Bereich des Ofens zu einem größeren Gebilde, der Eisenluppe vereinigten oder die mit Schlacke vermengt eine schwammähnliche Masse bildeten. Als besonderes Merkmal des Verfahrens galt, daß die Temperatur im Rennofen jedenfalls nicht ausreichte, um das reduzierte Eisen zu schmelzen, sondern daß es im festen oder höchstens teigigen, also halbverflüssigten Zustand anfiel [36, 52, 60, 62]. Als weiteres wesentliches Charakteristikum für den ungestörten Ablauf des Rennofenverfahrens wurde aus naheliegenden Gründen die Bildung einer dünnflüssigen Schlacke und deren vollkommenes Ablaufen aus dem Ofen angesehen [63].

Das Vorhandensein der Schlacke in solch dünnflüssigem Zustand ist erforderlich um ihre leichte und weitgehende Trennung vom Metall zu ermöglichen, und damit eine entscheidende Voraussetzung für die Gewinnung schmiedbaren Eisens zu schaffen. Dazu bedarf es außer einer ausreichend hohen Temperatur einer geeigneten Zusammensetzung der Schlacke selbst ohne den Zusatz von Flußmitteln, also Stoffen, die die Temperaturen für Beginn und Ende des Aufschmelzens der Schlacke erniedrigen. Tatsächlich sind die Rennofenschlacken mit ihren hohen FeO- und SiO_2-Gehalten ausgesprochen niedrigschmelzende Eisensilikatschlacken. Trotz der damit an sich guten Bedingungen für die Trennung von Metall und Schlacke war das gebildete Rennofeneisen sehr reich an Schlackeneinschlüssen oder aber es lagen nur kleinere von Schlacke umhüllte Eisenluppen vor. Allein schon zwecks Entfernung der Einschlüsse und zum Verschweißen vieler kleiner Eisenteile zu einem größeren Stück war es daher notwendig, die Luppen durch Schmieden zu bearbeiten. Das so gewonnene Zwischenprodukt konnte hinsichtlich seiner Zusammensetzung und somit auch seiner Eigenschaften recht heterogen sein. Diese erst in jüngerer Zeit eingehender beachtete Heterogenität von Fundstücken infolge ungleichmäßiger Kohlenstoffverteilung wurde einfach darauf zurückgeführt, daß im Rennofen vereinzelt auch kohlenstoffhaltige Eisenteilchen entstanden, die mit den kohlenstofffreien feuerverschweißt wurden [35]. Eine zweite Version besagte, daß es in Luppen zu örtlichen Aufkohlungen kommen konnte, die wegen der in keinem Verfahrensabschnitt der Erzeugung eingetretenen Verflüssigung des Eisens bis zum Zwischen- oder Endprodukt erhalten blieben [52, 64].

Für die fallweise nachgewiesenen, im Rennofen erfolgten örtlichen Aufkohlungen wurden – manchmal allerdings in wenig überzeugender Form und in geringer Übereinstimmung mit der Ansicht über das Produkt des Rennofens – verschiedene Ursachen vermutet. Dazu zählten eine besondere Beschickung des Ofens mit Stück- und Feinerz [60], eine heißere Ofenführung in Verbindung mit vorsichtigerem Blasen [60] und ein verlängertes Halten bei höheren Temperaturen in der Verbrennungszone bei direktem Kontakt des Eisens mit der Holzkohle [52]. Größere Aufmerksamkeit wurde diesem Problem über lange Zeit jedoch nur selten zugewendet, wohl hauptsächlich deshalb, da Aufkohlungen im Rennofen als zufällig und keineswegs absichtlich herbeigeführt angesehen [60] und Stahlfertigprodukte der nachträglichen Aufkohlung von weichem Rennofeneisen zugeschrieben wurden, worauf schon O. Schaaber [36] hingewiesen hat.

Den sich gegenseitig erhärtenden Ergebnissen aus den hier genannten Verhüttungsversuchen und den Untersuchungen von Funden der verschiedensten Plätze standen die großen Mengen von Stahlwaren und kohlenstoffhaltigen Halbprodukten und Luppen vom Magdalensberg, der riesige Nagelfund von Inchtuthil [52] und andere ebenfalls um 1960 bekanntgewordene Stahlfunde gegenüber, die die Frage nach anderen Möglichkeiten der Herstellung von Stahl mit den vor etwa 2000 Jahren verfügbaren technischen Mitteln aufwarfen.

In den der Vermittlung von O. Schaaber zu dankenden Gesprächen zwischen auf dem Magdalensberg tätigen Archäologen und Metallurgen eines österreichischen Edelstahlwerks ergab sich bald Übereinstimmung bezüglich des Nutzens von Verhüttungsversuchen unter Verwendung von Erzen aus der Umgebung des Magdalensbergs und unter möglichst getreuer Simulierung der seinerzeitigen Verhältnisse. Primär wurde angestrebt, Antwort auf die bereits genannte Frage zu erhalten, ob hier außer dem Handel und allenfalls der Herstellung oder Endverarbeitung von Stahlprodukten auch Stahlerzeugung betrieben wurde. Der Weg zu dieser Antwort erschien durch den Vergleich des bei den Versuchen anfallenden Reduktionsgutes – der Schlacken und der erhofften metallhaltigen Luppen – mit Fundstücken gangbar. Des weiteren wurde eine Aussage darüber erhofft, ob die Noriker mit ihren Einrichtungen die grundsätzliche Möglichkeit besaßen, auf anderem Weg Stahl verschiedenen Kohlenstoffgehaltes zu erzeugen oder ob die nachträgliche Aufkohlung trotz der schon skizzierten Widersprüche auch hier das wahrscheinlich praktizierte Verfahren war.

6. Einführung in die Grundlagen des Reduktionsvorgangs im Rennofen

Für die Beurteilung der Ergebnisse von Versuchen, die das Studium des Reaktionsgeschehens zum Ziel haben, ist die Kenntnis der unter den gegebenen Verhältnissen sich bei Erreichen des Gleichgewichtes einstellenden theoretischen Endlage des betrachteten Vorgangs vorteilhaft. Dieses Gleichgewicht ist durch thermodynamische Gesetzmäßigkeiten bestimmt und unabhängig vom Weg, auf dem es erreicht wurde. Es informiert daher nicht über den Reaktions- oder Verfahrensablauf, also z. B. über eine allfällige Unterteilung der Gesamtreaktion in Einzelschritte und die dabei erreichten Zwischenstationen und ebensowenig über die Geschwindigkeit der Umsetzungen.

Die den geplanten Reduktionsversuchen innewohnenden Möglichkeiten, d. h. das günstigstenfalls erreichbare Endprodukt, konnten anhand der bereits vorhandenen von E. Schürmann [61] zusammengestellten metallurgischen Grundlagen abgeschätzt werden. Darüber hinaus wurde von der Auswertung der Versuchsergebnisse ein verbesserter Einblick in den Reaktionsablauf erhofft, über den vordem nur recht vage und allgemeine Vorstellungen bestanden. So wie vor der Durchführung der Versuche, sollte auch hier vor näherem Eingehen auf die Experimente eine – wenn auch gekürzte und vereinfachte – Betrachtung der für die Reduktion von Eisenerzen und damit auch für den Rennofenprozeß maßgebenden Grundlagen vorteilhaft, da zu besserem Verständnis beitragend, sein. In besonderem Maß gilt dies für die mit der Möglichkeit einer direkten Stahlherstellung, also einer Aufkohlung von Eisen im Rennofen zusammenhängenden Fragen.

Tabelle 2 enthält die Fe-O-Verbindungen und die sie enthaltenden Eisenerze, die seit je die so gut wie ausschließlich genutzte Rohstoffquelle für die Eisengewinnung darstellen. In der Spalte der wichtigsten Fundstellen sind in erster Linie die altbekannten für die Verhüttung im Rennofen genutzten und erst dann die heute ihrer Ergiebigkeit und der Erzqualität wegen bemerkenswerten Abbaugebiete genannt. Außer diesen unter terrestrischen Umgebungsbedingungen, d. h. normalem Druck und verhältnismäßig niedriger Temperatur beständigen Fe-O-Verbindungen gibt es noch eine weitere wichtige, die allerdings nur bei Temperaturen über 570°C beständig ist, den Wüstit, dessen Zusammensetzung von der Temperatur abhängt und der als feste Lösung bzw. als Mischkristall von Eisen(II)-oxid (FeO) und Eisen(III)-oxid (Fe_2O_3) anzusehen ist. Wie aus dem in *Abb. 5* [65] wiedergegebenen Zustandsschaubild Eisen-Sauerstoff entnommen werden kann, entspricht die

Tabelle 2. Vorkommen oxidischer Eisenerze

Eisenerz	%Fe im Erz	Eisenoxid	%Fe im Oxid	Fundstätten
Magnetit (Magneteisenstein)	50 – 70	Fe_3O_4=FeO.Fe_2O_3 Eisen(II,III)-oxid	72,4	A (Steiermark: Pöllau) S (Nord), GUS (Ural), USA, Afrika (Nord)
Hämatit (Roteisenstein, Eisenglanz)	40 – 60	Fe_2O_3 Eisen(III)-oxid	70,0	A (Steiermark: Mixnitz D, E, GB, S, Ukr (Kriwoi Rog) BR
Raseneisenerz Brauneisenerz Sondertyp als Kügelchen: Oolithe	20 – 49	$Fe_2O_3.nH_2O$	52,3 für n=3 62,9 für n=1	D, F (Lothringen), L, E, USA
Siderit (Spateisenstein)	25 – 40	$FeCO_3$	48,3	A (Eisenerz, Hüttenberg) D (Siegerland), E, GB

Zusammensetzung des Wüstits bei 570°C nicht der stöchiometrischen Formel FeO (mit 22,22 Gew.-% O) sondern $FeO_{1,06}$.

Die in Tabelle 2 enthaltenen Richtwerte für die Eisengehalte der natürlich vorkommenden Eisenerze sind in allen Fällen deutlich kleiner als die der zugehörigen reinen Oxide stöchiometrischer Zusammensetzung, was darauf zurückzuführen ist, daß die Erze außer dem Eisenoxid auch andere Stoffe, die Gangart, enthalten. Diese Gangart ist nicht nur als Ballast oder Verunreinigung des Erzes anzusehen, sie spielt, wie noch gezeigt wird, eine recht wesentliche Rolle für die Zusammensetzung der sich bildenden Schlacke und damit für den Prozeßablauf.

Die Aufgabe des Reduktionsprozesses besteht in der Gewinnung metallischen Eisens, wozu der eisenhaltige Teil des Erzes vom Sauerstoff befreit, d.h. eben reduziert und die Gangart entfernt werden muß. Als Reduktionsmittel dient Kohlenstoff, der innerhalb des Bereichs der durch seine Verbrennung entstehenden höheren Temperaturen eine stärkere Verbindungsneigung zum Sauerstoff hat als das Eisen und der entweder mittelbar über das durch die Verbrennung gebildete CO-haltige Gas wirksam wird (indirekte Reduktion) oder seine Wirkung unmittelbar durch Berührung des festen Kohlenstoffträgers – im Rennofenprozeß somit der Holzkohle – mit der sauerstoffhaltigen Eisenverbindung ausübt (direkte Reduktion).

Das ursprünglich für die Durchführung der Reduktion genutzte primitive Rennfeuer in Form einer einfachen, unter Ausnutzung der natürlichen Bodenform angelegten in das Erdreich eingetieften und mit Lehm ausgekleideten Mulde (vgl. Abb. 2) war schon zur La-Tène-Zeit weitgehend durch den über-

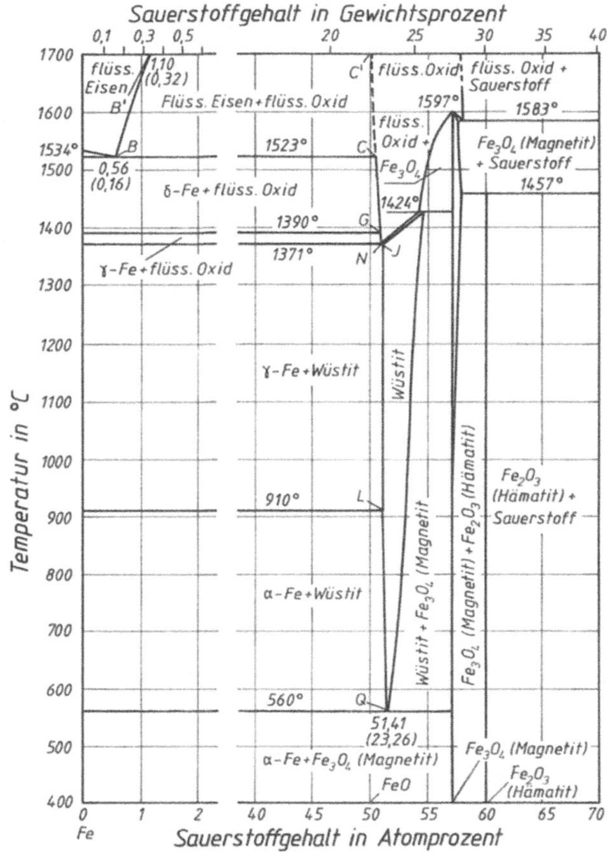

Abb. 5. Das Zustandsschaubild Eisen-Sauerstoff. Nach M. Hansen und K. Anderko [65]

legenen Rennofen verdrängt worden. Trotz den sehr unterschiedlichen Größen und Bauformen, die durch zahlreiche sicher datierte Funde belegt sind und auf die sich schon ein Hinweis von Plinius [30] offensichtlich bezieht (vgl. Abb. 1), handelte es sich stets um Schachtöfen, in die das Beschickungsgut – Erz und Holzkohle – von oben aufgegeben wurde und die zur römischen Kaiserzeit überwiegend, wenn nicht gar ausschließlich mit künstlichem, über Blasbälge erzeugten und durch im unteren Teil des Schachts befindliche Düsen dem Reduktionsraum zugeführten Gebläsewind anstelle natürlicher Windzufuhr betrieben wurden.

Solche Öfen wurden viele Jahrhunderte lang bis weit über das Ende des Mittelalters hinaus für die Eisengewinnung verwendet und die erst in der Neuzeit geprägten Bezeichnungen „Rennfeuer“, „Rennofen“, „Rennverfahren“ usw. wurden von „Rennen“, d. h. dem Fließen der bei der Reduktion des Erzes entstehenden flüssigen Schlacke abgeleitet. Am Rande sei angemerkt, daß auch der moderne, der Erzeugung von kohlenstoffreichem Roheisen, dem wesentlichen Vorprodukt der Stahlerzeugung, dienende Hochofen eine Weiterentwicklung des Rennofens darstellt und daß für die in beiden so extrem verschieden großen Schachtöfen ablaufenden Reduktionsvorgänge dieselben thermodynamischen Grundlagen Gültigkeit haben, wobei natürlich die Unterschiede vor allem der Temperatur, Beschickung und Schlacken zu berücksichtigen sind.

Über die von den alten Hüttenleuten praktizierte Arbeitsweise liegen keine wie immer gearteten zeitgenössischen Informationen vor. Es kann jedoch mit gutem Grund angenommen werden, daß der Ofen zunächst mit Holzkohle angeheizt und erst dann mit der eigentlichen Beschickung, bestehend aus Erz, Holzkohle und allenfalls Zuschlägen, begonnen wurde. Die Beschickung erfolgte sicher über die Gicht von oben. Für die Verwendung von Zuschlagstoffen, deren Aufgabe in der Bildung einer bei den erreichten Temperaturen möglichst dünnflüssigen Schlacke bestanden hätte, liegen für den zur Diskussion stehenden Zeitabschnitt allerdings keine eindeutigen Hinweise vor, so daß sie zumindest nicht als grundsätzlich und allgemein geübte Arbeitsweise anzusehen ist. Die einzigen diesbezüglichen dem Verfasser bekannt gewordenen Anmerkungen stammen von Aristoteles [66], der einen zur Verflüssigung der Schlacke beitragenden Stein „Pyrimachos" erwähnt sowie – gemäß Angaben von H. Wilsdorf [67] – von Pseudo-Aristoteles.

So wie bei dem ebenfalls nach dem Gegenstromprinzip arbeitenden Hochofen, bei dem der aus Gebläsen stammende Wind entgegen dem von oben zugesetzten Beschickungsgut durch den Schacht streicht, wurde auch beim Rennofen der natürliche oder meist schon mit Blasebälgen erzeugte Wind in den unteren Teil des Schachtes eingeblasen. Die Verbrennung der Holzkohle liefert das für die Reduktion wesentliche, Kohlenmonoxid (CO) und Kohlendioxid (CO_2) enthaltende Gasgemisch und dank der künstlich verstärkten Sauerstoffzufuhr wurden höhere Temperaturen als mit natürlichem Wind erreicht, wodurch der Ablauf des Reduktionsvorgangs begünstigt wurde. Wie bereits erwähnt und begründet (vgl. S. 37), sind ausreichend hohe Temperaturen aber auch dafür erforderlich, daß die aus FeO und anderen aus dem Erz und der Ofenzustellung stammenden Oxiden – wie Kieselsäure (SiO_2), Tonerde (Al_2O_3), Magnesia (MgO) – sich bildende Schlacke in flüssigem Zustand vorliegt.

Da schon aus ihrem Aussehen allein abzulesen ist, ob die Schlacke verflüssigt war und da aus den bekannten Zustandsdiagrammen die Temperaturen des Aufschmelzbeginns und der völligen Verflüssigung entnommen werden können, ist aus der Schlackenzusammensetzung ein Rückschluß auf die erreichte Temperatur im Rennofen möglich. Aus der chemischen Analyse von Fundschlacken, die z. B. auch Hinweise auf die verwendeten Rohstoffe gestattet, sind somit recht aufschlußreiche Informationen zu erwarten.

Die wohl erste sehr eingehende Untersuchung von Rennofenschlacken aus verschiedenen Fundorten in Nord- und Süddeutschland (Schleswig, Hamburger Raum, Siegerland, Sauerland, Oberpfalz und Bayern) und damit auch ein erster gezielter Beitrag zur Bereitstellung von Grundlagen für das

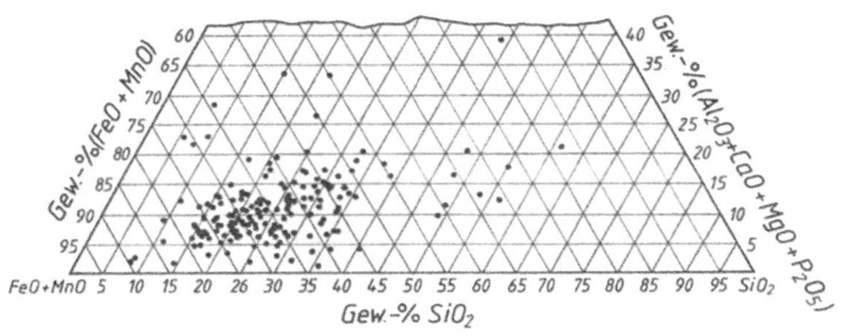

Abb. 6. Die Lage der Zusammensetzung von Rennfeuerschlacken aus Europa, Afrika und Nordamerika im System (FeO+MnO)-(SiO_2)-(Al_2O_3+CaO+MgO+P_2O_5). Nach W. Oelsen und E. Schürmann [68]

antike Rennofenverfahren stammt von W. Oelsen und E. Schürmann [68]. Bei den etwa 100 analysierten Schlacken handelt es sich, unabhängig vom Fundort, fast durchwegs um niedrigschmelzende Schlacken, die 55 bis 70% (FeO + Fe_2O_3 + MnO), 20–30% SiO_2 und 10 bis 15% andere Oxide, nämlich CaO, Al_2O_3, MgO und P_2O_5 enthielten. Im zugehörigen Dreistoffsystem (*Abb. 6*) liegen die Zusammensetzungen der einzelnen Schlacken großteils in einem recht engen Feld auf der FeO-nahen Seite der Begrenzungslinie (FeO+MnO)-(SiO_2), d.h. daß es sich um sehr eisenreiche Eisensilikatschlakken handelte, die auch noch die genannten anderen aus der Gangart der Erze stammenden und aus den Ofenbaustoffen herausgelösten Oxide enthielten.

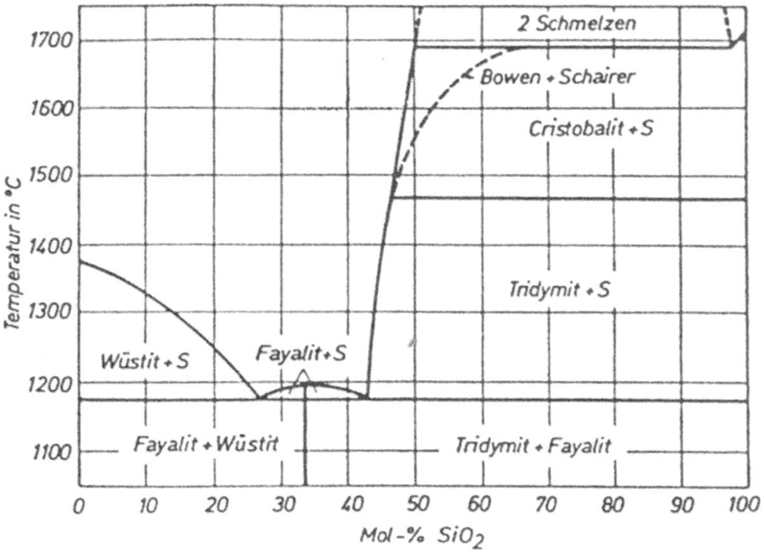

Abb. 7. Das Zustandsschaubild (FeO)-(SiO_2). Nach N. L. Bowen und J. F. Schairer sowie H. Schenck und G. Wiesner [70]

Das reine Zweistoffsystem (FeO)-(SiO_2) ist, wie *Abb.* 7 [69, 70] zeigt, dadurch gekennzeichnet, daß die Oxidverbindung Fayalit (2FeO.SiO_2), die 29,4 Gew.-% SiO_2 enthält, mit ca. 1200°C einen sehr niedrigen Schmelzpunkt aufweist und daß die beiden in diesem System links und rechts vom Fayalit auftretenden Eutektika bei noch niedrigerer Temperatur, nämlich schon bei ca. 1180°C schmelzen. Die in den Rennofenschlacken nachgewiesenen Schlackenbestandteile CaO, Al_2O_3 und P_2O_5 führen in den festgestellten Konzentrationen zu einer weiteren Absenkung der an sich schon niedrigen Schmelztemperaturen dieser Schlacken.

In völliger Übereinstimmung mit diesen Aussagen ergaben die von Oelsen und Schürmann [68] durchgeführten Messungen an einigen dieser Fundschlacken Schmelztemperaturen von 1050 bis 1100°C und damit den Nachweis, daß die genannten Schlackenbestandteile tatsächlich als Flußmittel wirken und die Temperatur der Verflüssigung der (FeO)-(SiO_2)-Schlacken mit Zusammensetzungen in der Nähe des Fayalits um ca. 100°C weiter herabsetzen. Diese Schmelzpunkterniedrigung wurde von den Autoren den Oxiden CaO, Al_2O_3 und P_2O_5 zugeschrieben, wogegen die entgegengesetzte Wirkung von Magnesia (MgO) wegen der mit fast ausnahmslos unter 1 Gew.-% liegenden und damit sehr geringen Gehalte vernachlässigbar erschien. Die aus den festgestellten Schlackenzusammensetzungen und den bekannten Zustandsschaubildern zu ziehende Schlußfolgerung führte zu der Erkenntnis, daß die Fundschlacken im Rennofen Temperaturen von mindestens 1100 bis 1200°C erreicht haben müssen, da sonst ihre Verflüssigung und Trennung vom reduzierten Eisen nicht möglich gewesen wäre.

Wie den Abb. 6 und 7 entnommen werden kann, war bei den relativ niedrigen, im Rennofen als möglich erachteten Temperaturen ein sehr hoher FeO-Anteil die Voraussetzung für die Verflüssigung der Schlacke. In gleicher Richtung wie FeO wirkt auch MnO, das aber in den untersuchten Schlacken nur in wesentlich geringeren Gehalten vorhanden war. Hohe FeO-Gehalte in der Schlacke bedeuten aber, daß ein sehr nennenswerter Teil des mit dem Erz zugesetzten Eisens verschlackt wurde und das Eisenausbringen daher sehr gering war. Was aus der Sicht des modernen Metallurgen als erheblicher Nachteil zu werten ist, war für den alten Rennofen demnach ein notwendiges Erfordernis, wenn unterstellt wird, daß für die Verflüssigung der Schlacke Temperaturen von 1100 bis 1200°C ausreichen mußten. Daraus zogen Oelsen und Schürmann [68] die weitere Schlußfolgerung, daß nur reiche Erze mit Eisengehalten über 60% im Rennofen verhüttbar waren um derart niedrigschmelzende Schlacken zu erhalten, wenn keine als Flußmittel für die Schlacke wirkenden Zuschlagstoffe verwendet wurden. Schließlich ergab sich als weitere Konsequenz, daß nur solche Erze für die Eisengewinnung im Rennofen geeignet waren, die vorwiegend Kieselsäure als Gangart enthielten und deren Summengehalt an sonstigen oxidischen Begleitstoffen des Eisenoxids etwa die Hälfte des SiO_2-Anteils betrug. Mit diesen Aussagen wurde der Stand der Kenntnisse über die Verhüttung im Rennofen zwar wesentlich erweitert, Aussagen über den Ablauf des Verfahrens und über die Zusammensetzung des anfallenden Produktes, besonders seinen Kohlenstoffgehalt und damit über die Möglichkeit direkt härtbaren Stahl zu erzeugen, konnten daraus naturgemäß noch nicht abgeleitet werden.

Einen wichtigen und großen Schritt in diese Richtung unternahm jedoch E. Schürmann [61], der alle bis dahin vorliegenden, für die Reduktion des Eisens im Rennofen maßgeblichen Grundlagen zusammenstellte, auswertete und erweiterte. Für diese Grundlagen, die entscheidend zum Verständnis der Vorgänge im Rennofen beitragen, standen bereits umfangreiche Untersuchungen über die Metallurgie des Hochofens, des wichtigsten Reduktionsofens der Neuzeit, zur Verfügung, in dem, wie schon angedeutet, die grundsätzlich gleichen Reaktionen ablaufen.

Reduktion bedeutet die Entfernung von Sauerstoff aus dem Eisenerz und daher seien zunächst anhand von Abb. 5 die möglichen Eisen-Sauerstoff-Verbindungen betrachtet und der schrittweise erfolgende Sauerstoffabbau, wobei der besseren Verständlichkeit wegen die Anwesenheit anderer Oxide außer Acht gelassen und nur die Reduktion der reinen Eisenoxide besprochen wird. Außer dem dreiwertigen Eisen(III)-oxid Fe_2O_3 (Hämatit) und dem Eisen(II,III)-oxid Fe_3O_4 (Magnetit) gibt es eine dritte bereits besprochene Oxidphase, den Wüstit (vgl. S. 40). Das Verhältnis von FeO zu Fe_2O_3 in diesem Mischkristall hängt von der Temperatur ab. So sind bei 570°C (Pkt. Q) 16,7% Fe_2O_3 im Wüstit enthalten und bei 1370°C (Pkt. J) sind es 11,3% Fe_2O_3. Der Fe_2O_3-Gehalt des flüssigen Oxids verringert sich gemäß der Linie NCC' von etwa 7% bei 1370°C (Pkt. N) auf 0% bei ca. 1700°C (Pkt. C'). Unterhalb von 570°C sind nur die Verbindungen Fe_2O_3 und Fe_3O_4 beständig, bei höheren Temperaturen auch noch der Wüstit. Der Beständigkeitsbereich wird nach oben hin durch die Verflüssigung der verschiedenen Oxide begrenzt. So zerfällt Fe_2O_3 bei 1457°C zu Fe_3O_4 und gasförmigem Sauerstoff.

Abb. 5 ist zu entnehmen, daß unterhalb 570°C nur Fe_3O_4 mit Eisen im Gleichgewicht steht, darüber bis 1371°C ist es Wüstit der Zusammensetzung gemäß der Linie QLJ und über 1371°C sind es flüssige Eisenoxide, deren Zusammensetzung die Linie NGCC′ angibt. Je nach Temperatur ist die zu der Oxidphase im Gleichgewicht stehende metallische Phase entweder α-Eisen (bis 911°C), γ-Eisen (911–1392°C), δ-Eisen (über 1392°C) oder flüssiges sauerstoffgesättigtes Eisen der Zusammensetzung B-B′. Das im Rennofen eingesetzte Erz enthielt das Eisen vornehmlich in der höchsten Oxidationsstufe als Eisen(III)-oxid Fe_2O_3 (Hämatit). Bei Temperaturen über 570°C entsteht daraus durch Sauerstoffentzug zunächst Magnetit (Fe_3O_4), der seinerseits weiter zu Wüstit reduziert wird, aus dem sich schließlich im letzten Reduktionsabschnitt metallisches Eisen bildet. Da der Wüstit ein Mischkristall aus Fe_2O_3 und FeO (Eisen(II)-oxid) ist, ist bei diesen höheren Temperaturen auch dann noch Fe_2O_3 in der Oxidphase vorhanden, wenn bereits die Bildung von metallischem Eisen eingesetzt hat. Der stufenweise Abbau des Sauerstoffs bedeutet also nicht, daß Eisen erst dann entstehen kann, wenn der gesamte Hämatit zu Wüstit reduziert worden ist.

Obwohl dies nicht aus Abb. 5 hervorgeht, muß wegen ihrer Bedeutung die Tatsache angemerkt werden, daß durch gleichzeitig anwesende Kieselsäure die Lösungsfähigkeit des Wüstits für Fe_2O_3 gesenkt wird. In flüssigen SiO_2-gesättigten Schlacken liegt der Fe_2O_3-Gehalt unter 2 Gew.-% [61], d.h. daß vor der Reduktion zu Eisen und der damit verbundenen Verminderung des FeO- und Anreicherung des SiO_2-Gehaltes in der Oxidphase ein Abbau der höherwertigen Eisenoxide stattfindet und daß in solchen für den Rennofen typischen SiO_2-reichen Schlacken das Element Eisen überwiegend im Oxid „FeO" gebunden ist.

Dem Zustandsschaubild Eisen-Sauerstoff ist zu entnehmen, daß unter 570°C der Wüstit nicht beständig ist und daher nicht mehr aufscheint, was bedeutet, daß aus dem Hämatit durch Sauerstoffabbau Magnetit und aus diesem metallisches Eisen entsteht.

Die bisherige Betrachtung beschränkte sich auf den Beständigkeitsbereich der Eisenoxide in Abhängigkeit von der Temperatur und den stufenweisen Abbau des Sauerstoffs im Falle des Vorliegens reduzierender Bedingungen ohne Rücksichtnahme auf das Reduktionsmittel und seine Reduktionskraft. Um den Reduktionsablauf im Rennofen deuten zu können, bedarf es der Einbeziehung der Wirkung der Reduktionsmittel, also des festen Kohlenstoffs und der bei seiner Verbrennung entstehenden CO und CO_2 enthaltenden Gasgemische gegenüber den Eisenoxiden. Die Zusammensetzung dieses Verbrennungsproduktes, d. h. das Verhältnis von CO zu CO_2, ist dabei von den vorherrschenden Bedingungen, wie Temperatur, Druck und Sauerstoffangebot abhängig. Unter sonst gleichbleibenden Bedingungen ist die Verbrennung des Kohlenstoffs umso vollständiger, der CO_2-Anteil im Verbrennungsgas somit umso größer, je höher das Sauerstoffangebot ist. Im örtlichen Bereich der stärksten Sauerstoffzufuhr, im Fall des Rennofens mit künstlichem Wind unmittelbar vor der Winddüse, wird demnach der Kohlenstoff überwiegend zu CO_2 verbrennen, während mit wachsender Entfernung von der Düse infolge des sich verringernden Sauerstoffangebots der CO-Anteil zunimmt. So, wie sich das Sauerstoffangebot mit größer werdendem Abstand von der Düse verringert, wird die Reaktion von CO_2 mit dem festen Kohlenstoff unter Bildung von Kohlenmonoxid gemäß $C+CO_2 = 2CO$ gefördert.

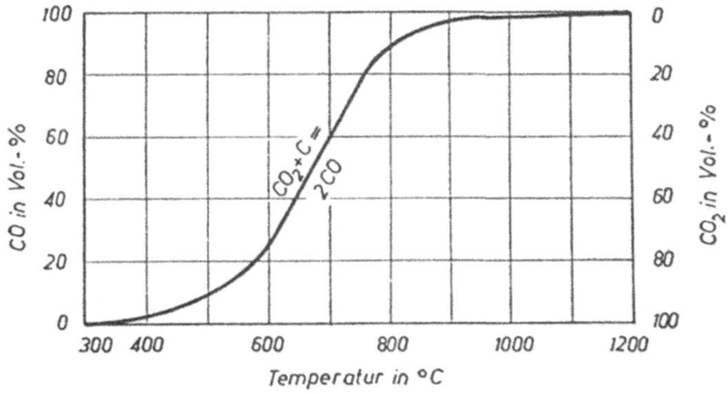

Abb. 8. Das Boudouardsche Gleichgewicht für $p_{CO}+p_{CO_2} = 0{,}4$ bar. Nach E. Schürmann [61]

Die Gleichgewichtslage dieser Umsetzung wird durch die in *Abb. 8* gezeigte Boudouard-Kurve beschrieben, die die Zusammensetzungen der mit festem Kohlenstoff im Gleichgewicht stehenden Gasgemische in Abhängigkeit von der Temperatur angibt. Diese Gase haben, eben wegen ihres Gleichgewichtes mit dem festen Kohlenstoff, die gleiche Reduktionskraft wie dieser. Demnach wirkt bei niedrigen Temperaturen, etwa 300 bis 400°C, fast reines Kohlendioxid im gleichen Maße reduzierend wie reiner Kohlenstoff; bei 700°C besteht das in seiner Reduktionswirkung dem Kohlenstoff gleichkommende Gasgemisch aus etwa 60% CO und 40% CO_2 und bei Temperaturen über 900°C aus fast reinem CO. Mit anderen Worten heißt dies aber auch, daß neben dem Kohlenstoff bei niedrigen Temperaturen nur CO_2-reiches Gas und bei hohen Temperaturen nur fast reines Kohlenmonoxid beständig sind. An sich instabile, d. h. unbeständige Gasgemische, deren Zusammensetzung oberhalb der Boudouard-Kurve liegen, haben eine stärkere Reduktionskraft als reiner Kohlenstoff; unterhalb der Gleichgewichtskurve liegen Zusammensetzungen von Gasen, die schwächer reduzierend wirken. In diesem Fall verbrennt der Kohlenstoff mit dem CO_2 unter Bildung von CO gemäß der vorerwähnten Umsetzungsgleichung. Der Kohlenstoff wirkt also reduzierend auf das CO_2, während im erstgenannten Fall die Reaktion in umgekehrter Richtung abläuft, d. h. daß aus dem Kohlenmonoxid solange CO_2 bei Abspaltung festen Kohlenstoffs gebildet wird, bis der Gleichgewichtszustand erreicht ist. Die Gleichgewichtsbeziehung setzt das Vorhandensein festen Kohlenstoffs voraus, gilt daher, übertragen auf die Gegebenheiten im Rennofen für den Teil des Schachtes, in dem Kohlenstoff im Überschuß angeboten wird. In der Zone vor der Winddüse, in der wegen hoher Temperatur und großen CO_2-Anteils die Gaszusammensetzung unter der Boudouard-Kurve liegt, wird das System zwar bestrebt sein, durch die Umsetzung $2CO_2 + C = 2CO$ sich dem Gleichgewicht zu nähern, d. h. daß sich im Diagramm (Abb. 8) die Gaszusammensetzung längs einer Isotherme (also senkrecht zur Abszisse) nach oben verändert, doch wird eine Gleichgewichtseinstellung wegen der ständigen Sauerstoffzufuhr und des dadurch bedingten CO_2-Überschusses nicht erreicht.

Schließlich ist noch zu erwähnen, daß die in Abb. 8 gezeigte Boudouard-Kurve druckabhängig ist. Die wiedergegebene Kurve gilt für einen Gesamtdruck der beiden das Gasgemisch bildenden Komponenten von 1 bar: $p_{CO} + p_{CO_2} = 1$ bar. Ist der Druck kleiner, liegt die Gleichgewichtskurve links von der eingezeichneten und zwar umso weiter entfernt, je kleiner der Druck ist, und sinngemäß wird die Gleichgewichtskurve mit steigendem Druck nach rechts verschoben.*

* Diese Druckabhängigkeit ist keine spezifische Eigenart der besprochenen Reaktionen, sondern gilt allgemein für alle Gasgleichgewichte, bei denen eine Änderung der Molzahl eintritt, und wird durch das „Prinzip des kleinsten Zwanges“ erklärt, dessen Aussage dahingeht, daß bei Änderung der äußeren Bedingungen die Gleichgewichtslage so verschoben wird, als ob das System dem äußeren Zwang ausweichen wollte. Da in gegenständlichem Fall aus einem Volumenteil CO_2 zwei Volumenteile CO entstehen, wird bei Erhöhung des Gesamtdruckes die Gleichgewichtslage so verschoben, daß das Gesamtvolumen verkleinert wird, die Boudouard-Kurve wandert demnach nach rechts.

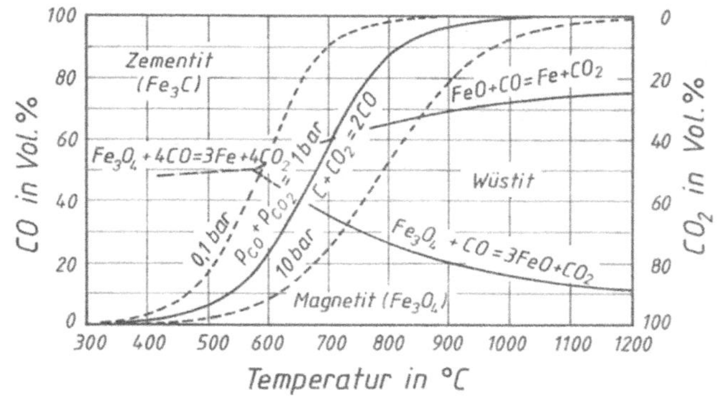

Abb. 9. Die Druckabhängigkeit des Boudouardschen Gleichgewichts und der Einfluß des Gesamtdrucks von CO und CO_2 auf das Reduktionsgleichgewicht

Die Druckabhängigkeit ist quantitativ aus *Abb. 9* abzulesen, die die Gleichgewichte zwischen festem Kohlenstoff und CO-CO_2-Gasgemischen in Abhängigkeit von der Temperatur für Gesamtdrücke der beiden Komponenten von 0,1 bzw. 1 und 10 bar enthält. Darüberhinaus sind auch die Beständigkeitsbereiche der verschiedenen Eisenoxide, des Eisens und des Eisenkarbids Fe_3C (Zementit) eingezeichnet, womit es möglich ist, die Wirkung von CO-CO_2-Gasgemischen bzw. von festem Kohlenstoff gegenüber Eisen und seinen genannten Verbindungen abzulesen. Dieses Schaubild, ein Vorläufer des noch zu besprechenden Baur-Glaessner-Diagramms sagt z. B. aus, daß bei einem Druck von $p_{co}+p_{co_2} = 1$ bar eine Temperatur von 700°C erforderlich ist, damit ein Gasgemisch von 60% CO und 40% CO_2 oder der mit diesem Gas in Gleichgewicht stehende und somit dieselbe Reduktionsfähigkeit aufweisende Kohlenstoff imstande sind, metallisches Eisen aus dem Eisenoxid Wüstit zu reduzieren. Niedrigere Temperaturen zwischen 650 und 700°C reichen dagegen nur dazu aus, Magnetit zu Wüstit zu reduzieren und unter 650° ist in Gegenwart des genannten Gasgemisches der Magnetit (Fe_3O_4) beständig, d. h. nicht reduzierbar und somit die niedrigste Oxidationsstufe. Mit zunehmender Temperatur sind immer höhere CO-Anteile in der Gasphase erforderlich um Wüstit zu reduzieren bzw. um eine Rückoxidation von bereits gebildetem Eisen zu vermeiden.

Aus dieser Darstellung geht die bereits mit dem Hinweis auf die Abhängigkeit der Lage der Boudouard-Kurve vom Druck vorweggenommene Tatsache deutlich hervor, daß die Reduktionskraft des Kohlenstoffs oder des mit ihm im Gleichgewicht stehenden CO-CO_2-Gemisches mit kleiner werdendem Gasdruck zunimmt, wobei unter Gasdruck die Summe der Partialdrucke von CO und CO_2 zu verstehen ist. Eine Verminderung dieses Gasdrucks ist natürlich auch durch Beimengung eines hinsichtlich der Reduktion inaktiven Gases gegeben, wie dies im Rennofen durch das Zuführen von Luftstickstoff geschieht.

Die sich nach Reduktion und Aufkohlung des Eisens durch festen Kohlenstoff bzw. CO-CO_2-Gasgemische einstellenden Gleichgewichte werden durch das auf Ergebnissen von E. Baur und A. Glaessner [71] beruhende und nach ihnen benannte Diagramm dargestellt, das in *Abb. 10* wiedergegeben ist. Abbildung10a gilt für ein nur aus CO und CO_2 bestehendes Gasgemisch mit einem Gesamtdruck von 1 bar und Abb. 10b für $p_{co}+p_{co_2}=0{,}4$ bar. Abbildung 10b entspricht den Gegebenheiten des Rennofens besser, weil der Gesamt-

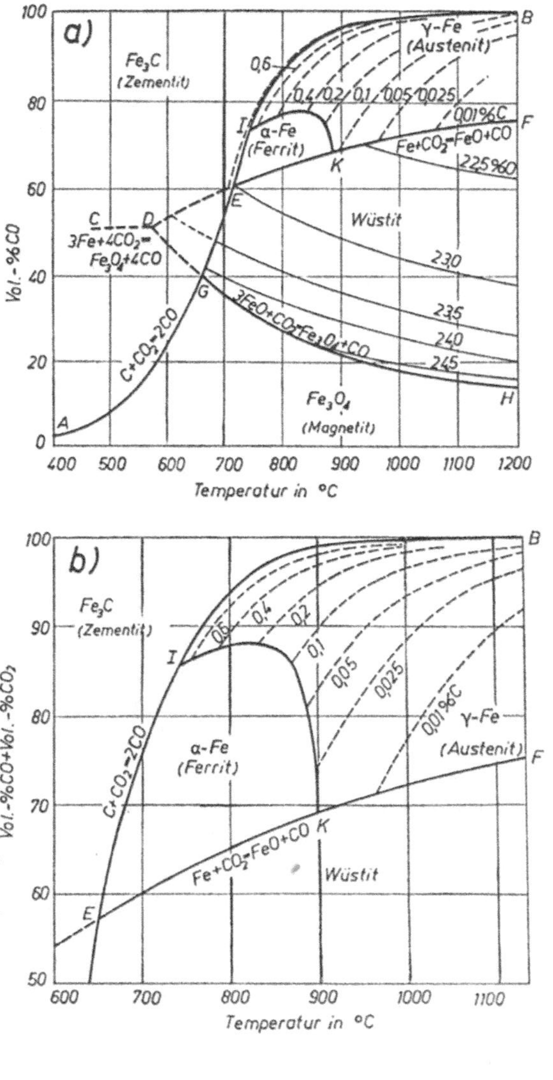

Abb. 10. Gleichgewichte für die Reduktion von reinen Eisenoxiden und für die Aufkohlung von Eisen durch Kohlenstoff und CO-CO_2-Gasgemische (a) für $p_{co}+p_{co_2}$ = 1 bar, (b) für $p_{co}+p_{co_2}$ = 0,4 bar. Nach E. Schürmann [61]

druck der kohlenstoffhaltigen Gase durch den Stickstoff des Gebläsewinds entsprechend vermindert wird. Da sich die beiden Diagramme aber grundsätzlich gleichen und Abb. 10a einen breiteren Temperatur- und Gaszusammensetzungsbereich abdeckt, wird dieses Bild als Unterlage für die Beschreibung verwendet.

Der Linienzug A-B ist die bereits besprochene Boudouard'sche Gleichgewichtskurve. Durch die Kurven C-D-F und C-D-H werden die Beständigkeitsbereiche der festen Oxidphasen in Anwesenheit einer CO-CO_2-Gasphase bzw. die Gleichgewichte bei der Reduktion von reinen Eisenoxiden durch solche Gase oder durch festen Kohlenstoff beschrieben. Unterhalb von C-D-H ist nur der Magnetit (Fe_3O_4) neben der Gasphase beständig und innerhalb des durch die Punkte D, F und H begrenzten Bereiches der Gaszusammensetzung steht mit dieser nur Wüstit im Gleichgewicht und schließlich ist in Anwesenheit von Gasen mit einer Zusammensetzung und Temperatur oberhalb der Linie C-D-F nur kohlenstoffhaltiges Eisen beständig. Der Beständigkeitsbereich des Hämatits (Fe_2O_3) ist äußert eng. Die Begrenzungslinie deckt sich nahezu mit der Abszisse.

Das Baur-Glaessner-Diagramm erlaubt außer der Beurteilung der sauerstoffabbauenden auch die der aufkohlenden Wirkung von Kohlenstoff und der aus seiner Verbrennung entstehenden Gase. Bei tiefen Temperaturen bis zu ca. 500°C vermögen die CO_2-reichen Gase mit der dem Gleichgewicht entsprechenden Zusammensetzung, genau wie fester Kohlenstoff, das Eisenoxid Fe_3O_4 zu reduzieren und bis 570°C wäre ein CO-reiches instabiles Gasgemisch mit über 50% CO erforderlich um Eisen bzw. das Eisencarbid Fe_3C (Zementit) aus dem Magnetit zu reduzieren. Eine Reduktion des Magnetits zu der niedrigeren Oxidstufe, dem Wüstit, ist nur bei Temperaturen über 570°C möglich, weil dieser darunter nicht besteht. Erst wenn dieser Schritt erfolgt ist, entsteht aus dem Wüstit dann durch weiteren Sauerstoffabbau das metallische Eisen.

Mit zunehmender Temperatur steigt die Reduktionsfähigkeit der Gase mit Boudouardscher Gleichgewichtszusammensetzung beträchtlich. Über 723°C sind sie imstande, den Hämatit (Fe_2O_3) über die Zwischenstufen Magnetit (Fe_3O_4) und Wüstit Fe_nO) zu metallischem Eisen zu reduzieren. Selbst CO-ärmere instabile Gasgemische mit einer Zusammensetzung knapp oberhalb der Linie E-F bewirken eine vollständige Reduktion zu Eisen.

Aus dem Gleichgewichtsdiagramm in Abb. 10a geht ferner hervor, daß bei Temperaturen unter ca. 720°C (genau: 723°C) bei Einwirken von Gasgemischen mit einer Zusammensetzung über C-D-E oder von festem Kohlenstoff als Reduktionsprodukt das Eisencarbid Fe_3C anfällt und zwischen ca. 720 und 900°C (genau: 723 und 911°C) durch Gase mit CO/CO_2-Verhältnissen über der Line E-K-F aus dem Wüstit α-Eisen reduziert wird, das nur ein sehr geringes Lösungsvermögen für Kohlenstoff besitzt, während über 911°C ausschließlich γ-Eisen entsteht, das den Kohlenstoff in weit höherem Maß zu lösen vermag. Zwischen 723 und 911°C sind sowohl α- als auch γ-Eisen beständig und können bis zu ihrer sehr unterschiedlichen Lösungsfähigkeit

Kohlenstoff aufnehmen. Daraus ergibt sich die ganz wesentliche Folgerung, daß zur Erzeugung von Stahl, also kohlenstoffhaltigem, härtbaren Eisen, im Rennfeuer Temperatur und Kohlenmonoxidgehalt des Gases bestimmte, wechselseitig voneinander abhängige Mindestwerte übersteigen müssen. Die bei den verschiedenen Temperaturen und Gaszusammensetzungen sich einstellenden Kohlenstoffgehalte des γ-Eisens sind durch die feinstrichlierten Linien angedeutet. Die CO-reichen, dem Boudouardschen Gleichgewicht entsprechenden Gase haben die gleiche aufkohlende Wirkung wie fester Kohlenstoff und veranlassen über 723°C das reduzierte Eisen zur Aufnahme von Kohlenstoff bis zu höheren Gehalten.

Beispielsweise steht bei 1000°C ein Gas mit ca. 72% CO im Gleichgewicht mit Wüstit und Eisen, d.h. daß ein CO-reicheres Gas den Wüstit vollständig zu γ-Eisen reduziert und darüber hinaus dieses auch aufkohlt und zwar bis zu einem Gehalt, der von der Gaszusammensetzung abhängt und aus den strichlierten, von der Kurve I-K-F ausgehenden Linien abgelesen werden kann. Bei 1000°C und einem CO-Gehalt des Gases von 92% würde die Aufkohlung bis 0,1% C und bei ca. 95% CO im Gas bis zu 0,2% C getrieben werden können. Schließlich würde bei noch CO-reicherem Gas – auf bzw. über der Linie IB – kohlenstoffgesättigtes γ-Eisen bzw. solches mit zusätzlichem, in Form von ungelöstem Zementit vorhandenen Kohlenstoff anfallen.

Die grundsätzlich gleichen Aussagen gelten auch dann, wenn der Gesamtdruck der kohlenstoffhaltigen Gase CO und CO_2 nicht 1 bar beträgt, wie dies in Abb. 10b für $p_{co} + p_{co_2} = 0{,}4$ bar zum Ausdruck kommt.

Da der Kohlenstoffgehalt des Eisens dessen Eigenschaften und deren Beeinflußbarkeit durch Wärmebehandlung sehr maßgeblich bestimmt, ist die Frage der direkten Herstellbarkeit solch kohlenstoffhaltigen Eisens im Rennofen vor allem in Zusammenhang mit der Vorrangstellung und Bedeutung des – besser als Stahl anzusprechenden – norischen Eisens und den darauf gerichteten Reduktionsversuchen von besonderem Interesse.

Der Aufkohlung durch den Kohlenstoff bzw. die Verbrennungsgase wirkt noch vorhandener Wüstit entgegen, der nur eine Kohlenstoffaufnahme des Eisens bis zu den Werten entlang der das Gleichgewicht zwischen γ-Eisen (Austenit) und Wüstit beschreibenden Linie K-F, d.h. bis zu nur sehr geringen Gehalten gestattet. Wenn noch große Mengen Wüstit vorhanden sind, wird dadurch eine Aufkohlung des Eisens weitgehend hintangehalten und erst wenn der Großteil des Wüstits bereits zu Eisen reduziert worden ist, kann eine praktisch relevante Aufkohlung erfolgen, die dann aber bis zur Kohlenstoffsättigung des γ-Eisens (Linie I-B) und durch zusätzliche Bildung von ungelöstem Zementit bis darüber hinaus getrieben werden kann. Bei ausreichend hoher Temperatur und hohem Kohlenstoffpotential kann die Aufkohlung so weit gehen, daß kohlenstoffreiches flüssiges Roheisen anfällt.

Aus Abb. 10 ist auch zu entnehmen, daß der Kohlenstoffgehalt des reduzierten Eisens – je nach den vorherrschenden Bedingungen – innerhalb recht weiter Grenzen liegen kann. Auf den ersten Blick damit nicht in Einklang stehend handelte es sich bei den alten Rennofenerzeugnissen meist um sehr kohlenstoffarmes weiches Eisen. Die zugehörigen sehr eisenoxidreichen Schlacken bestätigen jedoch ihre vorgehend beschriebene aufkohlungshemmende Wirkung, womit auch der scheinbare Widerspruch geklärt wird.

Die Darstellung der Gleichgewichtslage des Reduktionsvorgangs in Abb. 10 setzt konstante Werte der entscheidenden Parameter Temperatur und Gaszusammensetzung für den betrachteten Reaktionsraum voraus. Bei Betrachtung der Vorgänge im Rennofen ist aber zu berücksichtigen, daß diese Voraussetzung nur für jeweils kleine Teilvolumina des Schachtes gelten kann, da im Schacht örtlich sehr unterschiedliche Bedingungen vorliegen. Zu betonen ist auch, daß Abb. 9 und 10 Gleichgewichtslagen wiedergeben. Gleichgewichte beschreiben aber nur die möglichen Endlagen einer Umsetzung, zu deren Ablauf außer den geeigneten thermodynamischen Bedingungen mehr oder minder große Zeiten erforderlich sind. Während des Ablaufs einer Reaktion ist jedoch stets ein Ungleichgewicht vorhanden, da ja ein Abstand vom Gleichgewicht eine primäre Voraussetzung für das Ingangkommen und Ablaufen jeder Reaktion darstellt.

Die wichtigsten Aussagen der besprochenen Gleichgewichtsschaubilder lassen sich wie folgt zusammenfassen: Die Reduktion der höheren Eisenoxide über die Zwischenstufe Wüstit (Eisen(II)-oxid) ist nur bei Temperaturen über 570°C möglich, während bei tieferen Temperaturen metallisches Eisen direkt aus Magnetit (Eisen(II, III)-oxid) reduziert werden kann. Sehr wesentlich ist, daß über die eigentliche Reduktion, den Sauerstoffabbau hinausgehend eine Aufkohlung des Eisens und damit die direkte Erzeugung von Stahl im Rennofen grundsätzlich möglich ist, wenn die Voraussetzungen hinsichtlich geeigneter Temperatur und ausreichenden Kohlenstoffpotentials bzw. CO-Gehaltes im Gas erfüllt sind. Bei gegebener Gaszusammensetzung ist die Temperatur ausschlaggebend für den im Gleichgewicht erreichbaren Kohlenstoffgehalt. Da nur das über 911°C beständige γ-Eisen den Kohlenstoff bis zu wirkungsvoll hohen Gehalten zu lösen vermag, sind entsprechend hohe Temperaturen erforderlich. Der Aufkohlung entgegen wirkt noch vorhandener unreduzierter Wüstit, der die Aufkohlung sogar völlig verhindern kann. Erst dann, wenn die Reduktion zum metallischen Eisen so weit gediehen ist, daß die Reduktionsmittel nicht mehr ausschließlich von dieser Reaktion verbraucht werden, wird die durch den überschüssigen Wüstit bestehende Aufkohlungssperre aufgehoben. Der Kohlenstoffgehalt des Eisens ist daher außer von der Temperatur auch von der Beschickung und Windführung abhängig und steht auch mit dem Eisenausbringen in Zusammenhang derart, daß mit dessen Zunahme der Kohlenstoffgehalt größer wird. Bei sehr niedriger Ausbeute an metallischem Reduktionsgut, wie bei den meisten antiken aber auch noch mittelalterlichen Rennöfen war das anfallende Eisen demnach sehr kohlenstoffarm.

Je nach Temperatur, Gaszusammensetzung und Anteil an aufkohlungshemmendem Wüstit kann der Reduktionsweg sehr verschieden sein und zu recht unterschiedlichen Endprodukten führen. Unter der Voraussetzung der

Gegebenheit entsprechend starker Reduktionsbedingungen können der z. B. bei konstanter Temperatur erfolgende Weg des Sauerstoffabbaus, die entstehenden Zwischenprodukte und eine allfällige Aufkohlung auch anhand der jeweiligen Isotherme aus *Abb. 11* abgelesen werden, das die beiden Zustandsschaubilder Fe-O und Fe-C miteinander vereint. Schon bei niedrigen Temperaturen, die im oberen Teil des Rennofens gegeben sind, ist die Reduktion metallischen Eisens aus dem Hämatit grundsätzlich möglich. Unter 570°C verläuft sie über das niedrigere Oxid Fe_3O_4 und über 570°C entsteht aus dem Fe_3O_4 zunächst Wüstit und erst aus diesem schließlich Eisen. Die Temperatur ist entscheidend für die Aufnahmefähigkeit des Eisens für Kohlenstoff und damit für Art und Eigenschaften des Endproduktes der Reduktion. Das unter 723°C gebildete α-Eisen vermag nur extrem wenig, der bei höheren Temperaturen beständige Austenit dagegen Kohlenstoff in beträchlicher Höhe zu lösen. Es entsteht somit härtbarer Stahl. Bei Temperaturen über ca. 1150°C kann sogar sehr kohlenstoffreiches, nichtverformbares Roheisen im flüssigen Zustand anfallen.

Obwohl es sich bei den in der Natur vorkommenden und zur Verhüttung gelangenden Eisenerzen um keine reinen Eisenoxide handelt, stellen die beschriebenen- Reduktionsvorgänge eine gute Beurteilungsgrundlage auch für die Eisengewinnung im Rennofen dar. Die abgebauten Eisenerze enthalten außer Eisenoxid noch eine Reihe weiterer Metalloxide, wie z. B. Mangan(II)-oxid (MnO) und Kieselsäure (SiO_2), durch deren Anwesenheit der Reduktionsvorgang beeinflußt wird. Um den Verhältnissen bei der Eisengewinnung im Rennofen möglichst weitgehend gerecht zu werden, ist bei der Betrachtung die Wirkung dieser Oxide auf das Reduktionsgeschehen zu berücksichtigen. Auch hiezu bieten die schon von E. Schürmann [61] zusammengestellten und ausgewerteten Grundlagen eine gute Möglichkeit. Im Hinblick auf

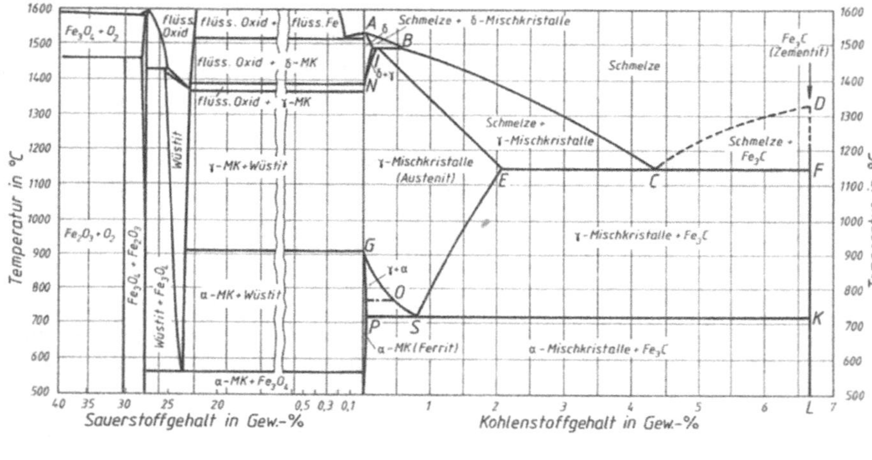

Abb. 11. Die Zustandsschaubilder Sauerstoff-Eisen und Eisen-Kohlenstoff in gemeinsamer Darstellung

die im folgenden Abschnitt beschriebenen Reduktionsversuche in Rennöfen auf dem Magdalensberg in Kärnten ist die Auswirkung von Mangan(II)-oxid (MnO) im Eisenerz von vorrangigem Interesse, da die Erze dieses Gebietes eben durch höhere MnO-Gehalte ausgezeichnet sind und diesem schon vordem größere Bedeutung für das Reduktionsergebnis zugeschrieben wurde.

Mangan hat eine größere Affinität zu Sauerstoff als Eisen und bildet daher ein stabileres Oxid, das schwerer zu reduzieren ist. Dementsprechend ist zur Reduktion von Gemischen aus FeO und MnO, die auch im festen Zustand völlige gegenseitige Löslichkeit aufweisen, stärkere Reduktionskraft erforderlich als für die Reduktion des Eisen(II)-oxids; bei gegebener Temperatur bedarf es somit eines höheren CO-Anteils in der Gasphase um beide Oxide zu reduzieren und bei durch die Gaszusammensetzung und die Temperatur bestimmten Bedingungen wird bevorzugt Eisen aus einem solchen FeO-MnO-Gemisch reduziert. Für diese allein aus der größeren Stabilität des Mangan(II)-oxids abgeleitete, rein qualitative Aussage liegen bestätigende experimentelle Untersuchungen [72] und Berechnungen [73] vor, die besagen, daß bei Verhüttung sogar von MnO-reichen Eisenerzen im Rennofen der Mangangehalt im reduzierten Eisen in der Größenordnung von nur einem tausendstel Prozent liegt, d.h. extrem gering und für die Eigenschaften des reduzierten Metalls ohne jede Bedeutung ist. In völliger Übereinstimmung sind die Produkte antiker Rennöfen ebenso wie die von Rennofenversuchen praktisch frei von Mangan und allenfalls durch chemische Analyse festgestellte Mangangehalte sind dadurch bedingt, daß MnO-haltige Schlackeneinschlüsse bei der Analyse miterfaßt wurden. Vorwegnehmend sei angemerkt, daß die völlig analoge Feststellung auch für Silicium im reduzierten Eisen gilt, das durch SiO_2-haltige Schlackeneinschlüsse vorgetäuscht wird.

Während der MnO-Gehalt im Erz somit praktisch bedeutungslos für den Mangangehalt des reduzierten Eisens ist, spielt er aber insofern eine wichtige Rolle, als damit die Aufkohlung gefördert wird. Wenn auch der MnO-Gehalt üblicherweise nicht so hoch ist, daß dadurch unmittelbar die Aufkohlung erleichtert wird, so ist eine diesbezügliche indirekte Wirkung doch vorhanden. Das MnO des Erzes geht nämlich zur Gänze in die Schlacke, so daß sich deren MnO-Gehalt während des Prozeßablaufs erhöht, wodurch die Voraussetzung für die Aufkohlung des bereits reduzierten und des erst später, nämlich bei Vorliegen solch einer MnO-reichen Schlacke entstehenden Eisens gegeben sein kann. Die im Vergleich zu vielen anderen Fundgebieten MnO-reicheren Eisenerze des norischen Siedlungsgebietes oder des Siegerlandes sind somit dadurch ausgezeichnet, daß günstigere Bedingungen für eine Aufkohlung des Eisens im Rennofen bestehen.

Die wichtigste Rolle der mit dem Erz eingebrachten aber auch durch örtliche Auflösung des feuerfesten Ofenbaustoffs sich anreichernden Kieselsäure (SiO_2) liegt in dem Beitrag zur Bildung der schon besprochenen niedrigschmelzenden Eisensilikatschlacke. Kieselsäure ist noch stabiler als Mangan(II)-oxid und eine Reduktion durch Kohlenstoff bzw. CO-CO_2-Gas-Gemische ist bei den im Rennofen herrschenden Temperaturen ausgeschlossen. Gleiches gilt auch für seine Reduktion aus MnO und SiO_2 enthaltendem Wüstit oder aus Schlacken die aus FeO, MnO und SiO_2 bestehen. Aus einem von F. Körber und W. Oelsen [73] erstellten schematischen Raummodell für die Gleichgewichtslage bei 900°C geht hervor, daß CO-CO_2-Gemische keine nennenswerte Siliciumreduktion herbeiführen. Wie schon angemerkt, sind daher im Rennofeneisen analytisch festgestellte Siliciumgehalte nicht durch in der Metallphase gelöstes Silicium bedingt sondern auf Schlackeneinschlüsse zurückzuführen.

Das genannte Raummodell sagt ferner aus, daß der für die Reduktion von Eisen aus einem nur aus FeO und SiO_2 bestehenden Oxidgemisch erforderliche CO-Anteil im Gas sehr stark vom SiO_2-Gehalt des Oxids abhängt. Bei 900°C genügen demzufolge für Zusammensetzungen des Oxids zwischen reinem FeO und $2FeO.SiO_2$ (Fayalit) gleichbleibend etwa 70 Vol.-% CO, bei SiO_2-Gehalten, die über dem des Fayalits liegen, sind dagegen weit CO-reichere Gase notwendig. Die gleichzeitige Anwesenheit von Mangan(II)-oxid (MnO) in der Oxidphase übt einen sehr starken Einfluß auf die Reduktion aus und zwar derart, daß dadurch die Aufkohlung des reduzierten Eisens gefördert wird und dies besonders bei hohen SiO_2-Gehalten.

Den in Erz und Schlacke vorhandenen Bestandteilen Kalk (CaO), Magnesia (MgO) und Tonerde (Al_2O_3) ist bei den aus Fundschlacken bekannten Konzentrationen [68] keine deutlich wahrnehmbare Wirkung auf die Reduktion von Eisen aus den Oxiden zuzuschreiben. Der Einfluß von CaO und Al_2O_3 bei so geringen Gehalten ist vornehmlich in der weiteren Absenkung des ohnedies niedrigen Schmelztemperaturbereiches der Eisensilikatschlacken zu sehen. Die Bindung der Metalle Calcium, Magnesium und Aluminium an den Sauerstoff ist so fest, daß innerhalb des hier zu berücksichtigenden Temperaturbereichs des Rennofensprozesses ihre Reduktion durch Kohlenstoff bzw. CO-CO_2 Gasgemische nicht erfolgt und diese Elemente analog zu Mangan und Silicium nur in der Schlacke in Form der genannten Oxide bzw. von Oxidverbindungen enthalten sind.

Obwohl für die Betrachtung der im folgenden Abschnitt beschriebenen Versuche ohne Bedeutung, sei der Vollständigkeit halber ergänzt, daß alle Elemente, die eine weniger feste Bindung mit dem Sauerstoff eingehen als das Eisen nicht verschlacken und daher im Fall ihres Einbringens mit der Beschickung beim Verhütten praktisch verlustlos in das reduzierte Metall übergehen. Zu diesen edleren Elementen zählen die Metalle Kupfer, Nickel und Kobalt.

Schwefel ist deshalb von Bedeutung, da er die Zähigkeit des Eisens stark beeinträchtigt. Während beim modernen Reduktionsprozeß im Hochofen sehr große Mengen Schwefel über das Heiz- und Reduktionsmittel, den Koks eingebracht werden, sind die Schwefelgehalte in der Holzkohle sehr gering, so daß die Hauptmenge des dem Rennofen zugeführten Schwefels aus dem Erz stammte. Die im Schacht herrschenden reduzierenden Bedingungen sind für eine Entschwefelung günstig, die so gut wie kalkfreie Schlacke hat dagegen nur geringe Aufnahmefähigkeit für Schwefel, was mit den in Fundschlacken analysierten Gehalten von meist unter 0,2% S übereinstimmt [47, 48]. Das im Rennfeuer gewonnene Eisen ist noch wesentlich ärmer an Schwefel und hat mit einigen hundertstel Prozent bezüglich dieses Elements einen ähnlichen Reinheitsgrad wie viele heute hergestellte Stähle. Die Menge des mit dem Erz eingebrachten Schwefels war daher so gering, daß ein Großteil sogar von der für die Entschwefelung alles anders als gut geeigneten sauren Eisensilikatschlacke aufgenommen wurde. Eine Beeinflussung des Reduktionsvorganges durch diesen eingeschleppten Schwefel erfolgte jedenfalls nicht.

Dem Eisenbegleitelement Phosphor wurde von E. Schürmann [61] in seiner Auswertung aller verfügbaren Grundlagen breiter Raum gewidmet. Da Phosphor ebenfalls einen starken Einfluß auf die mechanischen Eigenschaften des Eisens ausübt – die Zähigkeit wird dadurch sehr beeinträchtigt – und da in Mitteleuropa schon seit alters her Eisenerze sehr unterschiedlichen Phosphorgehaltes abgebaut und verhüttet wurden, ist diese Ausführlichkeit wohl begründet. An dieser Stelle kann jedoch, ohne eine Schmälerung des Verständnisses in Kauf nehmen zu müssen, mit einer sehr knappen Wiedergabe der wichtigsten Fakten das Auslangen gefunden werden, da ja das Ziel der nachfolgend beschriebenen Arbeit auf die von den Norikern praktizierte Verhüttungstechnik gerichtet war und in deren Siedlungsraum keine phosphorreicheren Eisenerzvorkommen bekannt sind.

Der Phosphorgehalt im Eisen wird sowohl vom P_2O_5-Gehalt des Erzes als auch von der Reduktionsfähigkeit des Gases bestimmt und kann in Abhängigkeit davon sehr verschieden sein. Da reduzierende Bedingungen für den Übergang des Phosphors in das Metall günstig sind, kann unter den im Rennofen herrschenden Bedingungen phosphorreiches Eisen entstehen. Der Phosphor erweitert aber den Beständigkeitsbereich des kubisch raumzentrierten α-Eisens (Ferrit), das nur sehr wenig Kohlenstoff aufzunehmen in der Lage ist. Wenn also zuerst phosphorreiches Eisen reduziert wird, ist dies einer folgenden Aufkohlung hinderlich. Nur wenn die Reduktionsbedingungen, vor allem die Temperatur, dafür sorgen, daß kubisch-flächenzentriertes γ-Eisen (Austenit) als Reduktionsprodukt anfällt, ist dank dessen hoher Lösungsfähigkeit für Kohlenstoff eine Aufkohlung bis zu hohen Gehalten möglich, wodurch wieder die ferritbildende Wirkung des Phosphors ausgeschaltet wird. Dies bedeutet, daß sogar für den Fall, daß nachher eine Reduktion von Phosphor neben der von Eisen erfolgt, der Austenit dadurch nicht mehr in Ferrit umwandelt.

Mit den von E. Schürmann [61] aufbereiteten Grundlagen wurde – auch wenn sie auf Gleichgewichtsbetrachtungen basieren, die lediglich die mögliche Endlage einer Reaktion beschreiben – endlich die Voraussetzung dafür geschaffen, die vordem bestehenden recht vagen und allgemeinen Vorstellungen über die Vorgänge im Rennofen [60] abzulösen. Insbesonders war damit theoretisch nachgewiesen, daß es für die Herstellung von Stahl keineswegs unabdingbar war, die oft und immer wieder unterstellte Aufkohlung [74] von im Rennofen erzeugten Weicheisen in einem nachträglichen Verfahrensschritt vorzunehmen. Stahl und selbst noch kohlenstoffreicheres Roheisen können somit durchaus Produkte des Rennofes sein, obwohl die dafür einzuhaltenden Bedingungen in vergleichsweise engen Grenzen liegen. Daher wohl war weiches, kohlenstoffarmes Eisen das üblicherweise gewonnene Erzeugnis. Allen vorstehend beschriebenen Betrachtungen lag aber nach wie vor der Gedanke zugrunde, daß das Eisen stets im festen Zustand angefallen sei und nur die Schlacke im Rennofen verflüssigt wurde.

Die besprochenen Grundlagen befassen sich vorwiegend mit der Zusammensetzung der beim Rennofenprozeß entstehenden Schlacke und des angestrebten eigentlichen Reaktionsproduktes. Die Ergebnisse der im nachfolgenden Abschnitt beschriebenen Reduktionsversuche bestätigten erstmals die Richtigkeit von besonders für den Archäologen wichtigen Aussagen bezüglich des Rennofenerzeugnisses, die aus den Grundlagen abzuleiten waren. Darüber hinaus führten diese Versuche zu neuen Erkenntnissen über den Verfahrensablauf von Erz zum metallischen Werkstoff. Wie so oft haben sich aber auch hier neue Fragen ergeben, die aber nun eingeschränkter und gezielter formuliert werden können.

7. Reduktionsversuche auf dem Magdalensberg

Am Ende des Abschnitts, der die bis Anfang der sechziger Jahre durchgeführten Reduktionsversuche, deren Ergebnisse und die daraus abgeleiteten Aussagen über den Verfahrensablauf und das Produkt des Rennofens beschrieb, wurden bereits die von den Archäologen aufgeworfenen Fragen genannt, zu deren Beantwortung neue Versuche beitragen sollten. In erster Linie wurde gehofft, klären zu können, ob in der als Handelsplatz so bedeutenden Stadt auf dem Magdalensberg auch Stahl verarbeitet oder gar erzeugt worden ist. Ein schlüssiger direkter Beweis für das Bestehen solcher Produktionsstätten im nahen Umfeld war aus den bis dahin vorgelegenen Funden nicht abzuleiten und so wurde angestrebt, mittelbar einen Beitrag zur Aufhellung dieser Frage zu leisten. Der Weg zu der gesuchten Antwort über den Vergleich des bei den Versuchen anfallenden Reduktionsgutes, d.h. der Schlacken und des allenfalls erhaltenen Eisens, mit dem aus den Ausgrabungen stammenden Fundstücken erschien gangbar und aussichtsreich. Die ehrgeizigste, wenn auch nur als schwerlich realisierbar angesehene Hoffnung richtete sich darauf, Aussagen über den Erzeugungsweg des norischen Stahls zu gewinnen, also darüber, wie der für die Eigenschaften so entscheidende Kohlenstoff in den Stahl gelangte. Gegen die bis dahin vorherrschende Annahme einer nachträglichen Aufkohlung des im Rennofen gewonnenen Eisens sprachen die bereits am Ende des Abschnitts 4 vorgestellten Gründe (vgl. S. 31). Die daraus abzuleitende Vermutung, daß die Noriker die Kunst der direkten Stahlerzeugung beherrschten, daß sie es also verstanden, Stahl mit jeweils ganz bestimmtem Kohlenstoffgehalten im Rennofen herzustellen, widersprach jedoch allen bis dahin bekannten Ergebnissen von Reduktionsversuchen und der darauf fußenden Lehrmeinung.

Im Versuchsplan war selbstverständlich vorgesehen, daß die Bedingungen die seinerzeit gegebenen Verhältnisse möglichst gut simulieren sollten [47,48]. Aufbau und Größe der Öfen konnten sich an Aussagen von zahlreichen Funden orientieren, die Rohstoffe, besonders das Eisenerz waren durch die örtliche Verfügbarkeit vorgegeben und bezüglich der Arbeitsweise wurden die in Abschnitt 6 (vgl. S. 43) genannten Einzelheiten berücksichtigt.

Die Versuchsöfen und Einsatzstoffe

Bei dem bereits an anderer Stelle ausführlich beschriebenen Aufbau der Versuchsöfen [47, 48] wurde davon ausgegangen, daß die schon vor Beginn unserer Zeitrechnung im mitteleuropäischen Raum verwendeten Schachtöfen einen Schachtdurchmesser von etwa 30 bis 120 cm hatten [75, 76] und durch Blasbälge erzeugte künstliche Windzufuhr aufwiesen, wie dies etwa aus der recht detaillierten Beschreibung [75] eines derartigen von W. Schuster ausgegrabenen Erzreduktionsofens im kärntnerischen Lölling, der der norischen Epoche zugeschrieben wurde, hervorgeht. Eine Skizze dieses wegen seines guten Erhaltungszustandes recht getreu rekonstruierbaren Ofens ist in *Abb. 12* wiedergegeben. Der Schachtdurchmesser betrug 90 cm (entsprechend 3 römischen Fuß) und die zum Zeitpunkt der Auffindung noch vorhandene Gesamthöhe 126 cm. Aus dem in den Ofenschacht gestürzten Steinmaterial konnte die ursprüngliche Gesamthöhe mit 150 cm (5 römische Fuß) rekonstruiert werden. Der Boden wies einen rot gebrannten Lehmbelag auf, und an den obersten Steinlagen waren Spuren von Kalkmörtel festzustellen. Eine fast um den ganzen Umfang des Ofens reichende Schotteraufschüttung sollte möglicherweise der Verringerung der Wärmeverluste oder der Erleichterung der Beschickung dienen. Aus den vorgefundenen Resten von Winddüsen konnte auf die Verwendung von durch Blasbälge erzeugtem künstlichen Wind geschlossen werden. Die aus einem Gemenge von schwarzem Graphitton und weißem Quarzsand bestehenden Düsen hatten einen Innendurchmesser von 37 mm, eine Wandstärke von 9 und eine Länge von 80 bis 100 mm. Ihr dem Ofeninnenraum zugewandtes Ende war abgeschmolzen.

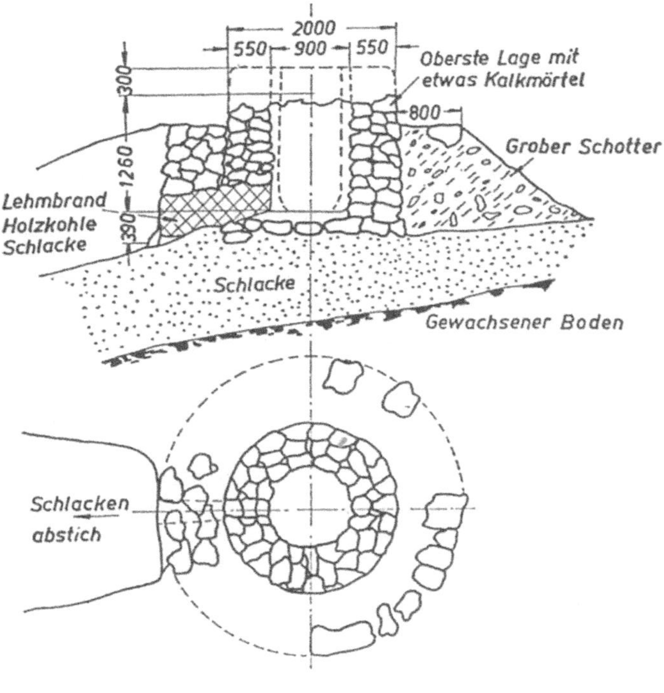

Abb. 12. Schachtofen von Lölling. Nach W. Schmid [75]

Ein anderer der als Vorbild gedient habenden Schachtöfen, dessen Reste von W. Schuster nahe dem Erzberg aufgefunden worden waren [77] und dessen Ursprung auch noch bis nach dem Zeitpunkt der Versuchsplanung der Römerzeit, genauer dem 4. Jahrhundert n. Chr. zugeschrieben wurde, stammt zwar nach inzwischen an einem Holzkohlestück durchgeführten C14-Messungen aus dem Hochmittelalter und ist somit wesentlich jünger [78] als vordem angenommen, doch ist die Wahl von Art und Größe der Versuchsöfen dadurch aber auch nachträglich kaum anfechtbar, da sie durch viele römerzeitliche Funde aus mehreren mitteleuropäischen Gebieten [15, 26, 79, 80, 81] ebenso gestützt wird wie durch die schon erwähnten, viel später ausgegrabenen Öfen im Görtschitztal (vgl. S. 22) [31].

Auch die anderen als Vorbild genommenen Öfen, wie der von J. W. Gilles [15, 79] im Siegerland gefundene aus der Spät-La-Tène-Zeit und die aus dem süddeutschen Raum [81] und aus Böhmen [80] hatten den grundsätzlich gleichen Aufbau und vergleichbare Abmessungen wie der in Abb. 12 wiedergegebene Löllinger Ofen. Vorhandene Abweichungen weisen kaum auf ein unterschiedliches Alter dieser Funde hin, da ja schon Plinius [30] die Verschiedenartigkeit der zu seiner Zeit bekannten Öfen erwähnte und diese Abweichungen wohl eher als örtlich bedingt anzusehen sind. Größtenteils war

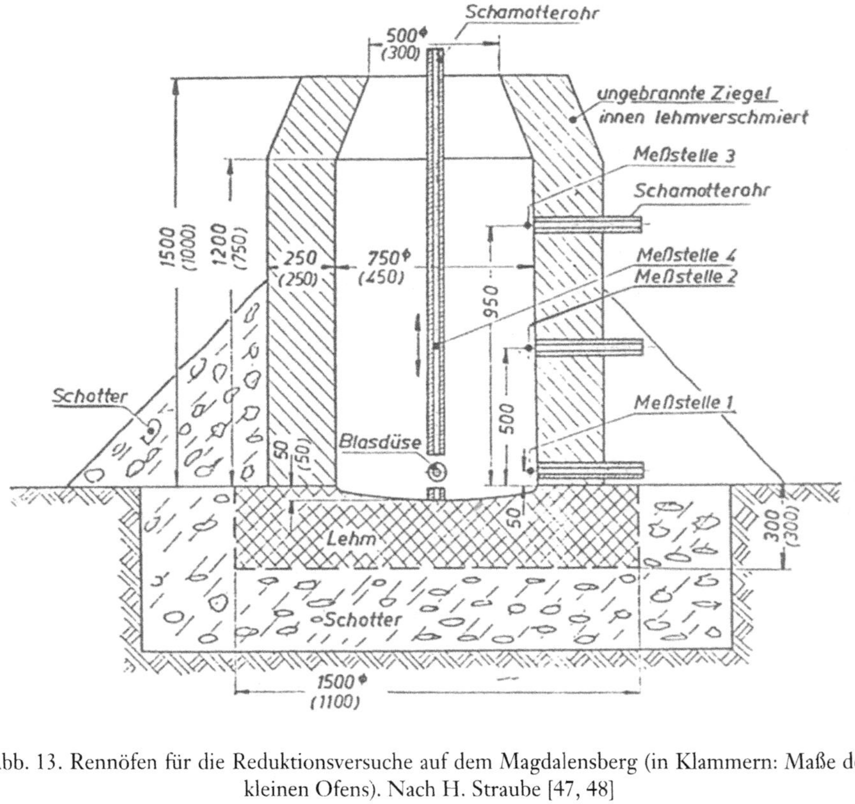

Abb. 13. Rennöfen für die Reduktionsversuche auf dem Magdalensberg (in Klammern: Maße des kleinen Ofens). Nach H. Straube [47, 48]

jedoch eine genauere Datierung der Funde möglich und wenn diese in Einzelfällen umstritten sein sollte, ist dies hier weniger bedeutsam da bis weit nach dem Ende des Mittelalters keine wesentliche Veränderung der für die Eisenerzreduktion verwendeten Schachtöfen zu verzeichnen ist [82].

Den genannten alten Eisengewinnungsöfen entsprechend wurden zwei verschieden große, sonst aber gleiche Schachtöfen gebaut, deren Hauptabmessungen aus *Abb. 13* entnommen werden können. Die Schachtvolumina betrugen 0,55 und 0,13 m^3 und standen somit im Verhältnis 4,3:1. Damit sollte ein allfälliger Einfluß der Ofengröße auf den Verfahrensablauf erfaßt werden.

Auf einen Unterbau aus Schotter wurde der leicht nach unten gewölbte Schachtboden aus Lehm aufgebracht. Der Schacht hatte über etwa drei Viertel der Gesamthöhe zylindrische Form und wurde nur im obersten Teil verjüngt. Zum Bau des Schachtes wurden ungebrannte Lehmziegel verwendet, die an den Schachtinnenseiten, ebenso wie die Fugen, mit Lehm verschmiert wurden.Die Blasdüse befand sich bei beiden Öfen rund 10 cm oberhalb der Schachtsohle und bestand aus einem Schamotterohr mit 25 mm Innendurchmesser, 17 mm Wandstärke und 400 mm Länge. Ihr gegenüber lag die Abstichöffnung mit einem Querschnitt von 25 × 25 cm^2, die zu Beginn des Versuchs mit Ziegeln geschlossen wurde. Diese Abstichöffnung zum Abziehen von Schlacke wurde vorgesehen, obwohl zur Zeit der Versuchsplanung keine eindeutigen Hinweise dafür vorlagen, daß die in der Region Noricum verwendeten Öfen damit ausgestattet waren. R. Pleiner [26] nimmt in Übereinstimmung mit Beobachtungen von Wynne und Tylecote [57, bes. S. 348] eher das Gegenteil an, daß nämlich die flüssige Schlacke bei den meisten keltisch-germanischen Öfen nicht abgestochen wurde. Noch später wies K. Bielenin [83] sogar darauf hin, daß in bestimmten Gebieten Mittel- und Nordeuropas von der La-Tène-Zeit bis gegen Ende der römischen Kaiserzeit die Eisengewinnung dadurch ausgezeichnet war, daß die Schlacke innerhalb der eingetieften Rennöfen belassen wurde, daß diese Technik in anderen Gebieten Europas aber nicht beherrscht wurde und wieder verschwand. Wie immer dem sei, der Versuchsablauf zeigte, daß die Abstichöffnung ohne Einfluß auf den Reduktionsprozeß war und sich nur insofern als günstig erwies, als sie nach Verlegen der Blasdüsen für die künstliche Windzufuhr verfügbar war.

Um 90° gegen die Blasdüse versetzt waren Aussparungen im Mauerwerk, in die jeweils zwei der beschriebenen Schamotterohre unmittelbar nebeneinander eingebaut wurden. Die so gebildeten kreisförmigen Öffnungen von 25 mm Durchmesser waren für das Einführen der Temperaturmeßlanzen vorgesehen. Beim großen Ofen waren drei derartige Meßstellen in verschiedenen Höhenlagen vorhanden, beim kleinen Ofen nur die unterste, etwa in der Ebene der Blasdüse gelegene. Außerdem wurde bei beiden Öfen noch ein langes Schamotterohr in der Schachtmitte angebracht, um in verschiedenen Höhen die Temperatur messen zu können.

Die Temperaturmessung erfolgte thermoelektrisch mittels Pt-PtRh-Thermopaaren. Als Meßgerät stand ein Sechsfarben-Punktschreiber zur Ver-

Abb. 14. Versuchsöfen auf dem Magdalensberg während des Aufheizens

fügung. Thermoelementschutzrohre waren handelsübliche Quarzröhrchen, die mit Stahlrohren umgeben waren um mechanische Beschädigung zu vermeiden. Die dadurch bedingte Verzögerung bei der Verfolgung des Temperaturablaufs konnte bei der zu erwartenden Versuchsdauer als durchaus zulässig angesehen werden. Die in der Schachtmitte (Meßstelle 4) gemessenen Temperaturen waren wegen der großen Wanddicke des Schamotterohres den tatsächlichen Temperaturen der Schachtmitte nicht gleichzusetzen.

Über Art und Größe der seinerzeit verwendeten Blasbälge konnten in Ermangelung geeigneter Funde nur Mutmaßungen angestellt werden. Es wurde jedoch erwartet, daß das verwendete Gebläse mit einer maximalen Leistung von 60 Nm^3/h bei einem Höchstdruck von 39 mbar (400 mm WS) den Verhältnissen bei den alten Blasbälgen wenigstens näherungsweise entsprach. Dieses Gebläse versorgte beide Öfen gleichzeitig mit Wind. In jeder der beiden Windleitungen befanden sich als Wirkdruckgeber für die Windmengenmessung Ringblenden, die den Wirkdruck auf eine schreibende Ringwaage übertrugen. Für die Regelung der Windzufuhr waren Schieber in die Windleitungen eingebaut. *Abb. 14* zeigt die beiden Versuchsöfen samt Gebläse und Meßgeräten während der Aufheizperiode.

Das für die Reduktion vorgesehene Erz stammte aus dem naheliegenden Gebiet um Hüttenberg, wurde im Tagbau gewonnen und auf ca. 10 bis 20 mm Korngröße zerkleinert. Die chemische Analyse ergab folgende Zusammensetzung:

Σ Fe	= 54,0% (überwiegend als Fe_2O_3)	Al_2O_3	= 0,48%
CaO	= 6,8%	MgO	= 0,40%
SiO_2	= 6,6%	P_2O_5	= 0,026%
MnO	= 4,25%	S	= 0,064%

Als Heizstoff und Reduktionsträger diente Buchenholzkohle mit einem Heizwert von 28500 kJ/kg (6800 kcal/kg) und einer Stückgröße zwischen ca. 10 und 50 mm.

Auf schlackenbildende Zuschlagstoffe wurde bewußt verzichtet, da wohl zurecht angenommen wurde, daß ihre Verwendung nicht zur üblichen Praxis der norischen Hüttenleute gehörte. Jedenfalls war und ist dies aus allen einschlägigen, aus dieser Zeit stammenden Schlackenfunden zu schließen, deren Kalkarmut und sonstige Zusammensetzung keinen Hinweis auf andere Einsatzstoffe als Erz und Holzkohle geben.

Der Versuchsablauf

Einzelheiten über die Durchführung und den Ablauf des Versuchs sind in *Tabelle 3* für den kleinen und in *Tabelle 4* für den großen Ofen enthalten. Die zeitlichen Abläufe waren trotz des immerhin recht beträchtlichen Größenunterschiedes der beiden Öfen weitgehend gleich. Die Öfen wurden zunächst ohne Zufuhr von Gebläsewind langsam mit Holzkohle aufgeheizt, wozu in beiden Fällen rd. 10,5 Std. benötigt wurden. Erst ungefähr eine Stunde vor der ersten Erzzugabe wurde zwecks stärkerer Temperaturerhöhung das Gebläse eingeschaltet. Später wurden dann abwechselnd Holzkohle und Erz lagenweise aufgegeben. Diese Art der Beschickung kann wohl als die ehedem am wahrscheinlichsten praktizierte angesehen werden, wie aus der Beschaffenheit von Fundschlacken geschlossen werden kann, die oft Teilchen metallischen Eisens, z.T. auch in größeren Anhäufungen enthalten [61].

Die zugeführten Mengen von Holzkohle und Erz sind in *Tabelle 5* angegeben.
Aus diesen Zahlen ist ersichtlich, daß das Mengenverhältnis von Holzkohle zu Erz bezogen auf die jeweils eingebrachten Gesamtmengen für die beiden Öfen recht verschieden war. Dagegen sind diese Verhältniszahlen für den Zeitabschnitt, in dem Erz zugegeben wurde, fast gleich.

Beim kleinen Ofen war bereits zwei Stunden nach Beginn der Erzzugabe am Absinken der zugeführten Windmenge eine Verlegung oder ein Zuwachsen der Blasdüse zu erkennen. Die Düse wurde aufgestochert, doch kam es nach ungefähr einer weiteren Stunde neuerlich zu einer Düsenverstopfung, die nun nicht mehr behoben werden konnte. Daher mußte das unmittelbar neben der Meßstelle 1 vorhandene zweite Rohr als neue Düse verwendet werden. Auch durch diese war die Windzufuhr nur für kurze Zeit aufrechtzuerhalten. Das wiederholte Zusetzen der Düse deutete auf das Vorhandensein flüssiger Schlacke, was sich nachträglich auch bestätigte. Während des letzten

Tabelle 3. Versuchsablauf im kleinen Ofen

Datum	Uhr-zeit	Einsatz Holz-kohle (kg)	Erz (kg)	Temperatur in °C[a] Meß-stelle 1	Meßstelle 4 *h* in cm		Wind-zufuhr Nm³/h	Bemerkungen
21.6.1962	12.07	8						Anheizbeginn
	13.40	10		900				
	15.20			840				
	15.25	7						
	16.25	12		815				Ofen halbvoll, zwei Längsrisse verschmiert
	17.40	8		815				Ofenschacht gefüllt
	18.30	5		760				
	19.35	12		710				
	20.30	13		660				
	21.30	15						
	21.40						8,4	Beginn der Windzufuhr
	22.03	10						
	22.28	5	5	520			8,4	
	23.04	3	3		1	920		
	23.06				20	1200	8,4	
	23.18	5	5	490				
	23.36						8,4	Windzufuhr sinkt
	23.54						2,4	
22.6.	00.20	4	5					
	00.25			450	1	750		
	00.27				20	1050	1,8	
	00.36						0	Düse verstopft und freigelegt
	00.42						12,6	Windzufuhr sinkt
	00.45						9,0	
	00.50	4	5	440			9,0	
	01.10	4	5	440			9,0	
	01.22						9,0	Windzufuhr sinkt
	01.33	2	5				7,8	Windzufuhr sinkt
	02.02	3	2	450			6,6	Windzufuhr sinkt
	02.16				1	885		Windzufuhr sinkt
	02.18				20	1180	5,4	Windzufuhr sinkt
	02.19				30	900	4,2	Windzufuhr sinkt
	02.20						9,6	Verstopfte Düse kann nicht mehr freigelegt werden, daher Verwendung der Ersatzmeßstelle unmittelbar neben Meßstelle 1 als Blasdüse, dadurch Temperaturanstieg bei Meßstelle 1
	02.35		5				9,6	Windzufuhr sinkt
	02.43			1170			9,0	
	02.49						0	Düse erneut verstopft, rasche Temperaturabnahme an der Meßstelle 1
	02.52			920			0	Öffnung des Abstichlochs für Windzufuhr
	02.56			830			0	
	03.21	5	3	670			12.6	Beginn der Windzufuhr durch Abstichloch
	04.12	5		700			10.8	Windzufuhr sinkt
	04.42	5		670			6,0	
	05.00	5		670			6,0	Ende der Beschickung
	05.00			630				Verbrennung der restlichen Holzkohle
	bis 10.00			bis 410			4,2	Beendig. der Windzufuhr

[a] Lage der Meßstelle 1 in Düsenebene, rd. 10 cm über Schachtsohle, fest eingebaut. Lage der Meßstelle 4 in Schachtachse, *h* = Abstand von der Schachtsohle.

Tabelle 4. Versuchsablauf im großen Ofen

Datum	Uhrzeit	Einsatz Holzkohle (kg)	Einsatz Erz (kg)	Temperatur in °C[a] Meßstelle 1	Meßstelle 2	Meßstelle 3	Meßstelle 4 *h* in cm	Meßstelle 4	Windzufuhr Nm³/h	Bemerkungen
21.6.1962	12.10	25								Anheizbeginn
	14.05	25								
	14.25			970	350	275				
	15.20	50		960	510	420				
	16.25	50		1050	660	575				Ofen halbvoll
	17.20									Längsrisse verschmiert
	17.35			940	920	740				
	18.30	50		840	905	720				Ofenschacht gefüllt, Abstichloch geöffnet
	19.35			810	1040	820				
	20.30			790	870	840				
	21.30	50		770	820	650				
	21.40			770	760	710			22,8	Beginn der Windzufuhr
	22.09			790	750	780	1	900	22,8	
	22.20	25		790	750	790	20	970	22,2	
	22.49			800	750	700	20	900	22,2	
	22.51	10	5				40	805	22,2	
	23.19	15	10	820	780	710			22,8	
22.6.	00.18	10	10						22,8	
	00.30			800	800	720	20	1000	22,8	
	00.32						40	900	22,8	
	01.05	8	10	780	820	770			15,0	Windzufuhr erniedrigt
	01.30	7	10						15,0	
	02.01	5	5						23,4	Windzufuhr erhöht
	02.10						1	795	23,4	
	02.12			690	710	690	20	970		
	02.13						40	975	23,4	
	02.34	10	10							Windzufuhr sinkt
	02.49								0	Düse verstopft (flüssige Schlacke)
	02.53			700	700	730			22,8	Neue Düse neben Meßstelle 1
	03.17	10	5	1420	700	700			22,8	Windzufuhr sinkt
	04.06			990	820	750			15 bis 20	Windzufuhr steigt selbsttätig
	04.25	25		1050	820	770			20	Ende der Beschickung
	05.00			1180	840	600			19,2	Windzufuhr sinkt
	07.00								8,4→0	Düse verstopft, Windzufuhr beendet
	10.00			780	820	820				Abstich geöffnet

[a] Meßstelle 1:10 cm über Schachtsohle (in Düsenebene), fest eingebaut; Meßstelle 2: 55 cm über Schachtsohle, fest eingebaut; Meßstelle 3: 100 cm über Schachtsohle, fest eingebaut; Meßstelle 4: in Schachtachse, *h* = Abstand von der Schachtsohle.

Tabelle 5. Einsatz von Holzkohle und Erz in den Versuchsöfen

		kleiner Ofen	großer Ofen
Erz		45 kg	75 kg
Holzkohle	insgesamt	155 kg	375 kg
	während der Erzzugabe	55 kg	100 kg
Verhältnis Holzkohle: Erz	insgesamt	3,45:1	5:1
	während der Erzzugabe	1,22:1	1,33:1

Versuchsabschnitts erfolgte die Windzufuhr durch das vordem verschlossene Abstichloch.

Eine erstmalige Behinderung der Windzufuhr infolge Verlegung der Düse durch Schlacke trat beim großen Ofen erst wesentlich später (02,49 Uhr) also vier Stunden nach Beginn der Erzzugabe ein. Die neue Blasdüse zeigte zwar auch bald Anzeichen einer Verengung des freien Querschnitts, konnte jedoch wieder aufgemacht werden (04,06 Uhr).

Einige recht interessante Einzelheiten ergab die Temperaturmessung. Beim großen Ofen traten nach Beendigung des Aufheizens bei den nahe der Ofenwand gelegenen Meßstellen 2 und 3 keine größeren Schwankungen auf. Bei Meßstelle 1 trifft dies auch zu, allerdings nur bis zu dem Zeitpunkt (02,53 Uhr), zu dem die neue Blasdüse unmittelbar neben dieser Meßstelle in Betrieb genommen wurde. Danach wurde an dieser Stelle ein starker Temperaturanstieg registriert, bis um 03,17 Uhr der höchste Meßwert von 1420°C erreicht war, der zusammen mit den an den Meßstellen 2 und 3 gemessenen 700°C die sehr ungleichmäßige Temperaturverteilung im Ofenraum anzeigt. Mit Abnahme der Windzufuhr sank auch die Temperatur an der Meßstelle 1, blieb aber lange Zeit noch deutlich über den Werten der höher gelegenen Meßstellen.

Die Temperaturen innerhalb des vom Gebläsewind erfaßten Bereiches waren somit erwartungsgemäß höher. Da die Mitte des knapp über Ofensohle liegenden Ofenraumes nicht direkt vom Wind durchströmt wurde, dieser aber in etwas größerer Höhe auch die Schachtmitte erreichte, waren dort die Temperaturen höher als unmittelbar über der Schachtsohle (Meßstelle 4).

Die Ergebnisse der Temperaturmessung stimmten gut mit älteren Beobachtungen [55] überein und bestätigen auch die Aussage von R. Pleiner [84], der anhand von Versuchen festgestellt hatte, daß von römerzeitlichen Schachtöfen stammende Fundschlacken erst zwischen 1300 und 1400°C verflüssigt wurden und zumindest diese Temperaturen erreicht worden sein müßten.

Die ungleichmäßige Temperaturverteilung im Ofenraum war kein überraschendes Ergebnis, da ja mehrere Einflußgrößen dafür verantwortlich sind.

Dazu zählen die Verteilung des Beschickungsgutes und die auch davon abhängigen Windverhältnisse, die außerdem natürlich noch mit den äußeren Bedingungen, wie Winddruck und zugeführter Windmenge, sowie mit der örtlichen Strömungsgeschwindigkeit zusammenhängen. Aus den festgestellten großen Temperaturunterschieden innerhalb des Schachtes ist zu folgern, daß von einer einzigen Meßstelle stammende Temperaturangaben von derartigen Versuchen nur bei genauer Beschreibung der Lage dieser Meßstelle sowie der Meßanordnung Aussagekraft haben. Dies umso mehr, als Ablauf und Endlage des Reduktionsvorgangs stark temperaturabhängig sind, wie in Abschnitt 6 gezeigt wurde.

Die im Vergleich zum großen Ofen niedrigen Temperaturen der Meßstelle 1 am kleinen Versuchsofen sind, wie nachträglich festgestellt werden konnte, darauf zurückzuführen, daß die Meßlanze nicht genügend weit in den Schacht hineinragte. Da die erste Messung während des Aufheizens einen mit den Temperaturen des großen Ofens durchaus vergleichbaren Wert ergab, ist anzunehmen, daß das Meßrohr beim Arbeiten während des Aufheizens in radialer Richtung nach außen gedrückt wurde. Dennoch war auch hier die starke Temperaturzunahme bei Beginn der Windzufuhr neben der Meßstelle recht deutlich ausgeprägt (02,43 Uhr). Die bei Meßstelle 4 in einer Höhe von 20 cm über der Schachtsohle gemessene Temperatur war merklich höher als die Vergleichstemperatur im großen Ofen, wohl deshalb, weil die Schachtmitte im kleinen Ofen stärker vom Blasstrom erfaßt wurde als dies beim großen Schacht der Fall war. Diese Beobachtung ist ein weiterer Hinweis für den starken Einfluß der Bedingungen der Windzufuhr auf die Temperaturverteilung im Schacht.

Den Tabellen 3 und 4 ist zu entnehmen, daß die Meßstellen 4 beider Versuchsöfen fast gleichzeitig (02,19 bzw. 02,13 Uhr) ausfielen und daß die gesamte Versuchsdauer vom Beginn des Anheizens bis zum Ende der Windzufuhr ca. 22 Stunden beim großen bzw. ca. 19 Stunden beim kleinen Ofen betrug.

Ergebnisse aus den Versuchen [47, 48]

Der *große Versuchsofen* wurde nach Erkalten des Ofeninhaltes drei Tage nach Beendigung des eigentlichen Versuchs abgetragen. Die Abtragung erwies sich zur Gewinnung des z.T. mit dem Mauerwerk fest zusammengewachsenen Reduktionsgutes und für dessen registrierende Aufnahme notwendig. In *Abb. 15*, die diesen Ofen nach teilweiser Abtragung zeigt, sind das Ofenprofil und die zur Einführung der Temperaturmeßlanzen eingebauten keramischen Rohre gut zu erkennen. Diesem Bild ist auch zu entnehmen, daß der Verschleiß des den Schacht bildenden Mauerwerks über den größeren Teil der gesamten Innenfläche unmerklich gering war. Bei seinem Abbau war der Ofen bis zu einer Höhe von 35 bis 40 cm mit Feststoffen gefüllt. Die obere Schicht dieses Ofeninhaltes bestand aus einem losen Gemenge aus unverbrannter

Abb. 15. Großer Versuchsofen, nach Versuchsende teilweise abgetragen

Holzkohle, Holzkohlenasche und geröstetem Erz. Nach Entfernung dieser lockeren, weniger aufschlußreichen und daher nicht für nähere Untersuchungen vorgesehenen Schicht wurde festgestellt, daß nur unmittelbar vor den Winddüsen, d. h. in dem vom Blasstrom direkt beaufschlagten Bereich, fest zusammengefrittete Klumpen vorlagen, wie dies *Abb. 16* nach weiter vorangetriebenem Abtrag des Ofens und Entfernung seines losen Inhalts wiedergibt. Dieser Klumpen war mit dem Mauerwerk fest verbunden, das, wie vor allem Abb. 16b zu entnehmen ist, in unmittelbarer Nähe der Blasdüse sehr starken Verschleiß aufwies. Ein ganz ähnlicher Klumpen wie vor den Blasdüsen 1 und 2 war auch vor dem Abstichloch vorhanden, das nach Beendigung der Zufuhr von Gebläsewind geöffnet worden war.

Die fest zusammengefritteten Klumpen vor den Windeintrittsstellen hatten einen Durchmesser von ungefähr 25 cm. Die oberste etwa 15 cm über der Blasdüsenebene befindliche Schicht war spezifisch leicht und bestand aus Holzkohle, unreduziert gebliebenem Erz und, mengenmäßig überwiegend, einem sehr porösen schlakenähnlichen Anteil, der später als teilreduziertes Erz identifiziert wurde. In *Abb. 17* sind einige dieser Gebilde festgehalten, die schlierenartig von dünnen, folienähnlichen Eisenstreifen und kleinen, ku-

Abb. 16. Großer Versuchsofen: Reduktionsgut vor Blasdüse 2 (Windzufuhr ab 02.53 Uhr)

geligen, z.T. mit den Streifen verschweißten Eisenteilchen durchsetzt waren. Die metallographische Untersuchung ergab, daß die dünnen Folien aus praktisch kohlenstofffreiem Eisen bestanden, das auch vergleichsweise arm an Schlackeneinschlüssen war. Die *Abb. 18a und b* zeigen die Mikroschliffaufnahmen solcher Eisenteilchen und damit den Beginn der Entstehung metallischen Eisens. Die Schliffbilder der kugeligen Teilchen ließen dagegen erkennen, daß diese Kohlenstoff bis zu höheren Gehalten aufwiesen. So besteht das in *Abb. 19* wiedergegebene Gefüge aus Ferrit, streifigem Perlit (0,80%C) und auch größeren Zementitteilchen (6,67%C). Aus diesem Bild geht auch hervor, daß solche Kügelchen viele oxidische Einschlüsse enthielten, in deren Umgebung, genauso wie an den in direkter Berührung mit Erz oder Schlacke gestandenen Oberflächenbereichen, örtlich starke Entkohlungen festzustellen waren. In keinem Fall, und dies erscheint bemerkenswert, war ein direkter Kontakt oder auch nur eine enge Nachbarschaft zwischen diesen kugeligen Metallteilchen und Holzkohle festzustellen, so daß der Schluß berechtigt erscheint, daß die Aufkohlung über die Gasphase erfolgt war.

Die nach unten anschließende, der Höhe nach mittlere Schicht der sich vor den Blasdüsen befindlichen Klumpen war für die Untersuchung am aufschlußreichsten. Radial gegen die Ofenmitte zu, d. h. in dem von den Blasdüsen verhältnismäßig weit entfernten Bereich, der anscheinend nicht direkt

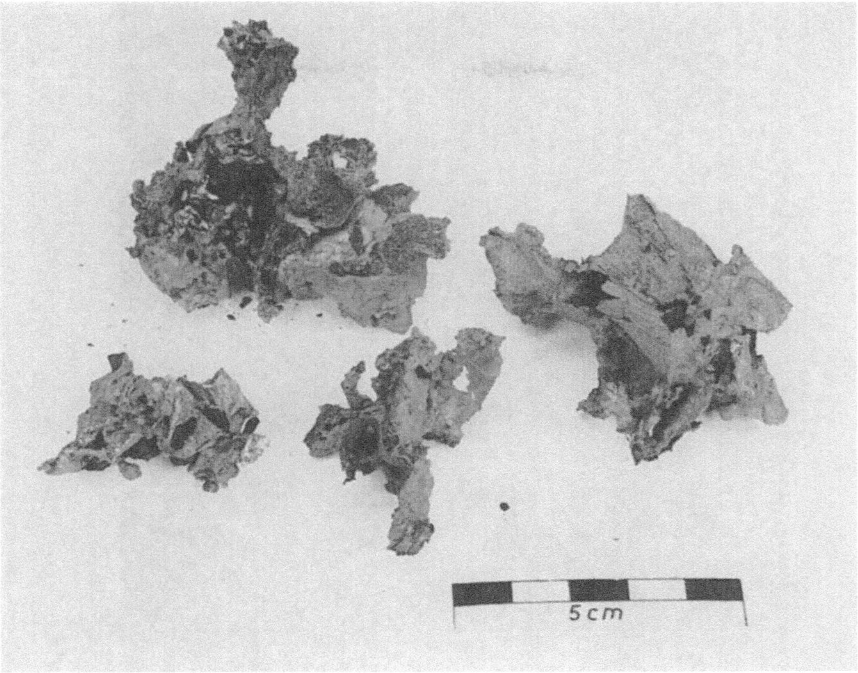

Abb. 17. Gemenge von Holzkohle und Erz mit kleinen Einlagerungen metallischen Eisens aus der obersten Schicht des Reduktionsgutes aus dem großen Versuchsofen

vom künstlichen Wind bestrichen worden war, befand sich eine stark blasige Schlacke, mit folgender chemischer Zusammensetzung:

9,9% Fe_2O_3
29,7% FeO
30,4% SiO_2
7,6% CaO
1,89% MnO
8,45% Al_2O_3
2,2% MgO
0,247% P_2O_5 und
0,027% S.

In dieser eisenreichen Schlacke wurden zahlreiche granulatähnliche, aufgrund ihrer Form offensichtlich zeitweise verflüssigt gewesene Eisenkugeln mit Durchmessern von mehreren Millimetern gefunden, die, wie die metallographische Untersuchung ergab, recht hohe Kohlenstoffgehalte aufwiesen und die als Roheisen anzusehen sind. *Abb. 20* zeigt das Gefüge einer dieser Kugeln. Neben Ledeburit und Perlit sind auch Zementit (weiß) und Graphit (schwarz) zu erkennen. Näher zur Windeintrittsöffnung hin aber in gleicher Höhenlage

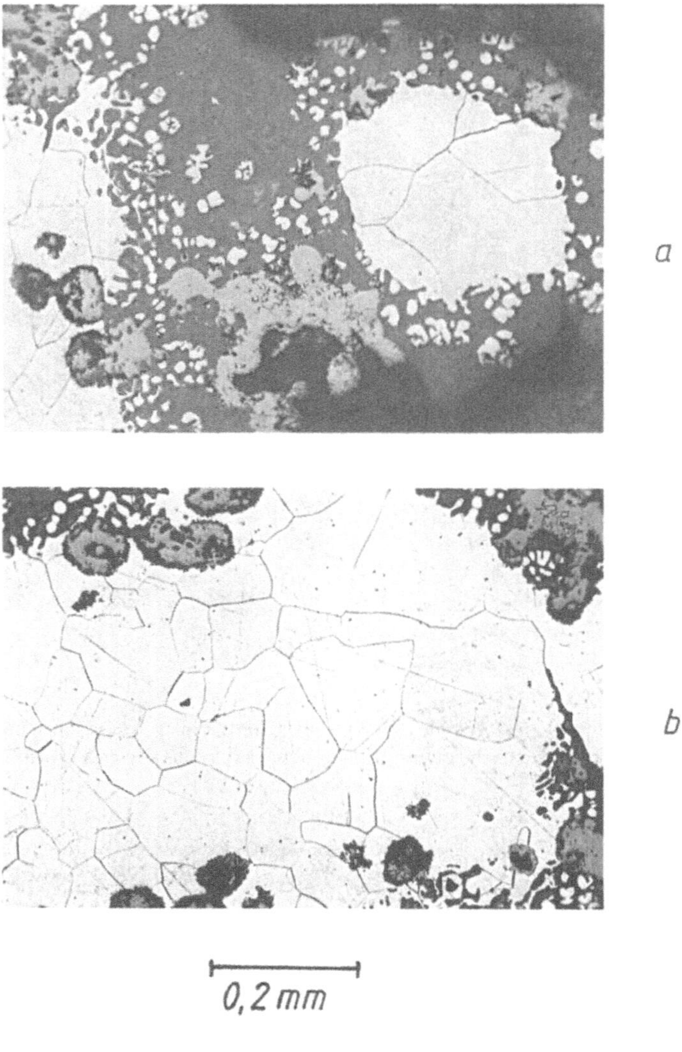

Abb. 18. Gefüge kleiner Eisenteilchen aus der obersten Schicht des Reduktionsgutes aus dem großen Versuchsofen

befanden sich größere, unregelmäßige Form aufweisende, spratzige Eisenteilchen, die in ihrem Aussehen den in Abb. 17 gezeigten teilreduzierten Erzstücken ähnelten. Die Dicke dieser Eisenteilchen reichte von wenigen Zehntel bis etwa 10 mm. Die metallographische Untersuchung ergab, daß die dünnen Teilchen aus reinem Ferrit bestanden und somit praktisch kohlenstofffrei waren, während die dickwandigen Stücke aufgrund ihres überwiegend Perlit und Zementit aufweisenden Gefüges sehr kohlenstoffreich waren. In dem von den Blasdüsen weiter entfernten Bereich in der mittleren Höhenlage lagen bezüglich des Reduktionsgutes demnach sehr ähnliche Ergebnisse vor wie in

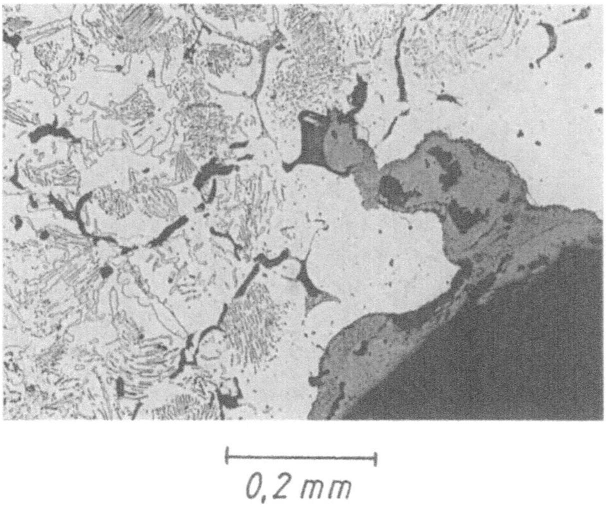

Abb. 19. Gefüge eines kugeligen Stahlteilchens aus der obersten Schicht des Reduktionsgutes aus dem großen Versuchsofen

den zuvor besprochenen oberen Schichten. Die Kohlenstoffgehalte der Eisenteilchen waren wohl wegen der örtlich unterschiedlichen Bedingungen während des Reduktionsablaufes sehr verschieden und selbst innerhalb der einzelnen Teilchen waren z.T. noch beträchtliche Streuungen vorhanden. Dennoch wurde eines der größeren Teilchen zerspant und anhand der Späne

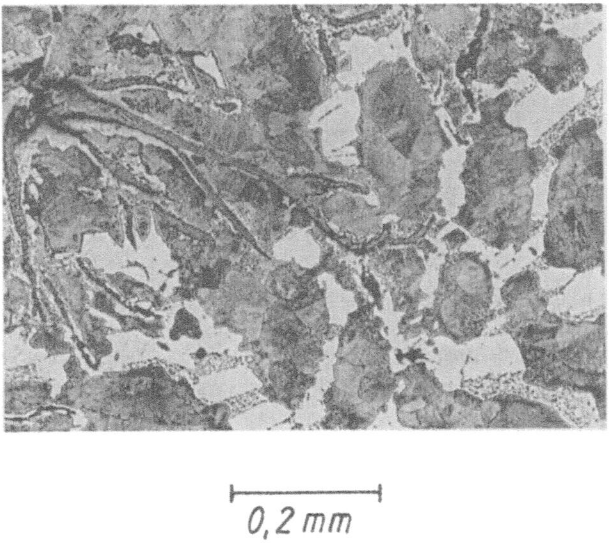

Abb. 20. Gefüge kugeliger Roheisenteilchen aus der mittleren Höhenschicht des Reduktionsgutes in größerer Entfernung von der Blasdüse 2 im großen Versuchsofen

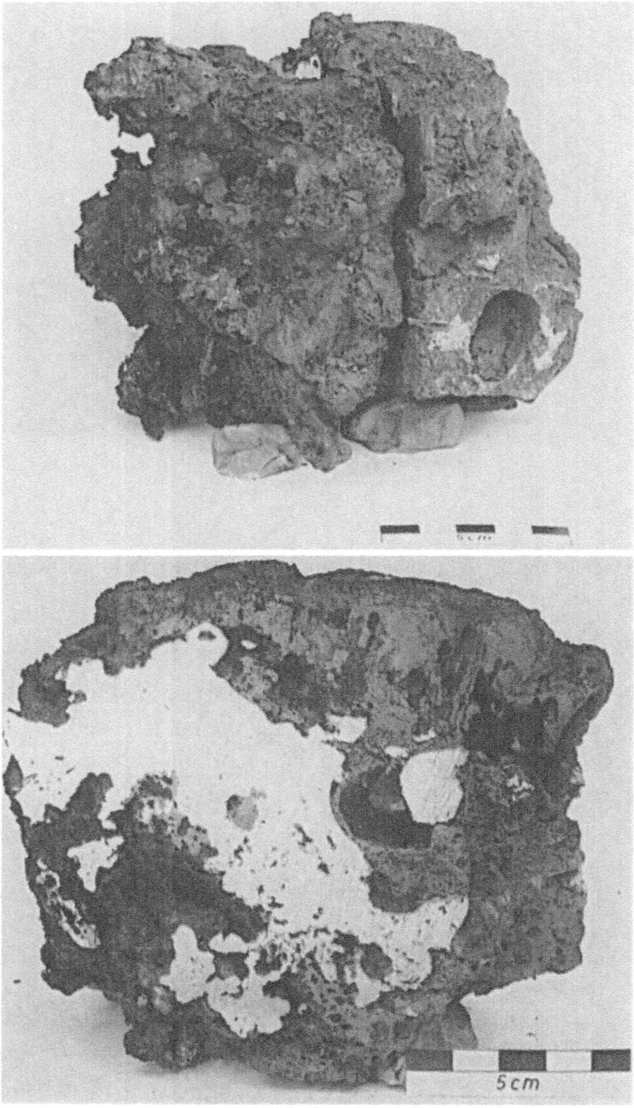

a

b

Abb. 21. Luppe vor Blasdüse 1 im großen Versuchsofen. (a) Gesamtansicht, (b) Querschnitt

eine Durchschnittszusammensetzung von

1,36% C, 0,43% Si, 0,17% Mn, 0,051% P, 0,030% S und 0,019% N

festgestellt. Der Kohlenstoffgehalt stimmt durchaus mit dem zuletzt beschriebenen metallographischen Befund überein, die angegebenen Silicium- und Mangangehalte sind jedoch nicht der Zusammensetzung der Metallphase entsprechend sondern ganz sicher darauf zurückzuführen, daß bei der chemischen Analyse auch zahlreiche SiO_2 und MnO enthaltend Schlackeneinschlüsse miterfaßt wurden.

Unmittelbar vor den Blasdüsen waren in dieser mittleren Höhenschicht nicht nur kleinere Eisenteilchen vorhanden, sondern auch vergleichsweise beachtlich große Eisenluppen, die von flüssig gewesener Schlacke umgeben waren. Die größte dieser Luppen befand sich vor der für die Windzufuhr bis 02,49 Uhr genutzten Blasdüse 1 und war mit dem Düsenmundstück fest zusammengewachsen. *Abb. 21* zeigt sowohl die Gesamtansicht dieser Luppe nach Abschlagen der an ihrer Oberfläche anhaftenden aber leicht entfernbaren Teilchen, in der die mit flüssig gewesener Schlacke vollgelaufene Blasdüse deutlich erkennbar ist (Abb. 21a), als auch den Längsschnitt der Luppe nach Durchtrennung mit einer Trennscheibe (Abb. 21b). In diesem Bild befindet

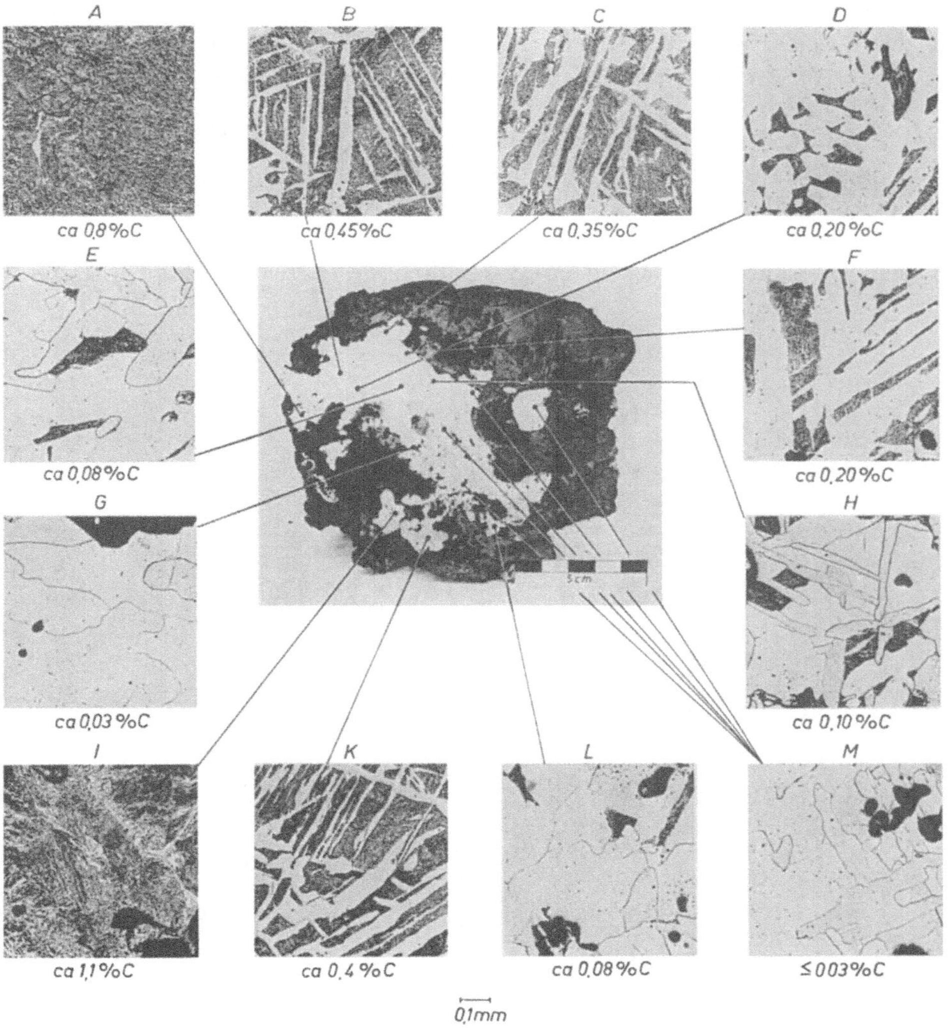

Abb. 22. Gefüge an der Schnittfläche der Luppe vor Blasdüse 1 im großen Versuchsofen

sich das Düsenmundstück am rechten unteren Rand der Luppe, die Größe des metallischen Anteils ist darin deutlich auszunehmen. Der Trennschnitt lag neben der keramischen Blasdüse parallel zu ihrer Längsachse. Von der den metallischen Teil umgebenden dichten Schlacke wurde je eine Probe ober- und unterhalb der Eisenluppe entnommen und deren chemische Zusammensetzung wie folgt festgestellt:

Probe	Fe_2O_3 %	FeO %	SiO_2 %	CaO %	MnO %	Al_2O_3 %	MgO %	P_2O_5 %	S %
„oben“	8,7	36,1	27,9	7,9	4,70	3,33	1,4	0,198	0,025
„unten“	8,4	27,7	31,6	9,0	3,68	7,89	2,2	0,268	0,040

Diese Analysenwerte zeigen, daß hier eine sehr ähnlich zusammengesetzte Schlacke vorlag wie, mehr gegen die Schachtmitte zu, in dem von den Winddüsen weiter entfernten Bereich des klumpenförmigen Reduktionsgutes (vgl. S. 71). Alle drei Zusammensetzungen entsprechen der einer eisenreichen Silikatschlacke.

Von der ca. 2 kg schweren Eisenluppe wurde die in Abb. 21b gezeigte Schnittfläche metallographisch untersucht. Das Ergebnis ist in *Abb. 22* wiedergegeben, aus dem zu entnehmen ist, daß diese Luppe örtlich sehr verschiedene Kohlenstoffgehalte aufwies. Unmittelbar vor der Düsenöffnung liegende und vom künstlichen Wind direkt beaufschlagte Bereiche waren praktisch

Abb. 23. Eisenluppe vor Blasdüse 2 im großen Versuchsofen

kohlenstofffrei, wie das nur aus Ferrit bestehende Gefüge in den Teilbildern G und M zeigt, oder sehr arm an Kohlenstoff. So entsprechen die neben dem Ferrit vorhandenen kleinen Anteile streifigen Perlits in den Gefügeaufnahmen E, H und L etwa 0,10% C. Der Perlitanteil im Gefüge und damit der Kohlenstoffgehalt sind ganz offensichtlich umso größer je weiter entfernt der untersuchte Bereich von der Windeintrittstelle lag bzw. je weniger stark er dem Blasstrom ausgesetzt gewesen war. So ergibt sich der Kohlenstoffgehalt aus den Gefügeaufnahmen D und F zu rd. 0,2% und aus den Aufnahmen C, K und B zu 0,35 bis 0,45%. Schließlich zeigt das Schliffbild des von der Winddüse am weitesten entfernten Bereiches fast reinen Perlit mit nur wenig Ferritnestern, was einem Kohlenstoffgehalt von knapp unter 0,8% entspricht (Abb. 22A). Ebenso waren die etwas unterhalb der Winddüsenebene gelegenen und vom Blasstrom weniger stark erfaßt gewesenen Bereiche kohlenstoffreicher und hatten an einigen Stellen ein übereutektisches aus Perlit und Korngrenzenzementit bestehendes Gefüge (Abb. 22I), aus dem sich ein Gehalt von etwa 1,1% C ergab.

Durch chemische Analyse wurden anhand von dieser Stahlluppe entnommenen Proben Mangangehalte von 0,10 bis 0,20% und Siliciumgehalte bis 0,2% festgestellt, die jedoch nicht der Zusammensetzung der metallischen Phase entsprechen sondern durch die bei der Analyse miterfaßten, unregelmäßig verteilten Schlackeneinschlüsse bedingt sind. Die Schwefelgehalte einiger Proben lagen zwischen 0,020 und 0,040% und in einer willkürlich entnommenen Probe wurden 0,026% P und 0,014% N festgestellt.

Auch im Bereich der zweiten ab 02,53 Uhr für die Windzufuhr verwendete Blasdüse wurde eine große, etwa 1,2 kg schwere Eisenluppe gefunden (*Abb. 23*), die ihrer Form zufolge sich ganz bestimmt im schmelzflüssigen Zustand befunden haben muß. Auch diese Luppe wurde durchtrennt und über die gesamte Schnittfläche eine Gefügeuntersuchung vorgenommen, deren Ergebnis in *Abb. 24* festgehalten ist. Der Kohlenstoffgehalt war hier ganz wesentlich höher als bei der vorhergehend beschriebenen Luppe. Mit Ausnahme eines kleinen Bereiches, der fast rein perlitisches Gefüge und damit ca. 0,8% C aufwies (Abb.24C), lagen durchwegs sehr hohe Kohlenstoffgehalte vor. In den oberen Bereichen der Luppe trat der Kohlenstoff, außer in der perlitischen Grundmasse, in Form von groblamellarem Zementit auf (Abb. 24A und B), während nach unten hin, vermutlich wegen der dort noch langsamer erfolgten Abkühlung nach Versuchsende, auch Graphit ausgeschieden worden war (Abb. 24D bis G). Da aus einem solchen graphithaltigen Gefüge der Kohlenstoffgehalt nur sehr vage abzuschätzen ist, wurde von einer willkürlich gewählten Stelle Material für die chemische Analyse entnommen, die folgende Werte brachte:

2,95% C, 0,03% Si, 0,28% Mn, 0,037% S und 0,008% N.

Der hohe Kohlenstoffgehalt entspricht dem von nicht schmiedbarem Guß- oder Roheisen und die Silicium- und Mangangehalte sind auch hier wieder mit Sicherheit auf die Schlackeneinschlüsse zurückzuführen.

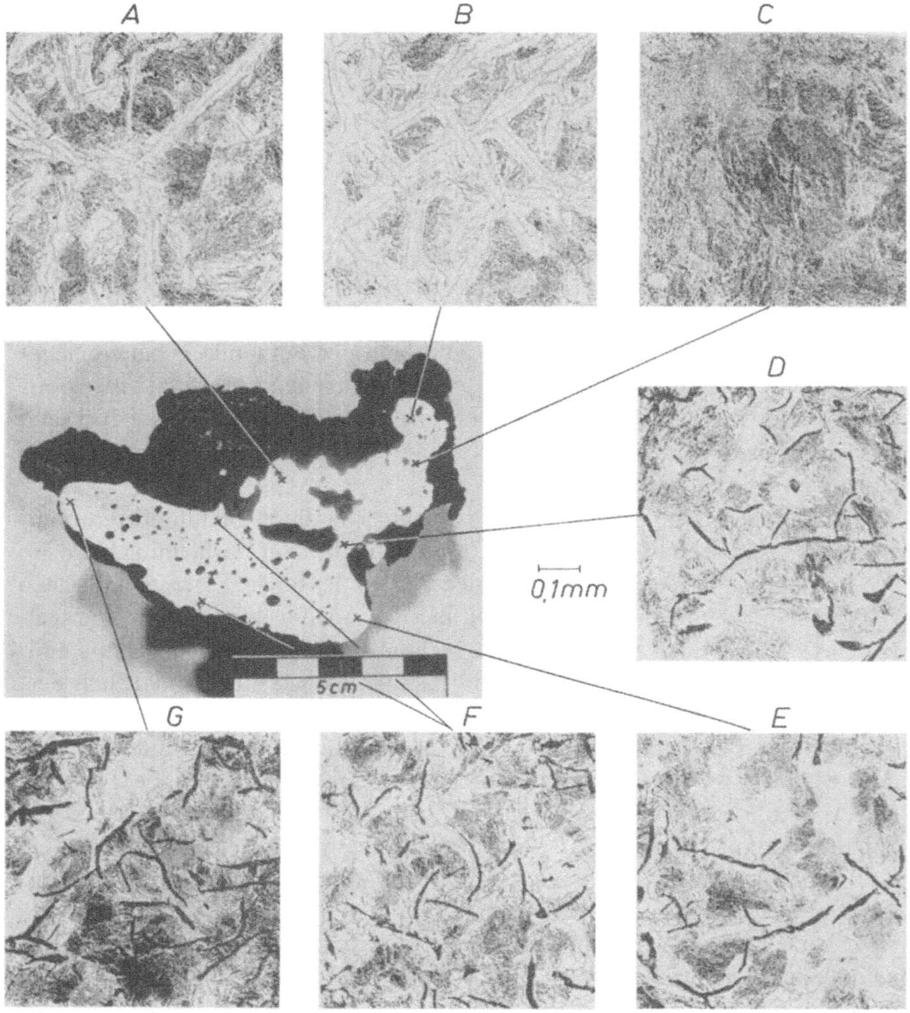

Abb. 24. Gefüge der großen Eisenluppe vor Blasdüse 2 im großen Versuchsofen

Bemerkenswert und auf den ersten Blick erstaunlich erscheint die Tatsache, daß der Kohlenstoff im Eisen auch in Form von Graphit vorlag, da dies unter üblichen Abkühlbedingungen die Anwesenheit von die Graphitbildung fördernden Begleitelementen, in erster Linie Silicium, in ausreichender Höhe voraussetzt, diese Voraussetzung aber nicht gegeben war. Da aber die Ausscheidung von Graphit auch in Eisen-Kohlenstofflegierungen ohne Silicium durch kleine Abkühlungsgeschwindigkeiten begünstigt wird, ist die äußerst langsame Abkühlung des Ofeninhalts nach Versuchsende eine durchaus hinreichende Erklärung für das Vorhandensein von lamellarem Graphit in dieser kohlenstoffreichen Eisenluppe.

Die Winddüse 2 war mit einer porösen Schlacke vollgelaufen, in der sich kugelige Eisenteilchen befanden, deren Gefüge aus Perlit und grobem, von Ferrit umgebenen Zementit bestand und den in den Abb. 24A und 24B gezeigten Gefügen glich. Diese Granalien können, ebenso wie die in Abb. 23 gezeigte große Luppe, erst knapp vor oder nach dem durch Vollaufen der Düse bedingten Ende der Windzufuhr von oben in die Schlacke getropft sein, da ihre hohen Kohlenstoffgehalte anders nur schwerlich erklärbar sind. Daß diese Teilchen über die flüssige Phase entstanden sind, geht jedenfalls eindeutig und unzweifelhaft aus ihrer Kugelform hervor. Ähnliche Eisenteilchen mit granulatähnlichem Aussehen und einer Größe zwischen ca. 5 und 20 mm Durchmesser, d.h. auch etwa gleicher Größe wie die vorbeschriebenen, befanden sich in großer Anzahl in der die 1,2 kg schwere Luppe umgebenden Schlacke. Die meisten dieser Teilchen hatten ebenfalls hohe Kohlenstoffgehalte, wie sie Roh- oder Gußeisen entsprechen.

Die unterste etwa 50 mm dicke Schicht des vor den Winddüsen 1 und 2 gebildeten Reduktionsgutes bestand aus einer dichten, flüssig gewesenen Schlacke, die mit der Schachtsohle fest verwachsen war. Von zwei Stellen, nämlich jeweils nahe vor den beiden Windeintrittstellen wurden Proben für die chemische Analyse entnommen, die folgende Zusammensetzung ergab:

Probe-entname	Fe_2O_3 %	FeO %	SiO_2 %	CaO %	MnO %	Al_2O_3 %	MgO %	P_2O_5 %	S %
vor Düse 1	10,9	35,9	26,6	7,0	1,55	9,67	2,0	0,181	0,010
vor Düse 2	7,9	37,5	27,0	7,3	1,65	7,59	2,0	0,180	0,020

Diese Zusammensetzungen unterscheiden sich nur wenig von jenen der bereits genannten Schlackenproben, d.h. daß der unterste Inhalt des Schachtofens aus einer eisenreichen Eisensilikatschlacke bestand, deren im Vergleich zum Erz höhere Tonerdegehalte (Al_2O_3), wie auch bei den schon beschriebenen Schlackenproben aus einer Wechselwirkung mit dem Ofenbaustoff, d.h. dessen teilweiser Lösung erklärt werden können. In dieser Schlackenschicht wurden keine leicht als solche identifizierbaren Teilchen metallischen Eisens gefunden.

Vor dem Abstichloch, das erst nach Beendigung der Zufuhr künstlichen Windes mit der Absicht geöffnet worden war, den Reduktionsprozeß wenigstens mit natürlichem Luftzug fortzusetzen, befand sich nach Versuchsende ebenfalls ein größerer, nach unten immer fester zusammengefritteter Klumpen. Sein Gewicht betrug 10,5 kg und sein oberer, nur losen Zusammenhang aufweisender Teil bestand zufolge des Ergebnisses der chemischen Analyse aus erst teilweise reduziertem Erz. Unterhalb dieser anreduzierten Erzstückchen befand sich eine helle, spezifisch leichte Schlacke, deren Analyse folgende Zusammensetzung ergab: 6,1% Fe_2O_3, 1,1% FeO, 43,0% SiO_2, 20,8% CaO, 0% MnO, 14,2% Al_2O_3, 3% MgO, 0,634% P_2O_5 und 0,006% S. Von einer um 03,25 Uhr aus dem Abstichloch entnommenen Schlackenprobe ergab die chemische Analyse nur unwesentlich abweichende Werte. Diese leichte, eisenarme Schlacke war nicht ein Ergebnis der eigentlichen Erzreduk-

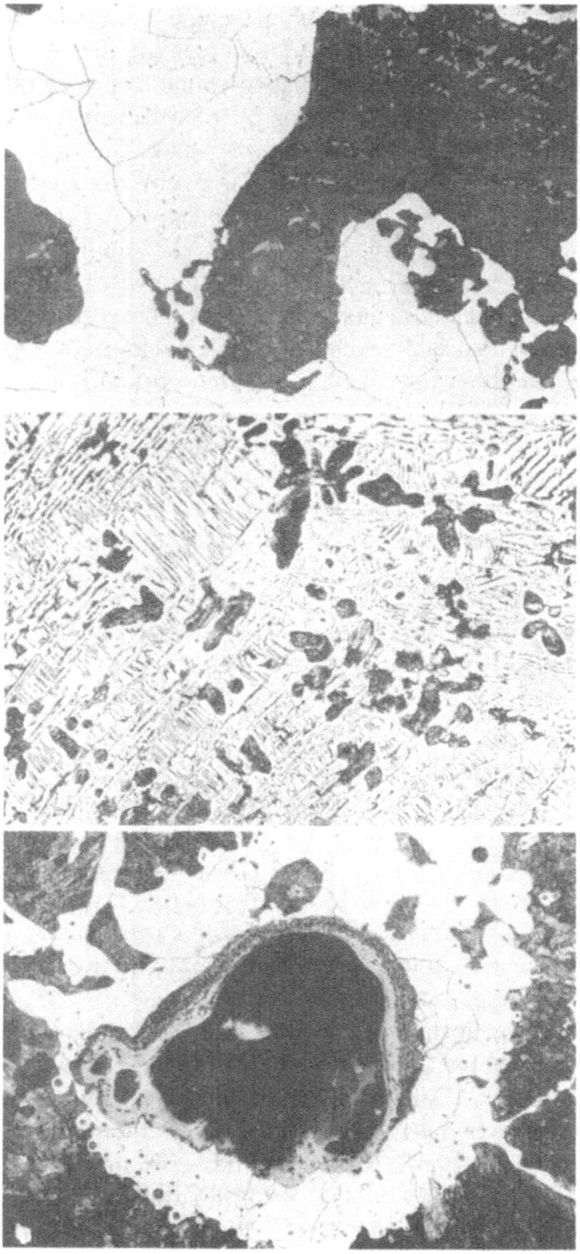

a

b

c

Abb. 25. Gefüge von Eisengranalien aus der vor dem Schlackenabstichloch des großen Versuchsofens angesammelten Schlacke. (a) Von eisenreicher Schlacke umgebene Granalie (kohlenstofffrei), (b) kohlenstoffreiche Granalie nahezu eutektischer Zusammensetzung (ca. 4% C), (c) örtliche Entkohlung um einen Schlackeneinschluß in einem sonst kohlenstoffreichen Eisenteilchen

tion sondern hatte sich infolge des bei der vergleichsweise hohen Temperatur nahe den Winddüsen dort großen Verschleißes der Ofenbaustoffe gebildet.

Sowohl in dieser Schlacke als auch in der nach unten anschließenden schweren, eisenreichen Rennofenschlacke – mit fast gleicher Zusammensetzung wie die vor den Düsen 1 und 2 entnommenen Proben (vgl. S.79) – waren wiederum Eisengranalien vorhanden, deren Durchmesser etwa 3 bis 20 mm betrugen und die recht unterschiedliche Kohlenstoffgehalte aufwiesen. So zeigte die metallographische Untersuchung der von eisenreicher Schlacke umgebenen Granalien, daß das Gefüge praktisch nur aus Ferrit bestand, was kohlenstofffreiem Eisen entspricht. In *Abb. 25a* ist das Gefüge eines solchen zahlreiche große Schlackeneinschlüsse aufweisenden Teilchens wiedergegeben. Andere Granalien hatten sehr hohe Kohlenstoffgehalte (um ca. 4%), wie dies das fast rein ledeburitische Gefüge in *Abb. 25b* erkennen läßt. Um die durchwegs sehr zahlreichen Schlackeneinschlüsse waren bei den kohlenstoffreichen Kugeln starke örtliche Entkohlungen festzustellen (*Abb. 25c*).

Die im *kleinen Versuchsofen* durchgeführte Reduktion brachte, wie sich zeigen sollte, sehr ähnliche Ergebnisse. Mit dem Abbruch und Ausräumen dieses kleinen Ofens wurde schon drei Stunden nach Beendigung der Windzufuhr – also wesentlich früher als beim großen Ofen – begonnen und der Ofeninhalt war zu diesem Zeitpunkt zum größten Teil noch rotglühend. Die viel kürzere Abkühldauer war jedoch ohne gravierenden Einfluß.

Nach Entfernung der lose aufliegenden oberen Schicht, die aus noch unverbrauchtem Beschickungsgut, also Holzkohle und Erz bestand, wurden bei den drei während verschiedener Zeitabschnitte verwendeten Windeintrittstellen (vgl. Tabelle 3) von der Ofenwandung bis zur Schachtmitte reichende,

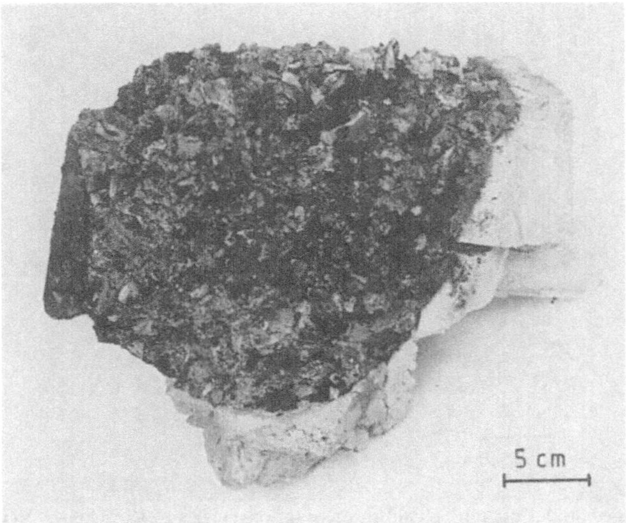

Abb. 26. Reduktionsgut aus dem kleinen Versuchsofen

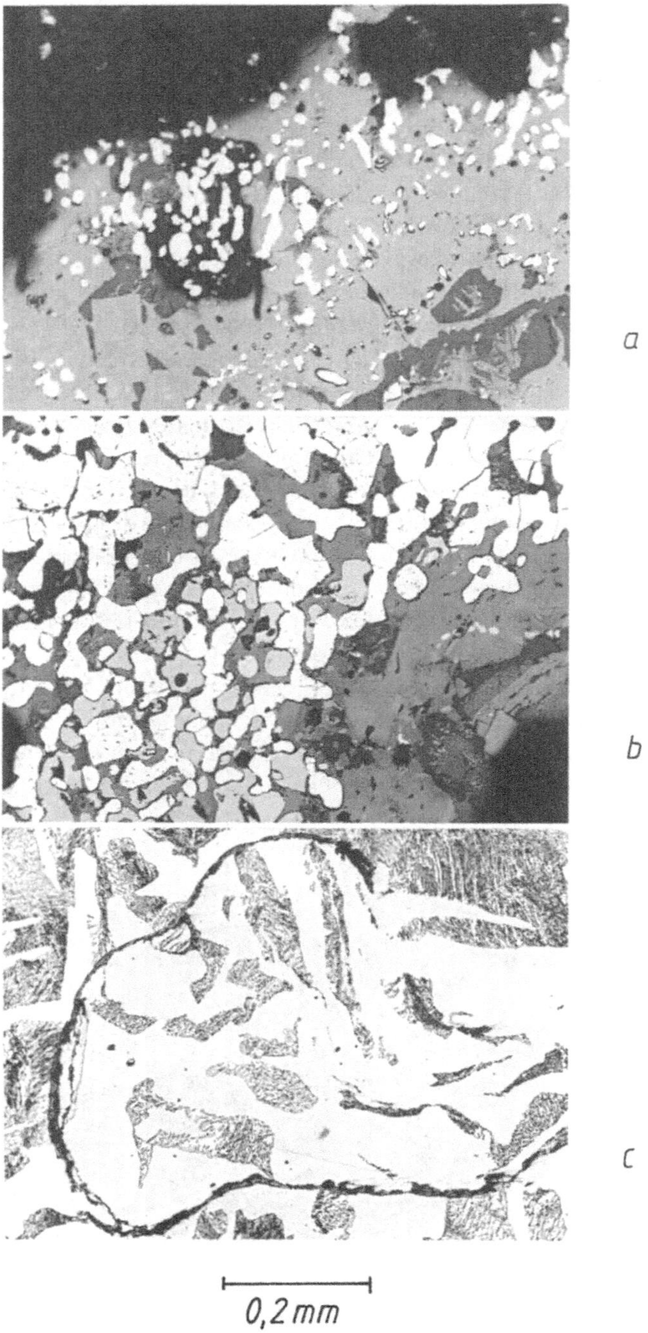

Abb. 27. Gefüge von der oberen Schicht des Reduktionsgutes aus dem kleinen Versuchsofen entnommenen Proben. (a) Beginnende Bildung metallischen Eisens, (b) fortgeschrittene Bildung metallischen Eisens, (c) örtliche Entkohlung in sonst kohlenstoffreicher Granalie

fest zusammengefrittete und mit dem Ofenmauerwerk verwachsene Klumpen ähnlichen Aussehens wie beim großen Ofen freigelegt. *Abb. 26* zeigt einen dieser ausgebrochenen Klumpen, an dessen linkem Rand ein Teil des in Schachtmitte angebrachten Schamotterohres für die Einführung eines Thermoelementes zur Temperaturmessung zu erkennen ist. Dieses von dem Reduktionsgut nur unter Gewaltanwendung zu lösen gewesene feuerfeste Rohr wies einen sehr starken Verschleiß auf. Dieser Verschleiß, der auf der der Windzufuhr zugewandten Seite so stark war, daß das keramische Rohr unter seinem Eigengewicht während des Versuches eine deutliche Verformung erfahren hatte, ist ein Hinweis darauf, daß sich der direkte Wirkungsbereich des künstlichen Windes beim kleinen Ofen bis in die Schachtmitte erstreckt hatte.

Die Höhe des fest zusammengefritteten Ofeninhalts betrug ca. 250 mm. Ganz oben befand sich, wie beim großen Ofen, wieder ein Gemenge aus Holzkohle und teilreduziertem Erz. Die Mikroschliffuntersuchung ergab, daß hier bereits kleine Teilchen metallischen Eisens aus dem Erz reduziert waren (*Abb. 27a*). Aus der chemischen Zusammensetzung des nichtmetallischen Anteils, die zu 4,2% Fe_2O_3, 53,5% FeO, 24,3% SiO_2, 3,1% CaO, 7,2% MnO, 4,0% Al_2O_3, 1,2% MgO und 0,090% S ermittelt wurde, geht die bereits recht weit fortgeschrittene Reduktion des Eisenanteils im Erz zu Eisen(II)-oxid (FeO) hervor.

Etwa 50 mm tiefer waren in dem anreduzierten Erz schon größere Eisenteilchen vorhanden *Abb. 27b*), die z.T. in Form dünner, überwiegend rein ferritischer, also kohlenstofffreier Lamellen auftraten. Diese Lamellen standen zumeist in direkter Berührung mit oxidischen Bestandteilen des Gemenges, die sie schlierenartig durchzogen. Außerdem wurden in dieser Höhenlage aber auch schon größere merklich aufgekohlte Eisenteilchen gefunden. Die höchsten Kohlenstoffgehalte dieser Teilchen lagen, aufgrund der Schätzung aus dem Gefügebild, bei etwa 0,8%, das Gefüge war rein perlitisch. Dieses kohlenstoffreichere Eisen hatte, anders als die kohlenstofffreien oder -armen Teilchen, kugelige Form. Auch die Kugeln wiesen, so wie die im großen Versuchsofen angefallenen (vgl. Abb. 19) zahlreiche Schlackeneinschlüsse auf, die örtliche Entkohlungen zur Folge hatten. So zeigt *Abb. 27c* eine derartige entkohlte Stelle bei einem Oxideinschluß im Inneren eines kohlenstoffreichen Eisenkügelchens.

In noch tieferer Lage, nämlich in mittlerer Höhe des gesamten Reduktionsgutes und damit ungefähr in der Ebene des Windeintritts war eine dichte, flüssig gewesene Schlacke mit mehreren größeren darin eingeschlossenen Eisenkugeln vorhanden. Zwei dieser Kugeln, die schon ihrer Form wegen flüssig gewesen sein müssen, wurden analysiert und dabei Kohlenstoffgehalte von 3,46 bzw. 4,18% festgestellt. Die ebenfalls bestimmten recht unterschiedlichen Mangan- sowie die Siliciumgehalte waren auf die zahlreichen Schlackeneinschlüsse zurückzuführen. Das Gefüge dieser Roheisenkugeln bestand aus einer perlitischen Grundmasse und lamellarem Graphit (*Abb. 28a*). An der von Schlacke umgebenen Oberfläche hatten fallweise starke Ent-

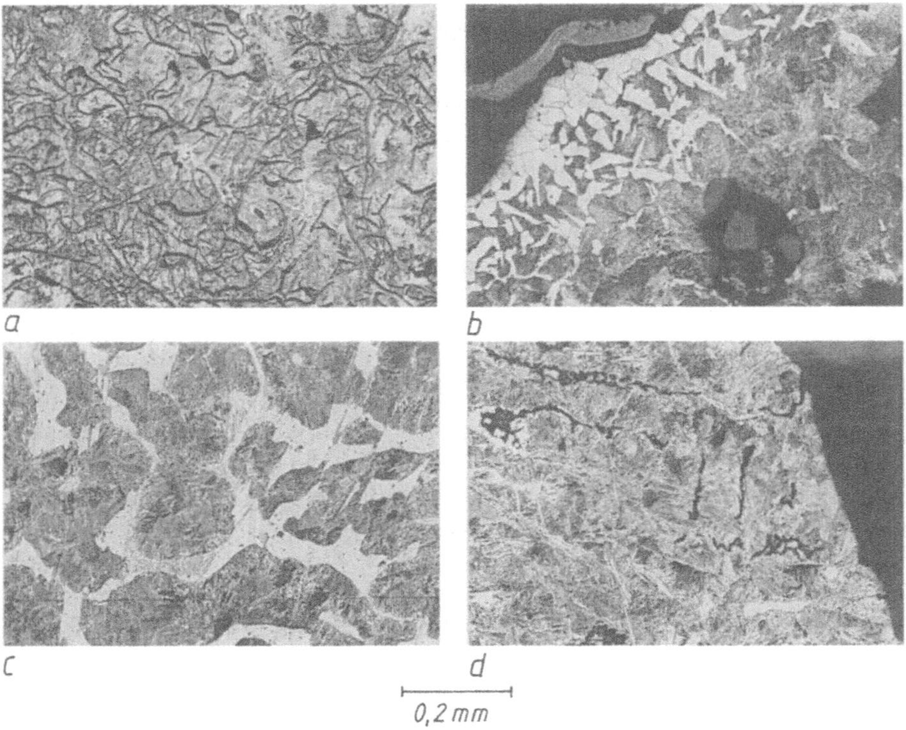

Abb. 28. Gefüge kugeliger Eisenteilchen in der Schlacke der mittleren Höhenschicht des Reduktionsgutes im kleinen Versuchsofen. (a) Roheisengranalie mit 3,46% C, (b) Oberflächenentkohlung an einer Roheisengranalie, (c) Stahlgranalie mit ca. 0,6% C, (d) Stahlgranalie mit ca. 1,1% C

kohlungen stattgefunden (*Abb. 28b*). Neben diesen Kugeln aus Roheisen waren aber auch solche mit weitaus geringerem Kohlenstoffgehalt vorhanden. Als Beispiel ist in *Abb. 28c* das aus Perlit und Ferrit bestehende Gefüge eines Stahlgranulates mit etwa 0,6% C wiedergegeben und *Abb. 28d* zeigt das Gefüge einer Stahlkugel von ca. 20 mm Durchmesser, das neben Perlit noch etwas nadelförmigen Zementit aufweist und aus dem der Kohlenstoffgehalt auf ca. 0,9% geschätzt werden kann. Die Ausscheidung des voreutektoidischen Zementits nicht nur an den Korngrenzen sondern auch innerhalb der an Kohlenstoff übersättigten Austenitkörner in dieser nadelig-strahligen Form ist typisch für die Widmannstättensche Gefügeanordnung, die bei Grobkorn – z.B. infolge Überhitzung – und relativ rascher Abkühlung entsteht. Beide Bedingungen waren gegeben: Die hohe Temperatur bedarf wohl keines näheren Hinweises oder gar einer Erklärung und die ausreichend schnelle Abkühlung war durch die bald nach Versuchsende erfolgte Entnahme des Ofeninhalts und seine Abkühlung an Luft eingetreten. Dieselben Voraussetzungen führen bei Stählen mit untereutektoidischem Kohlenstoffgehalt zur Ausscheidung des Ferrits in Widmannstättenscher Anordnung. Bei mehreren Stahlku-

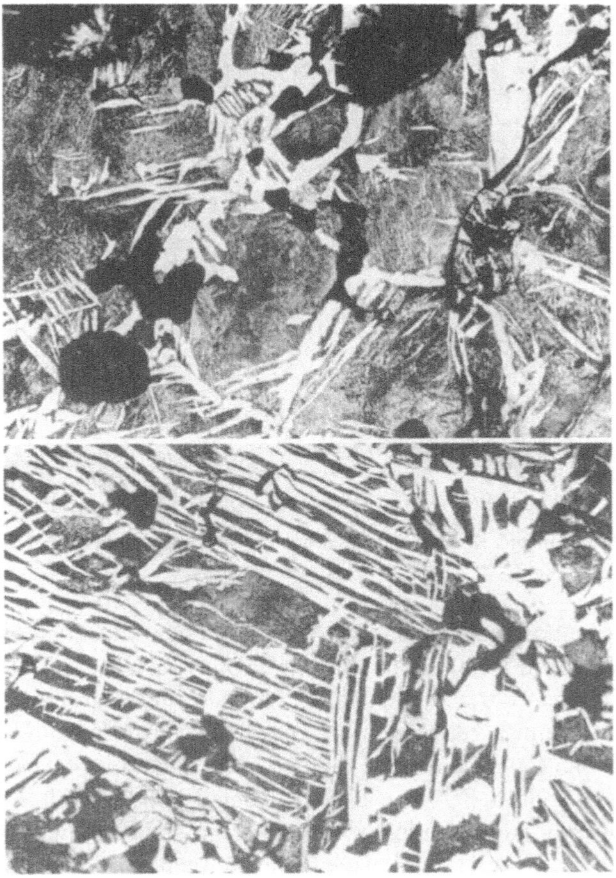

a

b

Abb. 29. Gefüge von Stahlgranalien in der Schlacke der mittleren Höhenschicht des Reduktionsgutes im kleinen Versuchsofen. (a) Stahl mit 0,65% C, (b) Stahl mit 0,35% C

geln mit solch niedrigerem, unter 0,8% liegenden Kohlenstoffgehalt konnte diese Gefügeart festgestellt werden. Beispiele dafür enthält *Abb. 29*, dem ebenso wie den Abb. 28b und 28d zu entnehmen ist, daß die Granulate durch oxidische Schlackeneinschlüsse stark verunreinigt waren.

Die diese Roheisen- und Stahlkugeln umgebende Schlacke hatte mit 7,3% Fe_2O_3, 28,0% FeO, 32,2% SiO_2, 9,5% CaO, 2,3% MnO, 8,9% Al_2O_3, 2,9% MgO und 0,011% S eine sehr ähnliche Zusammensetzung wie die meisten der analysierten Schlacken aus dem großen Versuchsofen.

Außer sehr unterschiedliche Kohlenstoffgehalte aufweisenden kugeligen Teilchen befanden sich in derselben mittleren Höhenlage des Reduktionsgutes auch größere Eisenluppen und zwar vornehmlich in dem gegen die Schachtmitte zu gelegenen, von den Winddüsen weiter entfernten Teil. In *Abb. 30* sind derartige Luppen neben kohlenstoffreichen Granalien wiedergegeben. Diese aus kohlenstoffhaltigem Eisen, also aus Stahl bestehenden Lup-

Abb. 30. Stahlluppen und Roheisengranalien aus der mittleren Höhenschicht des Reduktionsgutes im kleinen Versuchsofen

pen hatten zwar keine über das jeweilige Volumen konstante Zusammensetzung, doch bestand eine Regelmäßigkeit insofern, als ihre dickwandigen Teile kohlenstoffreicher waren, während die dünnen, meist allseitig von Schlacke umgebenen Volumsbereiche sehr niedrige Kohlenstoffgehalte aufwiesen. In *Abb. 31*, das den Querschnitt, die Gefüge und die daraus geschätzten Kohlenstoffgehalte einzelner Bereiche einer solchen Luppe enthält, ist deutlich zu erkennen, daß die dünnwandigen Teile durch die Wechselwirkungen mit der sie umgebenden oxidischen Schlacke eine weitgehende Entkohlung erfahren hatten.

Noch augenscheinlicher war die durch die Schlacke erfolgte Entkohlung an den Stellen vorhanden, wo dünne, von dickwandigen Eisenteilchen ausgehende Lamellen in die Schlacke hineinragten. Während der kompakte Teil solcher Gebilde im Inneren Kohlenstoffgehalte von meist 0,5 bis 0,6%, vereinzelt aber auch bis 1,2% und eine nur geringe Oberflächenentkohlung aufwies, bestanden die dünnen Lamellen praktisch nur aus Ferrit und waren demnach völlig entkohlt (*Abb. 32*).

Von zwei Luppen, die nach dem Befund der Mikroschliffuntersuchung über den gesamten Querschnitt annähernd gleichen Kohlenstoffgehalt hatten, ergab die chemische Analyse folgende Werte:

Probe	C %	Si %	Mn %	P %	S %	N %
A	0,56	0,08	0,03	0,014	0,021	0,008
B	0,48	0,09	0,10	0,032	0,028	0,017

Diese Kohlenstoffgehalte sind ausreichend, um nach Erwärmen auf etwa 800°C durch Abschrecken in Wasser recht hohe Oberflächenhärte zu erreichen. Hinsichtlich der Elemente Phosphor und Schwefel lag ein bemerkens-

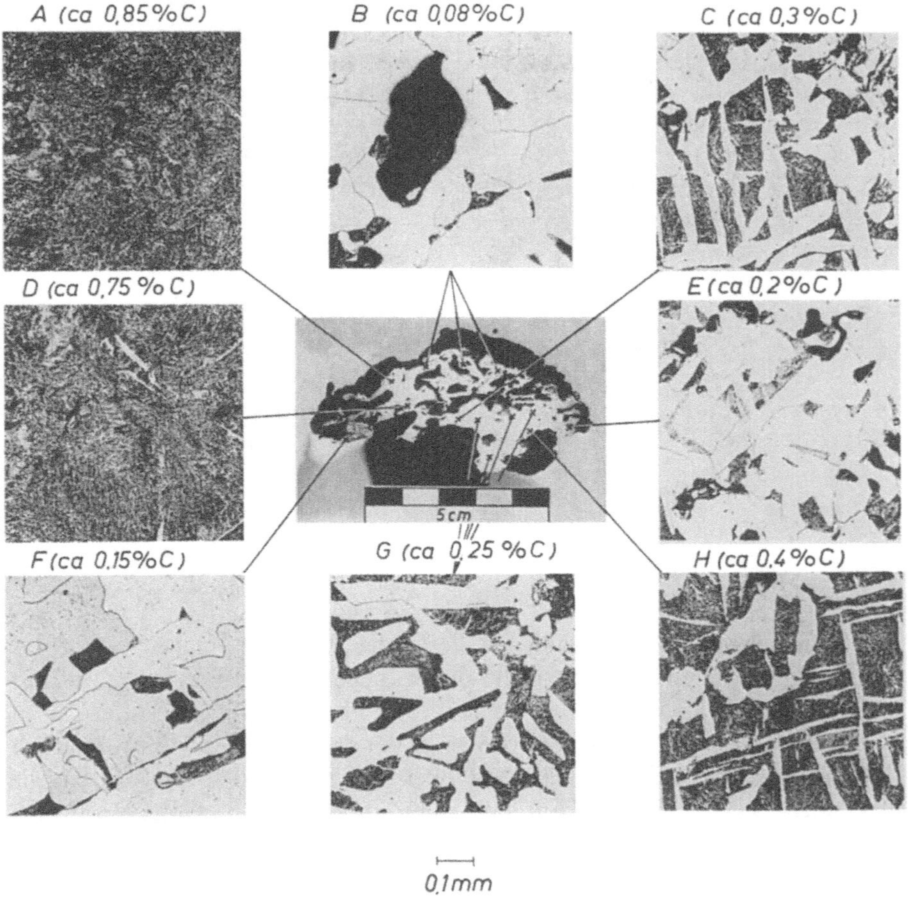

Abb. 31. Gefüge über den Querschnitt der in Abb. 30 rechts gezeigten Stahlluppe aus dem kleinen Versuchsofen

wert guter Reinheitsgrad vor, der durch die Einsatzstoffe bedingt war. Die Silicium- und Mangangehalte waren zwar gering, doch sind selbst diese kleinen Gehalte auf die Miterfassung von Schlackeneinschlüssen bei der Analyse zurückzuführen.

Die unterste ca. 50 mm dicke Schicht des Reduktionsgutes im kleinen Ofen bestand aus einer dichten Schlacke mit 10,9% Fe_2O_3, 31,8% FeO, 29,5% SiO_2, 10,5% CaO, 2,5% MnO, 7,2% Al_2O_3, 3,1% MgO und 0,012% S, in der viele zumeist jedoch kleine Stückchen metallischen Eisens gefunden wurden und die praktisch die gleiche Zusammensetzung aufwies wie eine um 10,10 Uhr knapp nach Versuchsende aus der Winddüse entnommene Schlackenprobe. Die kleinen unregelmäßig geformten, spratzigen metallischen Teilchen hatten recht verschiedene Kohlenstoffgehalte: Einige hatten ein rein ferritisches Gefüge, waren also kohlenstofffrei, bei anderen konnte

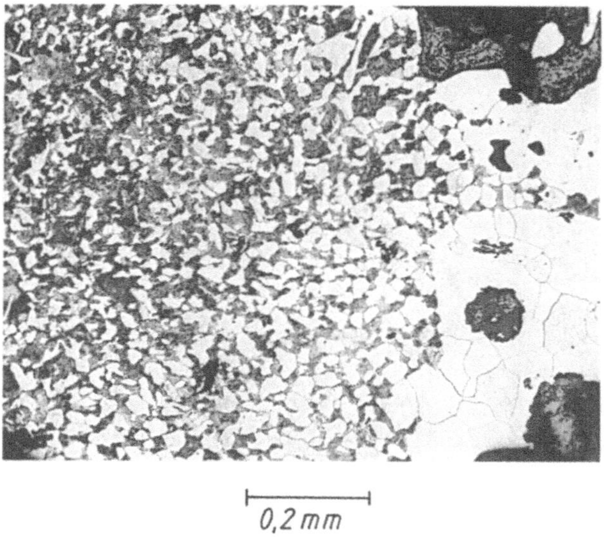

Abb. 32. Örtliche Entkohlung an einer Luppe aus dem kleinen Versuchsofen

aus dem neben Ferrit vorhandenen Perlit der Kohlenstoffgehalt zu 0,3 bis 0,5% abgeschätzt werden. Fast alle dieser Teile enthielten viele Schlackeneinschlüsse.

Neben diesen Stahlteilchen wurden in der Schlacke aber auch wesentlich kohlenstoffreichere Eisenteilchen gefunden. Vornehmlich solche von kugeliger oder kugelähnlicher Form enthielten mehr als 2% Kohlenstoff. Ihr Gefüge bestand aus ferritischer Grundmasse und lamellarem Graphit, die Randschichten waren aber graphitfrei, also völlig entkohlt. Da die Tiefe dieser entkohlten Zone aber in allen untersuchten Teilchen nur sehr gering war, konnte daraus geschlossen werden, daß diese Teilchen erst knapp vor Beendigung des Reduktionsversuches aus höherer Lage in die flüssige Schlacke auf der Schachtsohle herabgetropft waren.

Die *Untersuchung von nichtmetallischen Einschlüssen* im Metall erfolgte mittels einer Elektronenstrahl-Mikrosonde, die die Analyse auch sehr kleiner Teilchen in der Größenordnung von Tausendstel Millimeter Durchmesser gestattet. Den durchgeführten Messungen zufolge hatten die Oxideinschlüsse stark voneinander abweichende Zusammensetzungen. So enthielt das kohlenstoffhaltige Eisenteilchen aus der obersten Schicht im großen Versuchsofen, dessen Gefüge Abb. 19 zeigt, Einschlüsse mit 40% Si_2O, 15% CaO, 14% Al_2O_3, Rest: Eisenoxide. Diese Schlackeneinschlüsse waren recht heterogen und z.T. von reinen Eisenoxiden umhüllt. Die genannte Zusammensetzung kommt der der hellen Schlacke vor dem Abstichloch im großen Ofen (vgl. S. 79) nahe.

In der großen Eisenluppe vor der Winddüse 1 im großen Versuchsofen (vgl. Abb. 21) war eine Einschlußart mit Σ Fe = 10,6%, 19% SiO_2, 27,5%

CaO, 3% MnO, 16% Al_2O_3 und 5 MgO vorherrschend. Diese Zusammensetzung und ebenso die unmittelbar davor genannte liegen außerhalb des für Rennofenschlacken typischen Bereichs (vgl. Abb. 6). Das gleiche gilt für die unterschiedlichen Einschlüsse in kleinen Stahlgranalien aus der mittleren Schicht des Reduktionsgutes im kleinen Versuchsofen, die durchwegs sehr kieselsäurereich waren. Die meisten enthielten 64 bis 75% SiO_2, 13,5 bis 16,5% CaO, 16–17% Al_2O_3 und ca. 2% MgO. Die örtliche Lage dieser Stahlteilchen, aber auch die Zusammensetzung, vor allem die höheren Al_2O_3-Gehalte ihrer Schlackeneinschlüsse deuten darauf hin, daß an ihrer Bildung auch aufgelöste Schachtbaustoffe beteiligt waren.

Besonderes Interesse galt der Zusammensetzung der dünnen Oxidschichten, die innerhalb von Luppen oder Granalien einzelne Volumsbereiche des Metalls wie eine Hülle umgaben. Beispiele für die Ausbildungsform dieser Schlackenhüllen sind in den Abb. 22A und 27c enthalten. Von einer derartigen Oxidhaut in der großen Eisenluppe vor Winddüse 1 im großen Versuchsofen (vgl. Abb. 21 und 22) wurde mit der Mikrosonde ein Gesamteisengehalt von 76% gemessen, was praktisch reinem Eisenoxid entspricht. Das Vorhandensein solcher nur aus Eisenoxid bestehender Häute um rundliche Teilbereiche in den Luppen oder Granalien ist vermutlich drauf zurückzuführen, daß flüssige oder weitgehend verflüssigte kleine Eisenteilchen oberflächlich oxidierten, bevor sie sich mit anderen Teilchen zu einer größeren Luppe vereinigen konnten.

8. Diskussion der Versuchsergebnisse und Folgerungen

Im Gegensatz zu allen älteren ähnlichen Versuchen, bei denen immer nur praktisch kohlenstofffreies Eisen angefallen war, gelang es auf dem Magdalensberg unter Verwendung von Schachtöfen einer zur Zeitenwende üblichen Bauart und mittels einer damals vermutlich gebräuchlichen Arbeitsweise nennenswerte Mengen kohlenstoffreicheren Stahls und auch Roheisens zu gewinnen. Damit wurde in Übereinstimmung mit den bekannten thermodynamischen Grundlagen erstmals auch experimentell nachgewiesen, daß die direkte Herstellung von Stahl im Rennofen grundsätzlich möglich ist. Darüber hinaus ergaben sich aus den während des Versuchsablaufs gemachten Beobachtungen und vor allem aus der Untersuchung des Reduktionsgutes neue Aussagen über den metallurgischen Ablauf des Rennofenprozesses. Diese Aussagen sind selbstverständlich eher allgemeiner Art und können allein anhand der verfügbaren Versuchsdaten nicht quantifiziert werden, da das Reaktionsgeschehen, wie in Abschnitt 6 gezeigt wurde, u. a. sehr stark temperaturabhängig ist. Die Temperaturverteilung im Schacht ist aber sehr ungleichmäßig, wie auch aus den an den einzelnen Meßstellen eines Versuchsofens zu den jeweils gegebenen Zeitpunkten gemessenen Temperaturen hervorgeht. So lagen im unteren Teil des Schachtes, in dem vom künstlichen Wind direkt bestrichenen Bereich erwartungsgemäß die weitaus höchsten Temperaturen vor. Die örtlich vorliegenden Temperaturen werden aber zusätzlich auch sehr wesentlich von vielen Einflußgrößen der Beschickung und der Windzufuhr bestimmt, wie die starken zeitlichen Veränderungen an ein und derselben Meßstelle zeigten. Einerseits nehmen die Reduktions- und die Aufkohlungskraft der aus der Verbrennung der Holzkohle entstehenden Gase bei gegebener Zusammensetzung und bestimmtem Druck mit steigender Temperatur ab (vgl. Abb. 9 und 10), andererseits ist aber nur das γ-Eisen in der Lage, Kohlenstoff in so hohen Gehalten zu lösen, wie sie für die Härtung des Stahles erforderlich sind. Dafür sind aber höhere Temperaturen notwendig (vgl. Abb. 10 und 11). Gerade im Hinblick auf den Kohlenstoffgehalt des im Rennofen anfallenden Eisens spielt somit die Temperatur eine gewichtige Rolle und alle hier folgenden Aussagen zum Reaktionsgeschehen beziehen sich auf und gelten für die bei den Versuchen bestandenen Bedingungen.

Die bei Schachtöfen üblicherweise schon im obersten Teil des Schachtes erfolgende Vorwärmung und Befreiung des von oben zugegebenen Erzes von allfällig noch vorhandener Feuchtigkeit durch die heißen entgegenströmenden Verbrennungsgase wurden nicht untersucht, dürfen aber als sicher gegeben angesehen werden. In einer Höhenlage, die etwa in einem Drittel der Schachthöhe oder darüber lag, hatte bereits die Reduktion des Erzes zu metallischem Eisen eingesetzt. Jedenfalls waren in den obersten Schichten des fest zusammengefritteten Reduktionsgutes bereits kleinste Eisenteilchen zu erkennen, die rasch zu gröberen Gebilden anwuchsen (vgl. Abb. 27a und b). In derselben Schicht waren aber auch bereits aufgekohlte Eisenteilchen feststellbar (Abb. 19 und 27c), d. h. daß die Temperatur deutlich über 723°C betragen haben muß, um das zunächst kohlenstofffreie α-Eisen zumindest teilweise in den für Kohlenstoff bis zu höheren Gehalten aufnahmefähigen Austenit (γ-Eisen) mit kubisch flächenzentriertem Gitter umzuwandeln. Da ein unmittelbarer Kontakt zwischen Eisen und Holzkohle nur in wenigen Einzelfällen zu beobachten war, muß es sich um eine indirekte Aufkohlung über die Gasphase des Ofenraums gehandelt haben. Die Bedingungen für die Bildung eines aufkohlend wirkenden sehr CO-reichen Gases müssen demnach vorhanden gewesen sein, wofür die hier festgestellten großen Mengen noch unverbrauchter Holzkohle auch sprechen. Außerdem war wohl in diesem von der Windeintrittstelle entfernteren Bereich das Sauerstoffangebot gering, da zum einen der zugeführte Gebläsewind offenbar schon in der direkt vor der Düse liegenden Zone für die Verbrennung verbraucht und zum anderen ein Lufteinfall in den Schacht von oben durch die aufsteigenden Verbrennungsgase und das Beschickungsgut weitgehend behindert worden war. Aus der in diesem Bereich zweifelsfrei bereits stattgefundenen Aufkohlung ergab sich einerseits die schon genannte Schlußfolgerung, daß die Temperatur für die Austenitisierung ausgereicht haben muß. Andererseits war sie auch bestimmt nicht so hoch, daß dadurch die Aufkohlung bei der gegebenen Gaszusammensetzung behindert worden wäre (vgl. Abb. 10). Vieles spricht dafür, daß wegen des sicherlich hohen Stickstoffanteils in der Gasphase die Summe der Partialdrücke von CO und CO_2 so gering war, daß dadurch die Aufkohlung bei vorgelegenem CO/CO_2-Verhältnis begünstigt wurde (vgl. Abschn. 6, S. 49).

Dem aufkohlenden Effekt des kohlenstoffhaltigen Gases entgegengesetzt ist die Wirkung noch vorhandenen Eisen(II)-oxids (Wüstits), die so weit geht, daß bei dessen Überschuß die Aufkohlung unmöglich wird (vgl. S.52). Da eine Aufkohlung aber stattgefunden hat, kann diese Sperrwirkung nicht mehr aufrecht gewesen sein. Auf dem Weg des Beschickungsgutes bis zum Erreichen des betrachteten Bereichs in etwa einem Drittel der Schachthöhe müssen somit für den Ablauf der Reduktion vom Eisen(III)-oxid, Fe_2O_3, bis zum metallischen Eisen und für die anschließende Aufkohlung günstige Bedingungen vorgelegen sein. Den zuerst gebildeten Eisenteilchen ist eine autokatalytische Wirkung auf die Phasengrenzfläche zuzuschreiben, durch die der Reduktionsvorgang stark beschleunigt wird [85]. Diese Teilchen sind sehr klein und wegen ihrer nur geringen Dicke (vgl. Abb. 18a und b, 27a und b) braucht der Kohlenstoff beim Eindiffundieren in das Eisen nur kurze Wege zurückzulegen und die Aufkohlung benötigt daher nur wenig Zeit. Das Vorhandensein kohlenstoffhaltiger Eisenteilchen schon in dieser Höhenlage und damit im oberen Teil des Reduktionsgutes (vgl. Abb. 19 und 27c) war damit zwanglos zu erklären.

Mit fortschreitender Aufkohlung wurden aber auch die Solidus- und Liquidustemperaturen der Eisen-Kohlenstoff-Legierungen wesentlich herabgesetzt. Während kohlenstofffreies Eisen einen Schmelzpunkt von 1536°C hat, beginnt ein Stahl mit 1%C bei 1370°C aufzuschmelzen (Solidustemperatur) und ist bei etwa 1480°C völlig verflüssigt (Liquidustemperatur). Bei Eisen mit 2%C betragen die analogen Temperaturen 1150 und 1390°C und Eisen mit eutektischem Kohlenstoffgehalt (4,3%) hat, so wie das reine Eisen, keinen Schmelzbereich, sondern eine ganz bestimmte, allerdings mit 1150°C wesentlich niedrigere Schmelztemperatur.

Wie durch die Messungen und auch die Verformung des in der Mittelachse des kleinen Versuchsofens angebrachten Meßrohres aus Schamotte nachgewiesen wurde, lagen zumindest örtlich ausreichend hohe Temperaturen vor, um kohlenstoffreicheres Eisen zu verflüssigen. Als die im festen Zustand aufgekohlten und sich noch immer im festen Zustand befindlichen Eisenteilchen mit dem allmählichen Absinken des gesamten Beschickungsgutes in entsprechend heiße Bereiche in tieferer Zone gerieten, wurden sie zumindest teilweise aufgeschmolzen. Der weitere Verlauf wird so erklärt, daß diese Teilchen koagulierten, herabtropften und sich mit anderen Teilchen vereinigten, so daß es im unteren Schachtbereich zur Bildung recht großer kohlenstoffreicher Luppen und granalienähnlicher Metallteile kam. Die Kugelgestalt vieler dieser Eisenteilchen aus der mittleren und unteren Höhenlage des Reduktionsgutes (vgl. Abb. 30) vor allem aber die Form einer der beiden großen Luppen aus dem großen Versuchsofen (Abb. 23) wiesen unmißverständlich darauf hin, daß ihre Bildung über den schmelzflüssigen Zustand verlief. Auch die in höheren Schichten aufgefundenen zumeist kohlenstoffreichen, kleineren Eisenkugeln zeugten davon, daß selbst hier die Temperaturen für ihre Aufschmelzung ausgereicht hatten.

In dem vom Gebläsewind direkt erfaßten Bereich im untersten Teil des Ofenschachtes war ein hohes Sauerstoffangebot vorhanden und die Oxidationswirkung der Gasphase nahm mit kleiner werdendem Abstand von der Windeintrittstelle zu. Sie wurde durch die hier herrschende hohe Temperatur noch unterstützt, da ja ein Gasgemisch mit gegebenem CO/CO_2-Verhältnis umso stärker oxidierend wirkt, je höher die Temperatur ist. In diesen Bereich gelangtes, vorher aus dem Erz reduziertes und aufgekohltes Eisen wurde unter diesen Bedingungen wieder entkohlt. Sehr anschaulich bestätigen dies die Gefügeaufnahmen der einen großen Luppe (vgl. Abb. 21 und 22), bei der unmittelbar vor der Winddüse der Kohlenstoff völlig herausgefrischt war, während in derselben Luppe, etwa 100 mm von der Düsenöffnung entfernt, noch ein Kohlenstoffgehalt von rd. 0,8% vorhanden war.

Die Entkohlung erfolgte aber nicht nur über die oxidierende Gasphase, sondern, wie die Untersuchung zahlreicher Teilchen ergab, auch über die FeO-reiche Schlacke, wenn diese mit dem Metall direkten Kontakt hatte und dadurch die Voraussetzung für die Wechselwirkung zwischen diesen beiden Phasen gegeben war (vgl. Abb. 19, 28b und 32), ganz ähnlich, wie dies örtlich sehr begrenzt auch bei Schlackeneinschlüssen der Fall war (vgl. Abb. 25c und 27c).

Die z. B. bei der in Abb. 24 gezeigten Luppe vorhanden gewesenen sehr hohen Kohlenstoffgehalte, die keinerlei Entkohlung erkennen ließen, können dadurch bedingt sein, daß diese Luppe nicht der oxidierenden Wirkung der Gasphase vor der Winddüse ausgesetzt war, etwa weil sich das Eisen hier erst sehr spät und nach Verlegung der Düse durch Schlacke angesammelt hatte. Da bei überschüssig vorhandenem Eisen(II)-oxid bzw. an diesem reicher Schlacke eine Aufkohlung des Eisens nicht möglich ist, müssen die innerhalb solcher Schlacken im Bereich vor den Düsen gefundenen kohlenstoffreichen Eisenkügelchen bereits vor dem Erreichen der Schlacke aufgekohlt worden sein. Da sie auch kaum Entkohlungserscheinungen an der mit der FeO-reichen Schlacke in Berührung stehenden Oberfläche aufwiesen, ergab sich zwangsläufig die Schlußfolgerung, daß diese Teile erst knapp vor Versuchsende aus höherer Lage herabgetropft sind.

Bedingt durch die Kohlenstoffabnahme wurde der Schmelzbereich des Metalls aber wieder zu höheren Temperaturen verschoben, bis schließlich zumindest die Liquidustemperatur größer war als die tatsächlich vorhandene. Dadurch wurde das vordem kohlenstoffreichere und flüssige Eisen zur Erstarrung gebracht oder in den teigigen, zweiphasigen fest-flüssigen Zustand übergeführt. Mit zunehmender Zähflüssigkeit und erst recht nach völliger Erstarrung wurde die Entkohlungsgeschwindigkeit ganz erheblich verringert. Da zusätzlich in den schon zusammengeflossenen oder verschweißten Luppen die Diffusionswege recht groß waren, erforderte eine weitgehende Entkohlung dieser großen Gebilde viel mehr Zeit als die Aufkohlung der vorher in höherer Lage durch Reduktion aus dem Erz gebildeten dünnen, kleinen Eisenteilchen. Daß die Dicke und die Form dieser Teilchen für deren Entkohlung von größerem Einfluß waren, geht aus Abb. 32 hervor. Diese Abbildung zeigt eine an einen dickeren Teil anschließende sehr dünne Lamelle, die durch die sie umgebende oxidierende Schlacke schon so gut wie völlig entkohlt war, während der dickwandige Teil im Inneren einen noch recht hohen Kohlenstoffgehalt und nur in der oberflächennahen Randschicht deutliche Entkohlung aufwies.

Die Ergebnisse der Versuche und die daraus abgeleiteten Schlußfolgerungen differieren erheblich von den vordem bestehenden Ansichten über die Metallurgie des Rennofens (vgl. S. 37). In Kurzfassung stellt sich der zeitliche Ablauf der Vorgänge bei den Reduktionsversuchen auf dem Magdalensberg wie folgt dar:

Zuerst wurde kohlenstofffreies metallisches Eisen aus dem Erz reduziert. Diese sehr kleinen und dünnwandigen Teilchen, denen für die weitere Reduktion eine beschleunigende Wirkung zuzuschreiben ist [85], wurden durch die kohlenstoffhaltigen Verbrennungsgase aufgekohlt. Durch die wegen der Kleinheit der Teilchen und der damit nur kurzen Diffusionswege nur relativ wenig Zeit benötigende Aufkohlung wurde der Schmelzbereich der Metallteilchen so weit herabgesetzt, daß die örtlich vorhanden gewesenen Temperaturen zur zumindest teilweisen Verflüssigung dieser Teilchen ausreichten. Zufolge der gemachten Beobachtungen tropfte das nunmehr flüssige kohlenstoffhaltige Eisen in tiefere Lagen des Schachtes und vereinigte sich zu größeren Granalien und Luppen. Diese wurden nun, wegen der vor den Winddüsen herrschenden oxidierenden Bedingungen mehr oder minder weitgehend entkohlt, womit ihre Schmelzbereichstemperaturen anstiegen, so daß sie trotz der hohen hier bestehenden Temperatur wieder erstarrten. Die allfällig anschließende weitere Entkohlung im festen Zustand konnte nur wesentlich langsamer vor sich gehen.

Das für die Versuche verwendete Erz hatte einen Gesamteisengehalt von 54,0% (vgl. S. 64). Da über die reine Reduktion hinausgehend auch eine sehr weitgehende Aufkohlung des gebildeten Eisens erfolgte, erscheint die seinerzeitige aus theoretischen Überlegungen gezogene Schlußfolgerung [68], daß nur reiche Erze mit mehr als 60% Eisen im Rennofen verhüttbar wären (vgl. S. 45) dahingehend modifizierungsbedürftig, daß auch um einiges eisenärmere Erze geeignet sind.

Die zuvor bestandene Lehrmeinung über die Metallurgie des Rennofens berücksichtigte ebenfalls die verfügbaren Grundlagen über die Erzreduktion. Ihre wichtigste Basis bildeten aber die Ergebnisse von Untersuchungen alter Funde, vornehmlich Schlacken und meist sehr kohlenstoffarmer Luppen, sowie von Verhüttungsversuchen, bei denen ebenfalls nur praktisch kohlenstofffreies Eisen gewonnen worden war. Aussagen über den Verlauf des Reduktionsprozesses, d. h. die einzelnen daran beteiligten Vorgänge und ihre Aufeinanderfolge waren dadurch sehr erschwert, daß Fundstücke eben die Endprodukte darstellen, daß die erfolgreiche Anwendung der Grundlagen eine möglichst genaue Kenntnis über die im Schacht des Rennofens bestehenden und örtlich sehr unterschiedlichen Bedingungen voraussetzt und daß die älteren Rennofenversuche oft auf andere Ziele als den Verfahrensablauf gerichtet waren. Auch für die Versuche auf dem Magdalensberg hätten, wie sich nachträglich zeigte, in einigen wichtigen Belangen günstigere Voraussetzungen geschaffen werden können, wie beispielsweise eine bessere kontinuierliche Temperaturmessung und eine laufende Prüfung der Gaszusammensetzung in mehreren Bereichen des Schachtes. Dennoch wurden auch unter den bestandenen Verhältnissen Ergebnisse erhalten, aus denen mit Hilfe und im Einklang mit den thermodynamischen Grundlagen einige neue Einblicke in den Ablauf des Reaktionsgeschehens ermöglicht wurden.

Die Hypothese [60], wonach die aus der Gangart und nichtreduzierten Eisenerzen gebildete Schlacke in den tieferen Schichten des Rennofens durch festen Kohlenstoff direkt reduziert wird und maßgebend für die Erzeugung metallischen Eisens ist, muß, abgesehen von anderen sich daraus ergebenden Widersprüchen, als widerlegt angesehen werden. Eine derartige Annahme setzt ja voraus, daß in den unteren Bereichen des Schachtes stark reduzierende Bedingungen bestehen. Wegen des hier vorhandenen großen Sauerstoffangebotes und der nachgewiesenen hohen Temperaturen [47] ist aber gerade das Gegenteil der Fall und dementsprechend zeigten die Versuche auf dem Magdalensberg in Übereinstimmung mit den theoretisch begründeten Erwartungen sehr anschaulich, daß in diesem Teil des Ofenschachtes tatsächlich oxidierende Verhältnisse vorliegen. Es kann also keineswegs richtig sein, daß „die Gasphase beim Rennofen *immer* reduzierenden Charakter hat“ [60].

Zusammen mit der nunmehr experimentell bewiesenen grundsätzlichen Eignung des Rennofens für die direkte Stahlherstellung ergibt sich aus den verfügbaren Grundlagen sowie den Ergebnissen von Funduntersuchungen und aus älteren Reduktionsversuchen das Gesamtbild wie folgt [51]:

Das übliche und vielerorts gewonnene Produkt des über ca. drei Jahrtausende für die Reduktion von Eisenerzen ausschließlich verwendeten Rennofens war so gut wie völlig kohlenstofffreies Eisen. Im Gegensatz zu der sehr lange Zeit dominierenden Meinung konnte aber unter bestimmten, allem Anschein nach nur vereinzelt beherrschten Bedingungen auch kohlenstoffhaltiger Stahl oder gar Roheisen gewonnen werden. Zu diesen Bedingungen zählten örtliche Gegebenheiten, z. B. die Erzzusammensetzung, ebenso wie die Arbeitsweise, etwa das Erz : Holzkohlen-Verhältnis, das Abziehen der Schlacke, die Parameter für die Windzufuhr [86], unterbrochene oder kontinuierliche Betriebsweise, um die wichtigsten zu nennen. Erfahrungen, die über die seinerzeit üblichen hinausgingen, waren für die Herstellung weichen Eisens nicht notwendig, wie die weite Verbreitung beweist und wie auch der vergleichsweise einfach zu kontrollierende Verfahrensablauf andeutet, bei dem das Eisen durch Reduktion im festen oder äußerstenfalls teigigen Zustand entsteht.

Ganz anders stellt sich die Sachlage für die Stahlerzeugung dar, für deren gezielte und erfolgreiche Durchführung nur an wenigen Plätzen die erforderlichen Voraussetzungen und Erfahrungen vorlagen. Über den beschrittenen Verfahrensweg bestand bis in die jüngste Vergangenheit weitgehend Ungewißheit, da die in Betracht gezogenen Möglichkeiten zu Widersprüchen führten. Die Produktion großer Stahlmengen durch nachträgliches Aufkohlen von weichem Eisen im festen Zustand ist aus schon besprochenen Gründen (vgl. S. 31) für größere Erzeugungsmengen in hohem Maße unwahrscheinlich und eine direkte Stahlerzeugung im Rennofen war, wenn überhaupt, nicht problemfrei zu erklären. Mehr noch: die bekannten Ergebnisse von Reduktionsversuchen, die Beschaffenheit der weitaus meisten Fundluppen und die über viele Jahre praktisch unverändert gebliebene Ansicht über den metallurgischen Ablauf wurden allgemein eher als Gegenbeweis erachtet.

Mit dem hier nochmals wiedergegebenen Nachweis [47, 48, 49, 51] der Möglichkeit einer frühzeitigen Aufkohlung, der Verflüssigung des kohlenstoffreichen Eisens, seiner folgenden teilweisen Entkohlung und Wiedererstarrung wurde ein neuer Verfahrensweg aufgezeigt, der – wie auch die Vorgänge bei der Herstellung von Weicheisen – ebenfalls im Einklang mit den thermodynamischen Grundlagen für die Erzreduktion steht und der schon für sich allein eine plausible Erklärung für die von den Norikern praktizierte Stahlerzeugung bietet, die aber durch die anschließend beschriebenen Untersuchungen von Fundluppen untermauert wird.

Eine Voraussetzung dafür, um auf diesem Weg Stahl zu gewinnen, könnte – neben den sonstigen geeigneten Bedingungen – auch die Wahl des richtigen Zeitpunkts für das Ziehen der Luppe beim Erreichen des angestrebten Kohlenstoffgehaltes gewesen sein, was durch die langsam vor sich gehende Entkohlung der großen Luppen erleichtert wird. Bei der zur römischen Kaiserzeit von den Norikern schon weit vorangetriebenen Verhüttung von Eisenerzen im Rennofen und der Weiterverarbeitung und Wärmebehandlung der daraus gewonnen Werkstoffe, ist es wohl recht wahrscheinlich, daß sie schon früher die bei nicht beeinträchtigter Schmiedbarkeit größere Härte mancher Luppen beobachtet hatten. Der zwischen dieser Beobachtung und der empirischen Entwicklung einer geeigneten zum angestrebten Produkt führenden Arbeitsweise liegende Schritt ist den erfahrenen norischen Hüttenleuten ohne weiteres zuzutrauen. Es spricht viel für die Annahme, daß sie den Rennofenprozeß so gut steuern konnten um gezielt weiches Eisen oder kohlenstoffhaltigen Stahl daraus zu gewinnen.

Die Versuche auf dem Magdalensberg brachten Ergebnisse, die für sich allein rein metallurgischer Art sind. Die daraus gezogenen Schlüsse bezüglich der von den Norikern praktizierten Stahlherstellung auf direktem Weg zeigten zwar eine neue vordem kaum in Betracht gezogene Möglichkeit auf, doch sind diese Aussagen für den Archäologen zunächst eher nur bedingt zufriedenstellend, da sie auf keine der den Anstoß zu den Versuchen gegeben habenden Fragen (vgl. S. 30–31) eine schlüssige Antwort geben. Dennoch lieferten die Versuche auch im Hinblick auf diese Fragen einen recht nützlichen Beitrag insofern, als durch das angefallene Reduktionsgut die Voraussetzung dafür geschaffen wurde, Fundstücke aus den Ausgrabungen allein schon aufgrund ihrer äußerlichen Beschaffenheit ob ihrer zu erwartenden Aussagefähigkeit zu beurteilen.

9. Ergebnisse aus Funden und anderweitigen Reduktionsversuchen

Schon in den fünfziger Jahren war man bei den Ausgrabungen auf dem Magdalensberg in einem Teil des Tempelbezirkes, wo H. Vetters [87] auch Ofenreste festgestellt hatte, auf Fundstücke gestoßen, die von den Archäologen, durchaus verständlich, als Schlacken angesehen und in Kisten aufbewahrt wurden. Aufgrund ihrer Fundlage wurden sie der Übergangsperiode I/II des ersten vorchristlichen Jahrhunderts, also der voraugusteischen Zeit zugeordnet. Das Reduktionsgut der beschriebenen Versuche zum Vergleich nutzend, wurden den Kisten vier Fundschlacken entnommen, von denen wegen ihrer Beschaffenheit – Aussehen, Größe, Gewicht und Ansprechen auf einen Permanentmagneten – aufschlußreiche Befunde erwartet wurden. Die vier Proben wurden willkürlich mit den Bezeichnungen A, B, C und D versehen.

Die *Probe A* erwies sich als am wenigsten aussagekräftig. Sie war im Raum T/O des Grabungsgeländes nahe dem Ofen 1 gefunden worden [87]. Unregelmäßig geformt, hatte sie in allen Richtungen eine Dicke von 90 bis 120 mm, ihre Oberfläche war rostbraun, stark mit Erdreich behaftet und wies stellenweise Abdrücke und Reste von Holzkohle auf. Bei der mit einfachem Handwerkzeug problemlos vorgenommenen Zerkleinerung wurden keine visuell wahrnehmbaren Metallteile gefunden. Die Analyse einer diesem Fundstück entnommenen, von Erdreich und Holzkohle freien Probe ergab folgende Werte: 55,5% Fe_2O_3, 23,0% FeO, 7,25% SiO_2, 1,82% CaO, 0,5% MnO, 1,77% Al_2O_3, 0,70% MgO und 0,21% S.

Diese Zusammensetzung unterscheidet sich ganz wesentlich von denen der bei den Reduktionsversuchen angefallenen Schlacken und liegt mit noch höherem Gesamteisengehalt und kleineren Anteilen an allen anderen Oxiden auch außerhalb der für Rennofenschlacken üblichen Grenzen. Der für eine Schlacke völlig atypische extrem hohe Gehalt an dem höchstwertigen Eisenoxid Fe_2O_3 ist am ehesten so zu deuten, daß ursprünglich vorhandenes metallisches Eisen im Laufe der etwa zwei Jahrtausende völlig oxidierte. Damit werden auch die geringen Gehalte an anderen Oxiden erklärlich. In Verbindung mit der noch anhaftenden Holzkohle ergibt der hohe Eisengehalt der Probe jedenfalls den Schluß, daß dieser Fund von einem Produkt eines eisenhüttentechnischen Prozesses stammt, wobei jedoch nicht bestimmbar war ob es sich um eine primäre Erzreduktion in einem Rennofen oder eine sekundäre Verarbeitungsstufe, etwa in einer Schmiede handelt.

Die *Probe B* wurde in Höhe von Niveau 4 im Raum T/I gefunden, *Probe C* in der Grube unter dem Boden II im Raum G des RP-Hauses und der Fund-

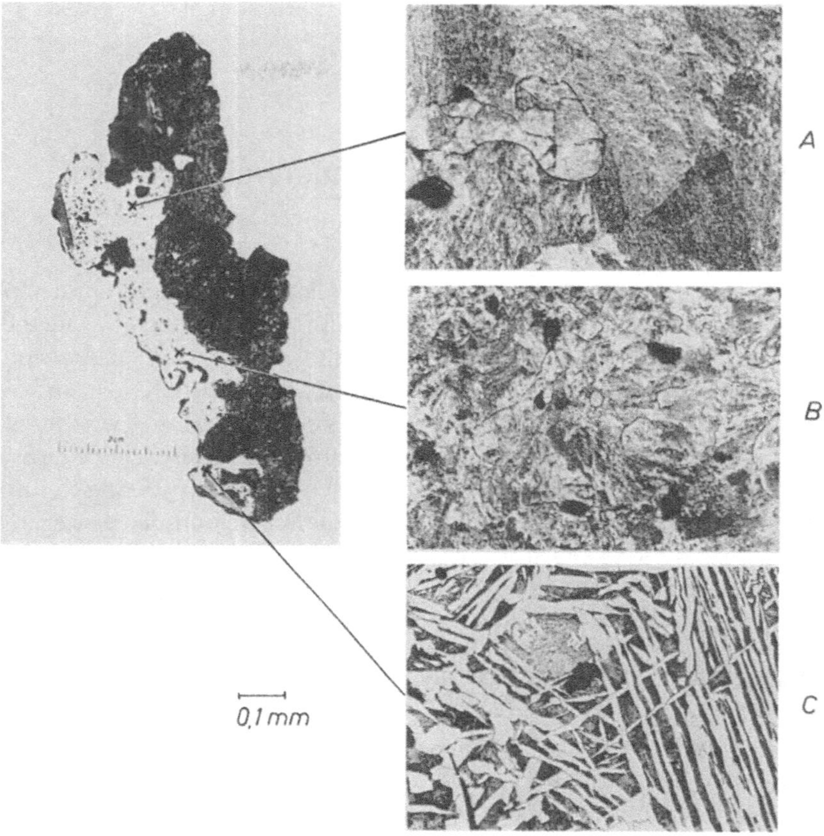

Abb. 33. Fundstück B aus Raum T/I, Niveau 4 der Ausgrabung Magdalensberg

ort von *Probe D* lag nahe dem Ofen 5 im Raum T/J. Alle drei Fundstücke hatten im Aussehen große Ähnlichkeit mit Teilen des Reduktionsgutes von den Versuchen, waren oberflächlich noch stellenweise mit Erdreich behaftet, das leicht zu entfernen war und unter dem eine recht einheitlich braun bis rostbraun gefärbte Oberfläche aufschien. Alle drei Proben waren stark magnetisch und eine Feilprobe ergab schon nach wenigen Feilstrichen metallisch glänzende Flächen. Größe und Formen dieser Funde können den *Abb. 33 bis 35* entnommen werden, die auch das Ergebnis der metallographischen Untersuchung enthalten. Sowohl die Form als auch die zahlreichen und zum Teil recht großen Poren sowie die ebenfalls großen Schlackeneinschlüsse wären an sich schon ausreichender Beweis dafür, daß diese Funde keinem Umformungsprozeß ausgesetzt worden waren, daß sie also Primärprodukte waren. Daß sie aus dem Rennofen stammten, wurde durch die stellenweise anhaftende Rennfeuerschlacke belegt. So enthielt die Schlacke des Fundstücks D: 32,6% Fe_2O_3, 30,6% FeO, 19,25% SiO_2, 2,24% CaO, 36% MnO, 1,88%

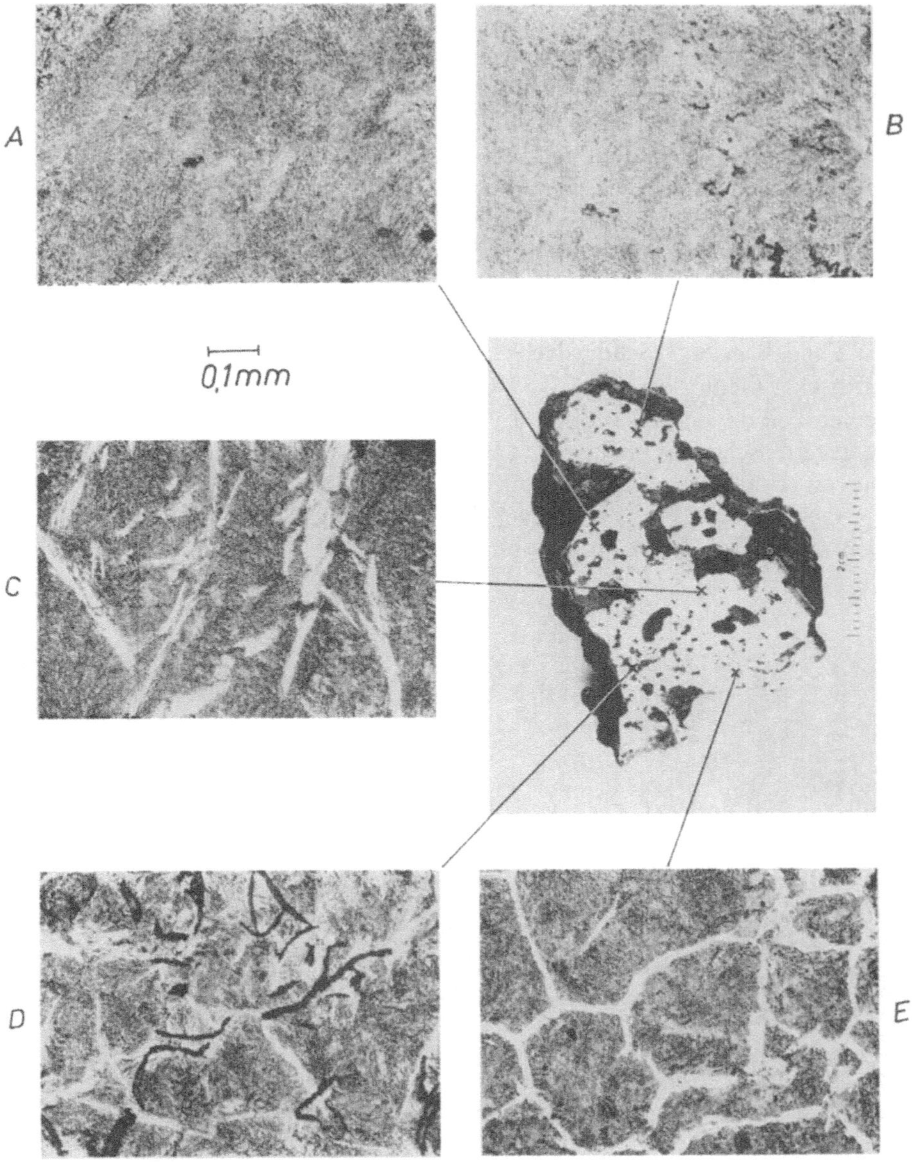

Abb. 34. Fundstück C aus Grube unter Boden II im Raum G des RP-Hauses der Ausgrabung Magdalensberg

Al_2O_3, 0,8% MgO und 0,16% S. Diese Zusammensetzung entspricht zwar nicht ganz denen der bei den Versuchen angefallenen Schlacken, stimmt aber gut mit der von F. K. Naumann [42] für eine „schwere Schlacke Nr. 8" angegebenen überein. Die Schlacke des Fundstücks D ist eine sehr eisenreiche Silikatschlacke und sicher als Rennofenschlacke anzusehen. Ihr hoher Fe_2O_3-

Gehalt ist mit großer Wahrscheinlichkeit darauf zurückzuführen, daß bei der Analyse auch Rost miterfaßt wurde, der sich während der viele Jahrhunderte dauernden Lagerung im Freien gebildet hatte. Der Vollständigkeit halber wird erwähnt, daß diese Schlacke auch einige, wenn auch sehr kleine Kugeln metallischen Eisens enthielt.

Aus den Gefügebildern geht hervor, daß diese drei Fundluppen aus kohlenstoffreichem Stahl bestehen, dessen Zusammensetzung etwa dem eines heutigen unlegierten, harten Werkzeugstahls entspricht. An dieser Stelle scheint der Hinweis angebracht, daß viele der von O. Schaaber [35] untersuchten Funde von Fertigprodukten aus dem Ausgrabungsgelände Magdalensberg ebenfalls etwa gleich hohe Kohlenstoffgehalte aufwiesen. Die durch den Fund B gelegte Schnittfläche *(Abb. 33)* hatte fast durchgehend ein rein perlitisches Gefüge, was etwa 0,8%C entspricht (Abb. 33A und 33B). Nur ein kleiner Teil in der Außenzone wies ein ferritisch-perlitisches Gefüge in Widmannstättenscher Ausbildung auf (Abb. 33C), aus dem sich ein Kohlenstoffgehalt von etwa 0,4 % ergibt.

Auch das in *Abb. 34* wiedergegebene Fundstück hatte in einem Teilbereich rein perlitisches Gefüge (Abb. 34A und 34B) im weitaus größeren Teil

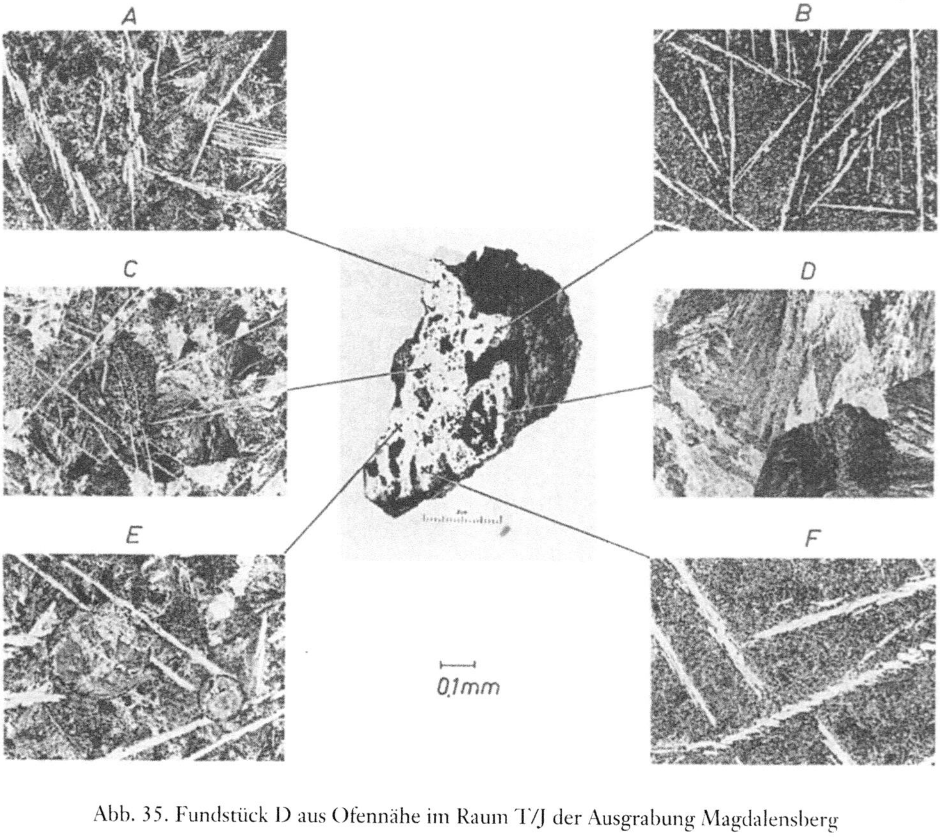

Abb. 35. Fundstück D aus Ofennähe im Raum T/J der Ausgrabung Magdalensberg

war die Luppe jedoch noch kohlenstoffreicher. Der in Form eines Korngrenzennetzwerkes (Abb. 34D und 34E) oder von gröberen Platten (Abb. 34C) aufscheinende Zementit läßt auf 1,1 bis 1,2%C schließen. Die in Abb. 34D sichtbaren dunklen Gefügebestandteile konnten als Korrosionsprodukte identifiziert werden. Ihr ähnliches Erscheinungsbild zu dem von lamellarem Graphit kann leicht zu Fehlschlüssen führen. Solche Korrosionsprodukte wurden auch von O. Schaaber [88] in Fundstücken vom Magdalensberg beobachtet und beschrieben. Der Bereich ihres Auftretens in Luppe C lag in der Nähe der Oberfläche und war durch starke Porigkeit gekennzeichnet und sie verliefen vorwiegend entlang von Korngrenzen, d. h. den korrosionsanfälligsten Zonen, so daß ihre Entstehung während der überaus langen Lagerung im Boden als ausreichend gesichert erscheint.

Ungefähr gleich große Kohlenstoffgehalte hatte die Fundluppe D *(Abb. 35)*. Abgesehen von einer kleinen, rein perlitischen Zone (Abb. 35B), war der größte Teil mit 1,1 bis 1,2%C kohlenstoffreicher, wie aus dem zusätzlich vorhandenen Zementit abzuschätzen ist. Die grobstrahlige Widmannstättensche Anordnung des Zementits beweist, daß die Luppe stark überhitzt war, d. h. daß sie sich auf weit höherer Temperatur befand als dies eine Austenitisierung zur Lösung des Kohlenstoffs erfordert.

Die Feinheit des Umwandlungsgefüges der Grundmasse deutet darauf hin, daß die Abkühlung beschleunigt wurde.

Bemerkenswert sind die in den Abb. 33A und 33B deutlich aufscheinenden dünnen, dunklen Umrandungen von unregelmäßig geformten aber in jedem Fall tropfenförmig rundlichen Bereichen. Durch Analyse mittels Elektronenstrahlmikrosonde wurden diese Umhüllungen als praktisch reines Eisenoxid identifiziert. Auch diese Fundluppe aus Stahl muß, so wie die bei den Reduktionsversuchen gebildeten, über die flüssige Phase entstanden sein, denn das Entstehen dieser Eisenoxidhäute und die Form der von ihnen umhüllten Bereiche kann wohl kaum anders erklärt werden, als daß im Zuge des Reduktionsprozesses entstandene, aufgekohlte und zumindest teilweise verflüssigte Eisenteilchen kurzzeitig oxidierenden Bedingungen ausgesetzt waren. Mit den hohen Temperaturen und dem starken Sauerstoffangebot vor den Winddüsen im unteren Teil des Rennofens sind die Voraussetzungen hierzu durchaus gegeben. Aus diesen Bildern ist auch zu erkennen, daß die mit einer Eisenoxidhaut überzogenen Stahltropfen sehr klein waren, bevor sie sich zu größeren Gebilden vereinigten.

Die gleichen Beobachtungen ergeben sich auch aus den Abb. 35C und 35E, die ebenfalls runde, ja sogar kugelige, von einer sehr dünnen, dunklen Hülle umgebene Stahlteilchen erkennen lassen, die etwa den gleichen Kohlenstoffgehalt haben wie die sie umgebende Stahlmasse. Auch diese Teilchen können, ihrer Form wegen, eigentlich nur über die flüssige Phase entstanden sein. Die Umhüllungen konnten zwar nicht analysiert werden, weil sie dazu zu dünn waren, doch bestehen sie wahrscheinlich, so wie die in Abb. 33 gezeigten, ebenfalls aus Eisenoxid und für ihre Entstehung sollte die bereits gegebene Erklärung gelten. Die Beibehaltung der so gut wie idealen Kugelform

(Abb. 35E) ist vermutlich dadurch bedingt, daß diese Teilchen schon wieder erstarrt waren, als sie von Stahl etwa gleich großen Kohlenstoffgehaltes eingeschlossen wurden.

Schon allein, aber erst recht in Verbindung mit den Ergebnissen der Reduktionsversuche war die Untersuchung der Fundluppen recht aufschlußreich. Wenn die Reduktionsversuche die Möglichkeit aufzeigten, daß der norische Stahl direkt im Rennofen erzeugt wurde, machten dies die Funduntersuchungen so gut wie gewiß. Das ferrum noricum wurde demnach nicht durch nachträgliche Aufkohlung von weichem, im Rennofen gewonnenen Eisen erzeugt. Die eindeutig primäre, aus dem Rennofen stammende Produkte darstellenden Stahlluppen und die sie noch umhüllenden oder im gleichen Fundbereich vorgelegenen Rennofenschlacken ergaben die Folgerung, daß auf dem Magdalensberg nicht nur Handel mit Halbzeug und Fertigprodukten aus Stahl betrieben wurde, sondern daß in nicht weiter Entfernung auch Stahlerzeugungsanlagen gestanden haben müssen. Daß nämlich unter den damaligen Transportbedingungen mit wertloser Schlacke umgebene Rohstahlluppen oder gar nur Schlacke von weither angeliefert wurden, sollte doch mit Sicherheit auszuschließen sein. Ebenso unwahrscheinlich ist aber auch, daß eine Stahlerzeugung größeren Umfangs – und in solchem muß sie ja betrieben worden sein – mit dem infolge des geringen Ausbringens großen Bedarf an Erz und Holzkohle und den gleichfalls großen Mengen an dem Abfallprodukt Schlacke mitten im städtischen Bereich ihren Standort hatte. Begründungen dafür anzugeben, warum unverarbeitete Stahlluppen und Rennofenschlacken eben in einem Zentrum der Stadt auf dem Magdalensberg zu finden waren, hieße nach den bisher beschriebenen Ergebnissen eher spekulativen Überlegungen zu folgen. Der Auffindungsort nahe den von H. Vetters [87] beschriebenen Ofenresten und die offensichtlich auf seinerzeit gezielte Sammlung zurückzuführende Anhäufung der Luppen an eben dieser Stelle bedeutet nicht zwingend, daß die Ofenreste wie ursprünglich vermutet [48], von Rennöfen stammen. Eher stand hier eine Schmiede und die in Rennöfen an anderer Stelle erzeugten Luppen waren für die Weiterverarbeitung zu Halbzeug oder Fertigprodukten bestimmt.

Sowohl die von O. Schaaber [35] durchgeführten als auch die eigenen Gefügeuntersuchungen zeigten, daß die Luppen stark überhitzt und einer beschleunigten Abkühlung unterworfen worden waren. Bei der nachgewiesenen reichen Erfahrung der norischen Hüttenleute ist es sehr unwahrscheinlich, daß mit der raschen Abkühlung eine sonst schon sicher beherrschte, für Rohluppen aber nicht sinnvolle Härtung angestrebt wurde. Diese Maßnahme wird wohl eher einem anderen Zweck gedient haben, z. B. der leichteren Trennung von Metall und Schlacke, der Verringerung der Hitzebelastung oder der besseren Zerkleinerung der abgezogenen Schlacke zur Gewinnung darin noch enthaltener metallischer Teilchen. Der von O. Schaaber [88] geäußerten Vermutung zu folgen, daß die in der Stadt auf dem Magdalensberg in unmittelbarer Nähe der Ofenreste aufgefundenen Wasserbecken der Abkühlung des Reduktionsgutes dienten, drängt sich zwar auf, doch setzt dies voraus, daß die Ofenreste von Rennöfen stammen, was nicht erwiesen sondern eher anzuzweifeln ist. Wasserbecken hätten aber auch in einem Schmiedebetrieb durchaus sinnvolle Verwendung gefunden.

Die bei der Untersuchung der Fundluppen gemachten Beobachtungen bestätigten aber auch die Ergebnisse der Reduktionsversuche hinsichtlich der Entstehung der Stahlluppen. Die zum Teil noch vorhanden gewesenen, durch Eisenoxidhäute kenntlichen Konturen ließen deutlich die ursprünglich runde Form einzelner Teilchen erkennen, was ebenfalls auf die Entstehung über die flüssige Phase hinweist. Da nicht anzunehmen ist, daß – abgesehen von dem Bereich unmittelbar vor den Winddüsen – die Temperaturen im Rennofen ausreichten, um Eisen mit einem Kohlenstoffgehalt von etwa 1%, dessen Solidus- und Liquidustemperaturen bei 1350 bzw. 1470°C liegen, zu verflüssigen, gilt der beschriebene, aus den Versuchen abgeleitete Weg für die Entstehung der Stahlluppen wohl auch für den von den Norikern praktizierten Rennofenbetrieb, d. h. daß primär gebildetes Eisen im festen Zustand aufgekohlt, das kohlenstoffreiche Zwischenprodukt zumindest teilweise verflüssigt und nach Abtropfen in den Bereich vor den Winddüsen dort wieder entkohlt wurde.

Während bei den Reduktionsversuchen bei den größeren Luppen z.T. sehr unterschiedliche Kohlenstoffgehalte vorhanden waren, zeichneten sich die Fundluppen B, C und D durch jeweils recht einheitliche Kohlenstoffverteilung aus. Dies könnte dadurch erreicht worden sein, daß im norischen Rennofenbetrieb die Temperaturen in dem vom Wind unmittelbar beaufschlagten Raum so hoch waren, daß der flüssige Zustand des Metalls trotz vor sich gehender Entkohlung längere Zeit aufrechterhalten wurde, was den Konzentrationsausgleich auch bei größeren Luppen erleichtert hätte. Daß derartig hohe Temperaturen im Rennofen mit künstlichem Wind erreicht werden können, haben die Messungen im großen Versuchsofen (vgl. Tabelle 4) gezeigt. Spätere Messungen von R. F. Tylecote und Mitarbeitern [86] haben vor den Düsen sogar Temperaturen um ca. 1600°C ergeben.

Die vordem vorherrschende Ansicht, daß das Eisen im Rennofen nur über die feste Phase oder äußerstenfalls über den teigigen Zustand entstehen konnte [89] wurde mit den Ergebnissen der Reduktionsversuche und der Funduntersuchungen widerlegt. Die von O. Schaaber [90] aufgrund seiner Befunde über ebenfalls vom Magdalensberg stammende Funde angestellten Mutmaßungen konnten nun dahingehend einengend präzisiert werden, daß es sich bei den kohlenstoffreichen Stahlluppen kaum um Zufallsprodukte handelt. Die bemerkenswert gleichmäßige Kohlenstoffverteilung innerhalb jeder der drei Luppen sollte vielmehr als Indiz dafür anzusehen sein, daß es sich um gezielt hergestelltes Material handelte und daß die norischen Hüttenleute die in engen Grenzen liegenden Bedingungen für die Stahlherstellung im Rennofen mit ausreichender Sicherheit beherrschten.

Fünf Streufunde, die ebenfalls zunächst als Schlacke angesehen worden waren und für die keine nähere Bezeichnung der Fundstelle im Ausgrabungsgelände vorlag, die aber nicht aus dem die Ofenreste enthaltenden Areal

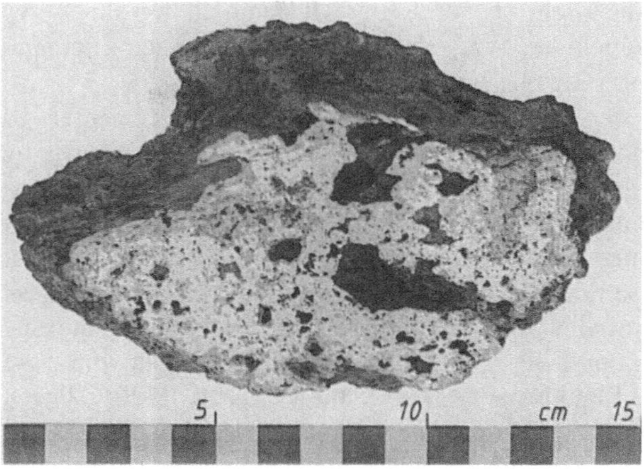

Abb. 36. Querschnitt durch einen Streufund (1950 g Gewicht) vom Magdalensberg

stammten, wurden im Jahr 1978 zur Untersuchung erhalten. Ihre Gewichte lagen zwischen 200 und 1950 g und ihr Aussehen glich völlig dem der schon beschriebenen Fundluppen. Stellenweise waren äußerlich noch fest anhaftende Holzkohleteilchen vorhanden.

Nach der ungefähr mittig vorgenommenen Teilung wurde ersichtlich, daß der überwiegende Teil des Querschnitts von Metall eingenommen war, wie dies *Abb. 36* am Beispiel des mit 1950 g schwersten Fundes wiedergibt. Die Form der Luppen, ihre zahlreichen und großen Poren, die fest anhaftende sowie die eingeschlossene Schlacke und die noch vorhandenen Holzkohlenstücke zeugten eindeutig davon, daß es sich um Primärprodukte aus einem Reduktionsprozeß handelte, die keine weitere Verarbeitung erfahren hatten.

Die an anderer Stelle [91] eingehender beschriebene metallographische Untersuchung ergab, daß alle fünf Luppen so hohe Kohlenstoffgehalte wie Roh- oder Gußeisen aufwiesen, die eine Warmumformung durch Schmieden ausschlossen. Nur vereinzelt lagen örtlich kohlenstoffärmere Bereiche vor. Der in jeder dieser Luppen festgestellte Gefügebestandteil Ledeburit bewies unwiderlegbar, daß das Roheisen flüssig gewesen sein muß, da Ledeburit nur über die Abkühlung aus dem Schmelzzustand entstehen kann. *Abbildung 37* zeigt die Gefüge von zwei dieser Luppen. Neben Ledeburit ist auch noch Perlit und Sekundärzementit zu erkennen. Dies entspricht dem Gefüge eines untereutektischen Roheisens bzw. weißen Gußeisens mit Kohlenstoffgehalten über 2,06 aber deutlich unter 4,3%. Ähnlich hohe Kohlenstoffgehalte wurden auch von O. Schaaber [35] bei zwei Fundluppen vom Magdalensberg festgestellt, der aufgrund ihres Gefüges zu ganz analogen Schlußfolgerungen kam. Wegen der nicht gegebenen Schmiedbarkeit war dieses Roheisen sicher kein Werkstoff mit einer dem Verwendungszweck des Endproduktes entsprechen-

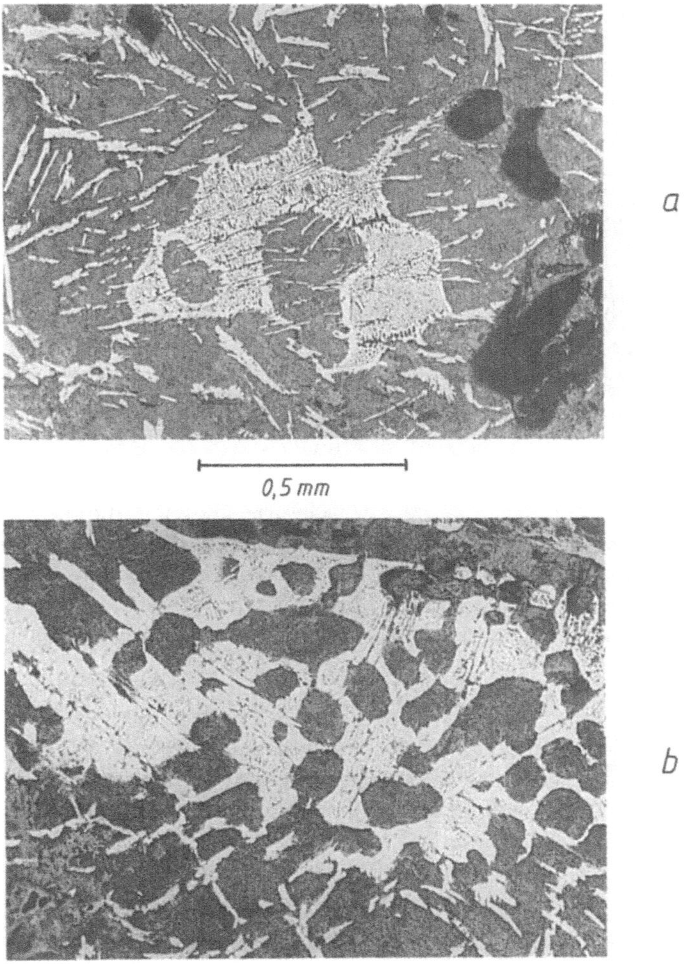

Abb. 37. Gefüge zweier Fundluppen aus Roheisen (Streufunde) vom Magdalensberg. (a) Fundluppe mit 1950 g, (b) Fundluppe mit 1420 g

den Zusammensetzung, doch muß es sich deshalb nicht unbedingt um ein damals völlig unverwertbares Erzeugnis des Rennofens handeln.

Abgesehen von den örtlichen Entkohlungen bei direktem Kontakt mit eisenreicher Schlacke, die z.T. recht weitreichend waren und örtlich bis zu weniger als 0,8%C führten, war innerhalb jeder Luppe ein recht einheitlicher Kohlenstoffgehalt vorhanden, wahrscheinlich dadurch bedingt, daß das Roheisen flüssig gewesen war, wodurch der Ausgleich von Konzentrationsunterschieden begünstigt wurde. Auch bei diesen Roheisenluppen deutete die Widmannstättensche Anordnung des Zementits – und bei den örtlich entkohlten Stellen des Ferrits – auf Abkühlung von sehr hoher Temperatur.

An den Oberflächen befanden sich außer den Schlackenresten auch noch durch die Langzeitkorrosion entstandene dickere Oxidschichten, in denen die metallographische Untersuchung den vor der Korrosion ursprünglich im Metall vorhanden gewesenen Zementit umrißmäßig klar erkennen ließ. Aus dieser auch von O. Schaaber [88, 92] beschriebenen Beobachtung war zu folgern, daß der Zementit korrosionsbeständiger ist als die ihn umgebende metallische Phase. Nun konnte aber auch geklärt werden, warum der beständigere Zementit zumeist nicht mehr im Oxid enthalten und nur an den hinterlassenen Konturen erkennbar ist. Die Korrosion erfolgt nämlich bevorzugt an der Phasengrenzfläche zwischen Metall und Zementit, wodurch deren Zusammenhalt gelockert wird. Die geraden Zementitplatten sind dann in dem durch Korrosion gebildeten Oxid nicht mehr fest verankert und können bei Anfertigung der metallographischen Schliffe leicht ausbrechen. Nur verästelter und unregelmäßige Form aufweisender Zementit, wie der im Ledeburit enthaltene, hat eine bessere Haftung in der oxidischen Grundmasse und scheint dann auch im Schliffbild auf.

Die mit 270 g Gewicht zweitkleinste dieser Fundluppen enthielt im Gefüge neben Ledeburit und grobem Sekundärzementit auch noch Martensit, womit eine sehr rasche Abkühlung bewiesen ist, die nur durch Wasserabschreckung erreicht worden sein konnte.

Das Gefüge der 1950 g schweren Luppe zeigt *Abb. 38.* Der grobe Sekundärzementit in Widmannstättenscher Anordnung und das sehr feine Umwandlungsgefüge weisen wieder auf beschleunigte Abkühlung aus sehr hoher Temperatur – aus mehr als ca. 1100°C – hin. Bemerkenswerter jedoch ist, daß auch das Gefügebild dieser Roheisenluppe ein eingelagertes, tropfenartiges Teilchen erkennen ließ, ganz ähnlich, wie dies bei den Fundluppen aus

Abb. 38. Gefüge in der in Abb. 36 gezeigten Fundluppe

Stahl der Fall war (vgl. Abb. 33A, 33B, 35C und 35E). Auch hier hat sich vermutlich das umgebende Eisen, als es noch flüssig oder teilweise flüssig war, an das schon erstarrte kleine Teilchen angelagert und es allseitig umhüllt. Da das eingeschlossene Teilchen die Zementitplatten der umgebenden Metallmasse nur unterbricht und diese Platten auf einander gegenüberliegenden Seiten des Teilchen in ein und derselben Ebene liegen, ist anzunehmen, daß das umhüllende Material einheitlich umwandelte.

Auch diese Luppen beweisen, daß die Noriker in der Gegend um den Magdalensberg Eisenerz reduzierten und daß sie die Herstellung kohlenstoffhaltigen Eisens im Rennofen beherrschten. Ebenso wie aus den vorangehend beschriebenen Funduntersuchungen geht daraus hervor, daß im Zuge der Reduktion mit nachfolgender Aufkohlung das Eisen verflüssigt wurde. Und schließlich wird damit die auch schon von O. Schaaber [88] in Erwägung gezogene Möglichkeit erhärtet, daß das Abschrecken des dem Rennofen entnommenen Reduktionsgutes die hier übliche Arbeitsweise war. Über den mutmaßlich beabsichtigten Zweck (vgl. S. 102) waren auch aus diesen Funduntersuchungen keine Aufschlüsse zu erhalten.

Die im Ausgrabungsgelände gefundenen aus Rennöfen stammenden Rohluppen konnten wenigstens als recht starkes Indiz dafür gewertet werden, daß in der Stadt auf dem Magdalensberg außer dem Handel mit Halbzeug und Werkstücken aus Stahl auch Stahlverarbeitung betrieben wurde. Ohne diese sind die hier vorgefundenen Luppen, vor allem die nahe von Öfen angehäuften, schwerlich sinnvoll zu erklären. Völlig unbeantwortet blieb aber vorerst auch damit die Frage nach dem Erzeugungsort der Luppen. Aus den schon genannten Gründen (vgl. S. 102) kam ein Antransport von Rohmaterial aus größerer Entfernung wohl kaum in Betracht und gegen die Annahme, daß die gefundenen Ofenreste nahe dem kulturellen Zentrum der Stadt Relikte von Rennöfen sind, gibt es ebenfalls gewichtige Argumente. Als wahrscheinlichste Standorte der Erzverhüttungsöfen mußten daher die noch nicht von der Ausgrabung erfaßten, weniger zentralen Bezirke der Stadt oder ihr Umland in Betracht gezogen werden. Die vorauszusetzende Verfügbarkeit von Erz und Waldreichtum für die Gewinnung von Holzkohle waren hier jedenfalls gegeben und das offensichtlich ebenfalls bei der Verhüttung genutzte Wasser war hier an vielen Plätzen vorhanden.

Die Vermutung der Lage des Standorts in der näheren Umgebung der Stadt erhielt durch die in den achtziger Jahren gemachte Auffindung eines großen Eisenhüttenreviers im Görtschitztal (vgl. S. 27) starke Unterstützung. Ein aus diesem Gelände nahe den Resten alter Schachtöfen stammendes, in das erste vor- oder das erste nachchristliche Jahrhundert datiertes Fundstück [93] wurde im August 1991 zur Untersuchung erhalten. Das 107 g schwere, unregelmäßig geformte Fundstück mit rostbrauner, stark zerklüfteter Oberfläche, an der sich noch Schlacken und Abdrücke und Reste von Holzkohle befanden, hatte äußerlich große Ähnlichkeit mit den schon genannten Luppen. Sein ferromagnetisches Verhalten ließ größere Anteile metallischen Eisens vermuten. Ein Trennschnitt zeigte, daß der größte Teil des Querschnitts von Metall eingenommen war und ließ viele große Poren und Schlackeneinschlüsse erkennen, womit die aus dem Aussehen und der Fundstelle bereits gezogene Folgerung auf ein Primärprodukt aus einem Rennofen unwiderlegbar bestätigt wurde. Das Gefüge bestand aus einem stellenweise unterschiedlichen Umwandlungsprodukt – sehr feinlamellarer Perlit, Bainit oder Martensit – und sehr großen, im Schliffbild nadelig erscheinenden Zementitplatten, aus deren Anteil der über den gesamten Luppenquerschnitt etwa gleich hohe Kohlenstoffgehalt auf 1,5 bis 1,8 % geschätzt wurde. Das Gefüge war somit, wie *Abb. 39* im Vergleich mit Abb. 35 zeigt, dem der einen Fundluppe vom Magdalensberg sehr ähnlich. Die Widmannstättensche Anordnung der Zementitplatten ist wieder auf eine rasche Abkühlung von einer hohen, zu grobem Austenitkorn führenden Temperatur, jedenfalls über 1100°C zurückzuführen. Aus dem an mehreren Stellen vorhandenen Martensit war zu folgern, daß die Abkühlung durch Abschrecken in Wasser erfolgte, da nur so die für die Martensitbildung erforderliche, bei Kohlenstoffstählen sehr hohe kritische Abkühlgeschwindigkeit erreicht werden konnte.

So wie bei der einen Fundluppe aus Roheisen vom Magdalensberg (vgl. S. 106) befand sich an der Oberfläche auch dieses Fundes außer Schlacke und Holzkohlenresten noch eine durch Korrosion entstandene Oxidschicht, in der wieder die Konturen des ehemals vorhandenen Zementits noch deutlich sichtbar waren.

Dieser Befund fügt sich gut in die Ergebnisse der vorangegangenen Fundluppenuntersuchungen ein und erlaubt die daraus abgeleiteten Aussagen dahingehend zu erweitern, daß der von den Norikern direkt im Rennofen erzeugte kohlenstoffhaltige Stahl wenigstens an einem Platz unweit des Magdalensbergs seine Produktionsstätte hatte und daß daher das Rohmaterial für

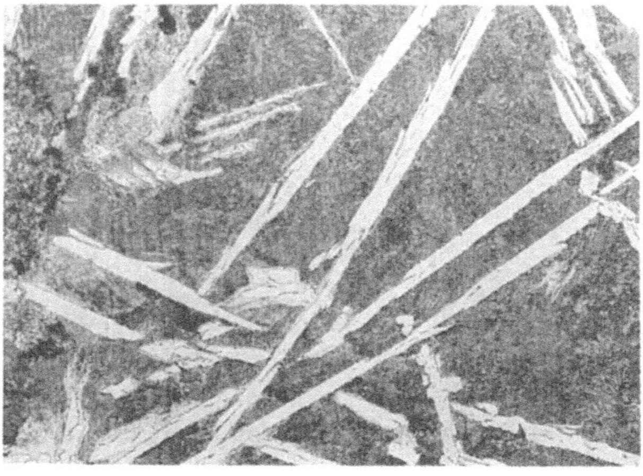

0,1 mm

Abb. 39. Gefüge einer Fundluppe von Gracarca im Görtschitztal/Kärnten

die in dieser Stadt gehandelten Güter aus Stahl heimischen Urprungs war. Die Zusammensetzung und Beschaffenheit der Fundluppen geben auch einer von R. Mitsche [46] aufgrund von Werkzeugfunden geäußerten Vermutung recht, daß die norischen Hüttenleute ein Verfahren ausgeübt hätten, bei dem bewußt auf höhere Kohlenstoffgehalte hingearbeitet wurde. Mit der großen Zahl, den unterschiedlichen Fundorten und den sich gegenseitig unterstützenden und ergänzenden Aussagen der Befunde von kohlenstoffreichen Luppen werden auch die noch in den sechziger Jahren zu Recht bestandenen Zweifel [35] ob dies nicht doch Zufallsprodukte seien, weitgehend verdrängt.

Es war vor allem O. Schaaber, der auch nach Vorliegen der hier beschriebenen Ergebnisse aus den Reduktionsversuchen und der ersten Befunde über Fundluppen vom Magdalensberg zahlreiche weitere bei diesen Ausgrabungen gemachte Funde untersuchte. Diesen weiterführenden Arbeiten ist es zu danken, daß die hier nochmals zusammenfassend wiedergegebene Erklärung der metallurgischen Vorgänge in dem für die Erzeugung des norischen Stahls genutzten Rennofenprozeß noch stärker untermauert wurde. Schaaber und Mitarbeiter [94] berichteten im Jahre 1977, daß von 62 untersuchten Eisenfunden vom Magdalensberg nur 15% kohlenstoffarm waren (C < 0,3%), 10 Prozent mehr als 1,8%C aufwiesen, wogegen 75 Prozent, also die überwiegende Mehrheit mit 0,3 bis 1,8%C als Stahl einzustufen waren. Aus andernorts in Mitteleuropa gemachten Funden, unter denen auch solche aus Stahl vertreten waren, jedoch mit viel geringerer Häufigkeit als auf dem Magdalensberg, schlossen sie, daß die Kunst der Stahlerzeugung und -verarbeitung vielleicht doch eine weitere Verbreitung gehabt haben könnte als bisher angenommen.

Unter den von Schaaber und Mitarbeitern [34, 35, 37, 95] beschriebenen Funden vom Magdalensberg befanden sich auch mehrere größere Luppen. Sie alle hatten hohe Kohlenstoffgehalte, nämlich über 2%C und zeigten im Gefügebild das Eutektikum Ledeburit, das nur über die flüssige Phase entstanden sein kann. Die eingetretene Verflüssigung des Metalls wurde durch die auch für den metallurgischen Laien anschauliche und überzeugende Photographie des nach Durchtrennung der größten, 18,4 kg schweren Luppe entstandenen Querschnitts bewiesen [95], in dem die Form eines großen Tropfens deutlich auszunehmen ist. Der in einigen Bereichen stark spießige Zementit zeigte an, daß an diesen Stellen die Kombination von Temperatur und Haltezeit für die völlige Aufschmelzung nicht ausreichten, so daß sich hier kein Ledeburit bilden konnte. Es waren also ganz ähnliche Ergebnisse gefunden worden wie bei der eigenen Untersuchung von den als Streufunde bezeichneten Luppen (vgl. S. 103ff). Einen indirekten Hinweis auf den Entstehungsweg über die zumindest teilweise Verflüssigung auch bei einer praktisch kohlenstofffreien Luppe sowie bei verarbeiteten Stahlprodukten gab deren außerordentliche Reinheit von Schlackeneinschlüssen [34]. Auch der sonstige metallographische Befund sprach für eine stattgefundene zeitweise Verflüssigung [96]. Da aber für eine Aufschmelzung größerer Mengen kohlenstofffreien oder -armen Eisens die Temperatur im Rennofen wahrscheinlich doch nicht ausreichte (vgl. S. 103) kann der Entstehungsweg dieser Luppe am ehesten mit den aus den eigenen Versuchen abgeleiteten Schlußfolgerungen erklärt werden, die somit ihrerseits auch für den von den Norikern praktizierten Rennofenbetrieb gelten sollten.

In den von Schaaber [34] untersuchten kohlenstoffhaltigen Luppen wurde fallweise Martensit als Gefügebestandteil festgestellt, womit nachgewiesen ist, daß diese Luppen in Wasser abgeschreckt worden waren. Auch diesbezüglich besteht gute Übereinstimmung mit den eigenen Beobachtungen.

Daß die Erzeugung kohlenstoffhaltigen Eisens auch anderwärts auf allem Anschein nach dem gleichen Verfahrensweg, wenn auch vielleicht weniger treffsicher und anerkannt, betrieben wurde, deuten beispielsweise kleine Stahlfunde aus einem Ausgrabungsgelände mit Resten von Rennöfen bei Unterpullendorf im Burgenland sowie Roheisenfunde in Polen [97] an. Beide Plätze liegen außerhalb der seinerzeitigen Grenzen von Noricum. Die im Burgenland gemachten Funde dürften sogar älter sein als die vom Magdalensberg. Sie ähnelten im Aussehen den bei dem eigenen Reduktionsversuch im großen Ofen vor Winddüse 2 im Reduktionsgut enthaltenen kleinen Eisenteilchen und waren 2 bis 13 g schwer. Form, Fundort und anhaftende Holzkohle ließen sie als Primärprodukte von Rennöfen identifizieren. Im metallischen Teils der größeren Fundstücke wurden Kohlenstoffgehalte zwischen 0,7 und 1,1% festgestellt. Unter Zugrundelegung der Versuchsergebnisse vom Magdalensberg [48] konnten Indizien dafür gefunden werden, daß der Reduktionsablauf auf gleichem Weg erfolgt sein mußte. Die chemische Analyse des nichtmetallischen Teil ergab eine praktisch identische Zusammensetzung wie sie für die Fundluppe A vom Magdalensberg (vgl. S. 97) gefunden worden war. Die Funde aus Polen, die gleichfalls in der Nähe von Rennöfen gemacht wurden, führen zu analogen Ergebnissen, ihr Kohlenstoffgehalt variierte aber in weiteren Grenzen, nämlich zwischen 0 und 3% [97, 98, 99].

Die Herstellung von Stahl ohne nachträgliche Aufkohlung von in einem Primärverfahren gewonnenem weichen Eisen ist aber schon viel früher gelungen, wenn auch nicht notwendigerweise anzunehmen ist, daß dies beabsichtigt war. Die den Nachweis dafür liefernden, aus der Zeit zwischen 1200 und 1050 v. Chr. stammenden, in Jordanien ausgegrabenen Funde sind nämlich keine Waffen oder Werkzeuge sondern Schmuckstücke, für die der festgestellte Kohlenstoffgehalt von ca. 0,8% wenig sinnvoll und daher schwerlich als Folge gezielter Maßnahmen anzusehen ist. P. McGovern [18], der die Funde machte und untersuchte, konnte keinerlei Hinweise auf spätere Aufkohlung oder eine Wärmebehandlung finden, wohl aber solche, die auf ein örtliches Aufschmelzen hinwiesen. Mit den aus den Versuchen auf dem Magdalensberg [47, 48] abgeleiteten und von R. Pleiner [50] weitergegebenen Aussagen über den Ablauf des Rennofenprozesses war es ihm möglich, die bei der Untersuchung der Funde gemachten, sonst kaum verständlichen Beobachtungen, vor allem den hohen, gleichmäßigen Kohlenstoffgehalt und die örtlichen Aufschmelzungen zu erklären. Unbekannt ist allerdings die Herkunft des Werkstoffs dieser Schmuckgegenstände, wofür eine Einfuhr ebenso in Frage kommt wie eine einheimische Erzeugung.

Eine ganze Reihe weiterer Funde unverarbeiteter Primärerzeugnisse aus Deutschland, Polen, England und dem Iran, über die schon R. Pleiner [50] zusammenfassend berichtete, ist zusätzlicher Beweis dafür, daß im Rennofen Stahl und noch kohlenstoffreicheres Roheisen anfallen konnte. Die geringe Häufigkeit weist aber eher darauf hin, daß es sich hier um Zufallsprodukte handelt.

Stahl ist wegen seiner Eigenschaften sicher der höherwertige Werkstoff als kohlenstofffreies Eisen. Wenn seine gezielte Herstellung aber nur in wenigen begrenzten Gebieten beherrscht und betrieben wurde, folgt daraus, daß die erforderlichen Voraussetzungen hierzu andernorts nicht gegeben waren. Diese Voraussetzungen können in der Arbeitsweise liegen, aber auch durch die Ofenkonstruktion und die Einsatzstoffe begründet sein. Der seinerzeit ausgezeichnete Ruf des norischen Eisens wurde immer wieder und bis in die jüngere Vergangenheit mit den hier verfügbaren und verhütteten Erzen in Zusammenhang gebracht [89, 100]. Dies war nicht unbegründet, da die Erze des steirisch-kärntnerischen Raumes manganreicher sind und die Aufkohlung des bereits reduzierten Eisens durch höhere MnO-Gehalte des Erzes begünstigt wird (vgl. S. 55). Es erschiene nun durchaus berechtigt, anzunehmen, daß das für die Versuche auf dem Magdalensberg verwendete einheimische Erz für das Resultat mitentscheidend gewesen war und ein manganärmeres Erz zu einem anderen Ergebnis geführt hätte.

Diese Annahme wird durch einen Reduktionsversuch von R. Pleiner [50, 101] widerlegt, bei dem ein Erz verwendet wurde, das nicht nur so gut wie manganfrei sondern mit 0,68% P auch phosphorreich war, wodurch die Aufkohlung noch zusätzlich behindert werden könnte (vgl. S. 57). Und dennoch wurden die Ergebnisse der Magdalensberg-Versuche [47, 48] durch diese unter sonst ähnlichen Bedingungen durchgeführte Reduktion in vollem Umfang bestätigt. Auch hier wurden eine bei niedriger Temperatur erfolgende Aufkohlung und eine spätere Entkohlung festgestellt. Damit wurde bewiesen, daß ein höherer Mangangehalt des Erzes für die Aufkohlung des aus dem Erz reduzierten Eisens keine notwendige Voraussetzung darstellt, auch wenn er dafür förderlich sein mag. Es besteht daher auch keine Veranlassung, dem Mangangehalt des Erzes eine entscheidende Rolle für die von den Norikern erfolgreich betriebene Stahlerzeugung zuzuschreiben.

Da einerseits der von Pleiner verwendete Ofen eine etwas andere Bauart aufwies und damit doch die gleichen Ergebnisse erzielt wurden wie auf dem Magdalensberg und andererseits der Rennofen mit künstlichem Wind vor 2000 Jahren schon weit verbreitet war, war vielerorts auch die Voraussetzung der Verfügbarkeit geeigneter Öfen für die Stahlerzeugung gegeben. Die Stahlerzeugung wurde aber keineswegs allerorten beherrscht, so daß zu folgern ist, daß dafür weniger eine ganz bestimmte Ofenbauart sondern eine aus langjähriger Beobachtung entwickelte und über Generationen hinweg verfeinerte und überlieferte Arbeitsweise entscheidend war [49].

Weitere später vorgenommene Reduktionsversuche haben ebenfalls die grundsätzliche Eignung des Rennofens mit Gebläse für die direkte Stahl-

Probe	%C
1	0,07
2	0,24
3	0,87
4 (50mm unter der Zeichenebene)	2,20
7 (Metalltropfen)	4,36

Abb. 40. Querschnitt durch das Reduktionsgut eines Rennofenversuches. Nach H. Hagfeldt [102]

erzeugung nachgewiesen [86, 102]. Hinsichtlich des metallurgischen Verfahrensablaufs wurden auch für Rennöfen des Mittelalters analoge Aussagen zu den aus den Magdalensberg-Versuchen gewonnenen gefunden [103, 104] und bezüglich der Zusammensetzung der Stahlluppe lieferte M. Hagfeldt [102] mit einem Laboratoriumsversuch eine volle Bestätigung der eigenen Ergebnisse. Wie *Abb. 40* zeigt, fiel auch bei diesem Versuch Eisen mit sehr unterschiedlichen Kohlenstoffgehalten an, wobei daraus ebenfalls eine sehr weitgehende Aufkohlung und eine nachfolgende Entkohlung im Schachtbereich vor der Winddüse festgestellt wurde. Der Vergleich mit Abb. 22 läßt die eklatante Übereinstimmung erkennen.

Ähnliche Ergebnisse hinsichtlich der Zusammensetzung der gewonnenen Luppe brachte auch ein jüngerer, 1989 durchgeführter Versuch [105], bei dem die Versuchsführung der gegebenen kurzen Beschreibung zufolge der auf dem Magdalensberg gehandhabten sehr nahe kam, bei dem aber ein wesentlich ärmeres Erz und ein Schachtofen mit völlig anderen Abmessungen verwendet wurde. Der aus Schamottesteinen aufgebaute Ofen hatte eine Höhe von 1,75 m und sein Innendurchmesser an der Schachtsohle betrug 0,42 m; das eingesetzte Raseneisenerz hatte einen Eisengehalt von nur 21 Prozent. Bei schwacher Windzufuhr wurden in der Ebene der Winddüsen Temperaturen zwischen 1200 und 1300°C gemessen und bei verstärktem Gebläsewind 1400°, kurzzeitig sogar 1460°C. Eine Maximaltemperatur von annähernd gleicher Höhe war auch im großen Versuchsofen auf dem Magdalensberg festgestellt worden (vgl. Tabelle 4). Die erhaltene Stahlluppe war hinsichtlich des Kohlenstoffgehaltes ebenfalls recht heterogen, denn die chemische Analyse diverser Proben ergab Werte von 0,03 bis 0,81%C. Bemerkenswert erscheint, daß an der Unterseite dieser Luppe erstarrte Tropfen deutlich erkennbar waren und daß das Gefüge örtlich Ledeburit enthielt, womit bewiesen ist, daß auch bei diesem Versuch eine starke Aufkohlung und eine zeitweise Verflüssigung des metallischen Reduktionsgutes eingetreten war. Das metallische Ausbringen lag trotz Eisenarmut des eingesetzten Erzes bei recht günstigen 27 Prozent.

Wenn die Ergebnisse vom Magdalensberg schon zeigten, daß der Mindestgehalt des Erzes für seine Verhüttbarkeit im Rennofen nicht, wie theoretisch gefolgert, bei 60% Fe sondern wohl um einiges niedriger liegt (vgl. S. 94), so wird durch den letztbeschriebenen Versuch nachgewiesen, daß sogar ausgesprochen arme Erze erfolgreich reduziert und die Eisenteilchen aufgekohlt werden können. Die sehr hohe und schlanke Bauform des Versuchsofens ist dabei aber zu berücksichtigen.

Alle diese späteren Versuche beweisen ebenfalls, daß eine direkte Stahlherstellung im Rennofen möglich ist. Mehr noch: Sie zeigen auch, daß dafür weder eine ganz spezielle Form oder Größe des Schachtofens noch eine besondere Zusammensetzung des Erzes, wie etwa Eisenreichtum oder höherer Mangangehalt notwendige Voraussetzungen sind. Die gewonnenen Ergebnisse fügen sich gut in die aus den Versuchen auf dem Magdalensberg abgeleitete Darstellung der metallurgischen Vorgänge ein und so manche der hier beschriebenen Beobachtungen geben eine zusätzliche Bestätigung für die Richtigkeit dieser Erklärung des Verfahrensablaufs.

Bei älteren Reduktionsversuchen in nach antiken Vorbildern gebauten Rennöfen war immer nur praktisch kohlenstofffreies Eisen angefallen und da die meisten Fundluppen ebenfalls keine nennenswerten Kohlenstoffgehalte aufwiesen, wurde solches Weicheisen als das so gut wie ausschließliche und typische Produkt angesehen und die weitaus selteneren Funde aus unverarbeitetem kohlenstoffhaltigen Stahl als reines Zufallsprodukt eingestuft [60, s. bes. S. 55]. Diese über sehr lange Zeit allgemein vorherrschende und anerkannte Meinung beeinflußte natürlich auch die Ansichten über den metallurgischen Verfahrensablauf. Da die neueren Versuche zu anderen Ergebnissen führten und die hier nochmals ausführlich dargestellte Metallurgie des antiken Rennofens sowohl mit diesen Ergebnissen als auch mit den verfügbaren thermodynamischen Grundlagen für die Reduktionsvorgänge in völligem Einklang steht, erübrigt sich eine Wiederholung der bereits an anderer Stelle erfolgten Diskussion der verschiedenen Theorien anderer Autoren [49, 51].

Wie gezeigt wurde, waren weder ein ganz bestimmter Rennofentyp noch ein ganz bestimmtes Erz entscheidend für die schwierigere und darum seltener als die Weicheisenherstellung beherrschte Stahlerzeugung und es muß dafür also die Arbeitsweise verantwortlich gemacht werden. Diese wurde aber auch noch zur römischen Kaiserzeit nur an wenigen Plätzen sicher beherrscht. Eine solche Region der sowohl hinsichtlich des Erzeugungsumfangs als auch der Produktqualität hervorragende Bedeutung zukommt, war das einstige Königreich und die spätere Provinz Noricum. Der Schluß ist naheliegend, daß die dort nachweislich gezielt betriebene Stahlerzeugung in der Durchführung gewisse Unterschiede zu der damals andernorts üblichen Herstellung weichen Eisens aufgewiesen haben muß.

Bei den Versuchen auf dem Magdalensberg wurde bewußt eine möglichst getreue Nachahmung der dort in der Antike vermutlich geübten Arbeitsweise angestrebt. Der für diese Bedingungen erbrachte Nachweis der Möglichkeit einer Stahlherstellung im Rennofen und die neuen Aussagen über den Verfahrensablauf gingen an sich zwar schon über die ursprüngliche Zielsetzung der Versuche hinaus, erhielten aber noch zusätzlichen Wert und allgemeinere Bedeutung dank ihrer Bestätigung durch die hier mitgeteilten Funduntersuchungen und späteren Reduktionsversuche. Die vordem bestehenden Ansichten über das Weicheisen als alleiniges Produkt des antiken Rennofens und den dazu führenden, ausschließlich im festen Zustand erfolgenden Reduktionsvorgang waren durch viele Jahrzehnte die unwidersprochene und allein anerkannte Lehrmeinung. Durch ihre in zahlreichen Publikationen aus diesem langen Zeitabschnitt verfolgbare ständige Wiederholung wurden sie allem Anschein nach so fest verwurzelt, daß sie fallweise immer noch als alleingültig angesehen werden, auch nachdem dies bereits durch Tatsachen widerlegt worden ist. In Anbetracht der Bedeutung der antiken Stahlherstellung im Noricum aus der Sicht des Historikers sowie der Vorgänge im Rennofen für den Archäometallurgen erschien es sinnvoll, die zu neuen Kenntnissen geführt habenden Versuche vom Magdalensberg nochmals zu beschreiben, sie samt den zugehörigen Grundlagen in einer auch dem Nichtmetallurgen möglichst gut zugänglichen Form darzustellen und durch inzwischen anderwärts durchgeführte ähnliche Untersuchungen zu ergänzen. Daß das bessere Verständnis der metallurgischen Vorgänge auch für den Geschichtsforscher wichtig sein kann, zeigt die Tatsache, daß diese von den vorherigen Ansichten abweichenden neuen Kenntnisse für eine abgeänderte Übersetzung einer einschlägigen zeitgenössischen Schrifttumsstelle mit bis dahin strittiger Aussage Anlaß und Grundlage boten. Hierüber berichtet der anschließende Abschnitt.

10. Interpretation zeitgenössischen Schrifttums aufgrund der Ergebnisse vom Magdalensberg

Eine der wahrscheinlich aufschlußreichsten, in den vordem vorgelegenen Übersetzungen jedoch recht strittigen Beschreibungen der antiken Eisenherstellung durch einen Zeitgenossen gibt Plinius [30]. Der Eindruck geringer Sinnhaftigkeit, ja Verworrenheit des in Übersetzung vorliegenden Teiles muß zum Gutteil auf die kaum bestehende Möglichkeit zurückgeführt werden, die von Plinius verwendeten termini technici ohne ausreichende und richtige Kenntnis der Sachverhalte zu deuten und zu übertragen. Die den seinerzeitigen Übersetzern verfügbaren Vorstellungen über die Metallurgie des Rennofens beruhten aber auf der nunmehr widerlegten Ansicht, daß das erzeugte Eisen während seines gesamten Erzeugungsweges ausschließlich im festen Zustand vorgelegen und so gut wie kohlenstofffrei gewesen war. H. Vetters erkannte sehr bald, daß die bei den Reduktionsversuchen auf dem Magdalensberg und bei der Untersuchung der von dort stammenden Funde erhaltenen Ergebnisse die Grundlage für eine Übersetzung verbesserter Sinnhaftigkeit bieten müßten. Mit der von ihm vorgelegten Neufassung der entsprechenden Stellen wurde diese Erwartung auch bestätigt. Die noch verbleibenden Auslegungsschwierigkeiten gehen auf Plinius selbst zurück, dessen von O. Schaaber [33, 36, 95] wohl zu Recht angenommene und anschaulich beschriebene Arbeitsweise allem Anschein nach dazu führte, daß er mehrere Informationen miteinander verband ohne auf ursächliche Zusammenhänge zu achten.

H. Vetters war Mitinitiator der vorliegenden als Gemeinschaftsarbeit vorgesehenen Publikation. Der geplanten Arbeitsteilung gemäß hätte er diesen Abschnitt gestalten sollen. Dazu kam es nicht mehr, denn noch ehe er die Feder ergreifen konnte um noch neuere Einsichten festzuhalten, wurde er ins Jenseits abberufen. So bleibt hier nur die Möglichkeit ihn mit der wortgetreuen Wiedergabe des abschließenden Teils seiner älteren diesbezüglichen Arbeit zu Wort kommen zu lassen, in dem sowohl der Originaltext von Plinius als auch die neue Übersetzung mit zugehörigen Begründungen enthalten sind.

Nach vorangegangener zusammenfassender Beschreibung der wesentlichen auch hier besprochenen von den Reduktionsversuchen und Funduntersuchungen herrührenden Aussagen schreibt H. Vetters [45]:

> Diese Ergebnisse stimmen nun, wie ich meine, zum größten Teil mit Plinius n. h. XXXIV, 41, 142ff., überein. Diese Stelle wurde bisher wegen ihres ‚verworrenen‘ Inhaltes nie richtig interpretiert. So schreibt H. Willsdorf [67], bei der Bespre-

chung der aristotelischen Stelle Met. IV, 6, p. 383 (Bekker), folgendes: ‚Wie man sieht, ist diese Stelle bei aller Kürze für gewisse Einzelfragen doch ergiebig. Das läßt sich etwa von den kurzen Abschnitten, die Plinius dem Eisen widmet, durchaus nicht sagen.'

Die Stelle bei Plinius lautet:

Plinius, naturalis historia, XXXIV, 41, ed. H. Le Bonniec (1935)

Ferri metalla ubique propemodum reperiuntur, quippe etiam insula Italiae Ilva gignente, minimaque difficultate adgnoscuntur colore ipso terrae manifesto. Ratio eadem excoquendis venis; in Cappadocia tantum quaestio est, aquae an terrae fiat acceptum, quoniam perfusa certo fluvio terra neque aliter ferrum e fornacibus reddit. Differentia ferri numerosa. Prima in genere terrae caelive: aliae molle tantum plumboque vicinum subministrant, aliae fragile et aerosum rotarumque usibus et clavis maxime fugiendum, cui prior ratio convenit; aliud brevitate sola placet clavisque caligariis, aliud robiginem celerius sentit. Stricturae vocantur haec omnes, quod non in aliis metallis, a stringenda acie vocabulo inposito. Et fornacium magna differentia est, nucleusque quidam ferri excoquitur in iis ad indurandam aciem, alioque modo ad densandas incudes malleorumve rostra. Summa autem differentia in aqua, cui subinde candens inmergitur. Haec alibi atque alibi utilior nobilitavit loca gloria ferri, sicuti Bilbilim in Hispania et Turiassonem, Comum in Italia, cum ferraria metalla in iis locis non sint. Ex omnibus autem generibus palma Serico ferro est; Seres hoc cum vestibus suis pellibusque mittunt; secunda Parthico. Neque alia genera ferri ex mera acie temperantur; ceteris enim admiscetur mollior complexus. In nostro orbe aliubi vena bonitatem hanc praestat, ut in Noricis, aliubi factura, ut Sulmone, aqua ubi diximus, quippe cum exacuendo oleariae cotes aquariaeque differant et oleo delicatior fiat acies. Mirumque, cum excoquatur vena, aquae modo liquari ferrum, postea in spongeas frangi. Tenuiora ferramenta oleo restingui mos est, ne aqua in fragilitatem durentur. A ferro sanguis humanus se ulciscitur; contactum namque eo celerius robiginem trahit.

Zu Deutsch:

Eisenerz wird fast überall gefunden, sogar auf der Insel Elba in der Nähe Italiens entsteht es. Die Feststellung ist mit geringen Schwierigkeiten verbunden, da es sich durch die Farbtönung der Erde verrät.

Das Verfahren beim Verhütten ist dasselbe wie bei den anderen Metallen. Nur in Kappadokien steht zur Debatte, ob man es dem Wasser oder der Erde verdankt, weil das Ausgangsprodukt mit dem Wasser eines bestimmten Flusses übergossen und sonst auf keine andere Weise aus den Öfen Eisen ergibt. Die Verschiedenheit des Eisens ist mannigfach. Der erste (Unterschied) beruht auf der Beschaffenheit des Bodens und des Klimas. Die anderen liefern nur weiches, dem Blei nahe kommendes Eisen, andere nur ein sprödes und kupferhältiges (Eisen), das zur Erzeugung von Radbeschlägen und Nägeln auf alle Fälle unbrauchbar ist; dazu eignet sich die vorher genannte Art. Ein anderes zeichnet sich nur durch seine Kürze (kleine Luppen) aus und paßt zur Herstellung von Schuhnägeln. Ein weiteres zeigt rascher den Rost. Stricturae (Schweißeisen) werden alle diese genannt; diesen Vorgang gibt es bei den anderen Metallen nicht. Vom Verschweißen des Stahles stammt die Benennung. Auch bei den Öfen gibt es große Unterschiede; in ihnen wird eine Art Kern des Eisens ausgeschmolzen, der zur Erhärtung der Schneide (oder Spitze) dient. Auf andere Weise verarbeitet, dient er zur (Oberflächen-)Verdichtung der Ambosse und der Pinnen der Hämmer. Der Hauptunterschied liegt aber im Wasser, in welches es gleich darauf glühend eingetaucht wird. Dieses ist bald da, bald dort brauchbarer und der Ruf des Eisens hat Orte bekanntgemacht, wie etwa Bilbilis und Turiasso in Spanien, Como in Italien, obwohl an diesen Orten sich keine Bergwerke befinden. Unter allen Arten gebührt aber die Palme dem serischen. Die Serer schicken es mit ihren Gewändern und Pelzen. Der zweite Rang gebührt dem parthischen. Auch werden andere Arten von Eisengeräten nicht aus reinem Stahl (acies) hergestellt, denn bei den übrigen umschließt ihn eine weichere Fassung (wird ein weicherer ‚complexus' hinzugefügt!). In unserem Herrschaftsbereiche gibt es Orte mit Erzlagerstätten, die durch ihre Güte hervorragen, wie etwa bei den Norikern. Andere zeichnen sich durch die Verarbeitung aus, so etwa Sulmo. Wie schon gesagt durch (die Güte des Wassers) das Wasser, weil ja auch beim Schleifen zwischen Öl- und Wasserschleifstein unterschieden wird. Im übrigen wird ja auch der Stahl im Ölbad feiner. Bemerkenswert ist auch die Tatsache, daß – sobald beim Verhütten des Rohmateriales das Eisen flüssig wie Wasser wird – es wie ein Schwamm aussieht und bricht.

Feinere Eisenwaren pflegt man im Ölbad zu löschen, damit sie nicht durch das Wasser (die Wasserlöschung) zu spröde werden. Am Eisen rächt sich das menschliche Blut, denn sobald Eisen damit in Berührung kommt, um so schneller zieht es den Rost an.

Schwierigkeiten machen bei der Übersetzung eine ganze Reihe von Ausdrücken und Wortverbindungen, die als termini technici den Alten wohlbekannt waren, uns aber beim Fehlen technischer Lexika der Antike vielfach unbekannt sind. Man denke nur was heute das Wort Feder im Deutschen alles bedeuten kann. Es sind die Ausdrücke: strictura, a stringenda acie, nucleusque quidam ferri, excoquitur, ad indurandam aciem, densandas incudes, mera acie, in spongeas frangi.

Strictura ist ein Ausdruck, der nach Zellmer[1] zu den Verbalnomina gehört und eine intentionelle Handlung ausdrückt, oder das Ergebnis derselben. Auch der Ort und die Zeit der Handlung kann damit bezeichnet werden. Das dazugehörige Verbum ist stringere. Bei Servius ad. Aen. VIII, 421, heißt es: Strictura est terra ferri in massam coacta. Terra ferri kann wohl nur Roherz heißen. Massa ist in der Urbedeutung der weiche Klumpen, vor allem aber auch die noch glühende Luppe, die mit dem Hammer bearbeitet wird. Von ihr schreibt Verg. Aen. VIII, 452: illi inter sese multa vi bracchia tollunt/ in numerum versantque tenaci forcipe massam. Die tenax forceps – die Zange – hält die glühende Stahlmasse. Das Endprodukt ist die strictura. Die bei Walde-Hofmann gegebene Übersetzung ‚Streckeisen' stimmt nur bedingt, auch die Serviusstelle erklärt nur einen Teil des Vorganges. Sie ist zu übersetzen: Strictura ist das zu einer (glühenden?) Luppe zusammengeschmolzene (bzw. zusammengeschweißte) Roherz. Daher auch die von Plinius irgendwo abgeschriebene Erklärung: a stringenda acie (bzw. a astringenda acie) vocabulo imposito. Stringere heißt eigentlich streichen, ziehen, zusammenziehen, vermutlich also auch zusammenschweißen.

Acies hat die Urbedeutung Spitze, Schneide, Schärfe wohl bereits im übertragenen Sinne, so richtig im Th. l. l. I, 400 als acumen instrumenti definiert. Zugrunde liegt die Wurzel ac, die auch in acer und griech. ὰκίς vorkommt[2]. Acies hat also lateinisch ursprünglich eine doppelte Bedeutung, zu der dann als dritte Bezeichnung für Stahl trat, da ex mera acie doch wohl nur aus reinem Stahl bedeuten kann[3]. Parallel scheint die Bedeutungsentwicklung im Griechischen zu sein. Στομωμα bei Arist. Met. IV, 6 (Bekker, p. 883) hat die Bedeutung Stahl. Die Urbedeutung aber ist Schneide, bzw. eher Spitze, Stachel. Daher heißt στομόω mit einer Spitze (Schneide) versehen und versteht man unter στόμα die vorderste Partie, die Spitze, sogar die Mündung, der Mund.

---

[1] Ernst Zellmer, Die Wörter auf -ura, Gotha 1930, S. 3f und S. 58.

[2] A. Ernout/A. Meillet, Dict. Etym. de la lang. Lat. 3, S. 8 la racine e acetre piquant, aigu. J. Pokorny, Indogerm. etym. Wörterb. I, S.19. A.Walde/B. Hofmann, Lat. etym. Wörterb. I, S.8.

[3] So schon Rommel, a. a. O., Sp. 2127, zu unserer Stelle.

A stringenda acie heißt also, wie ich meine, vom Schweißen des Stahles bzw. vom Zusammenschweißen des Stahles. Dabei kann auch die Bedeutung vom ‚Vorgang des Anschweißens der Schneide‘ herrühren. Wobei eben die Schneide aus Stahl besteht.

Nucleusque ferri excoquitur. Nucleus ist der Kern und excoquo ‚auskochen‘ der übliche Fachausdruck für Verhütten. Nucleus ferri quidam ist nun eine ‚besondere‘ Art von Eisen. Es ist die auch von uns beim Verhüttungsversuch gefundene bzw. erzeugte Luppe, die harter, kohlenstoffhältiger Stahl ist und ad indurandam aciem – zur Erhärtung der Schneide dient. Richtig ist auch das densandas incudes gebraucht. Hier handelt es sich nicht um die Erzielung einer harten – also gut schneidenden – Klinge, sondern um zähe, verdichtete Ambosse, die viele Schläge aushalten müssen, wobei der Amboß nicht spröde sein darf. Das gleiche gilt von den ‚Schnäbeln‘ = Pinnen bzw. Finnen der Hämmer.

Neque alia genera ferri ex mera acie temperantur. Ferrum heißt hier, wie auch in vielen anderen Fällen[4], soviel wie ferramentum = Eisengerät. Acies muß hier, wie wir schon oben sagten, Stahl heißen. Temperare muß soviel wie gehörig zubereiten, herstellen bedeuten, da der sonst übliche Sinn mischen, ins Gleichgewicht bringen, keine rechte Aussage ergibt[5]. Daher die von uns vorgeschlagene Übersetzung: Auch werden andere Arten von Eisengeräten nicht aus reinem Stahl hergestellt.

Schwierig ist dann der nächste Satz zu übersetzen: ceteris enim admiscetur mollior complexus. Die bisherige Auffassung und Übersetzung: ‚den übrigen wird nämlich ein weicherer Komplex beigemischt„ ist technisch unmöglich, da Stahl nicht durch Beigabe einer weicheren Komponente verändert werden kann. Die Härte desselben richtet sich nach dem Kohlenstoffgehalt und dem Gefüge! Ausgangspunkt muß dabei das Wort complexus sein[6]. Es heißt das Umfassen, Umschlingen, also nicht Komponente, Beitrag oder auch mélange, wie H. Le Bonniec übersetzt. In dem Sinne wie complexus hier zu verstehen ist, verwendet Plin. auch das Wort im Buche XXXVI, 22, wo es heißt, daß die lapides speculares complexu silicis alligati seien. Daher schlage ich vor, complexus mit Fassung zu übersetzen. Admisceo muß dann allerdings ein terminus technicus[7] sein. Wörtlich heißt es hinzufügen, besonders beimischen. Zu verstehen ist die Wortverbindung nur durch die Befunde, die wir O. Schaaber verdanken. Gemeint ist technisch gesprochen der Verbundwerkstoff, bei welchem harter Stahl in weichem Stahl = ‚Eisen‘ eingesetzt ist. Es ist das, was wir anstageln – anstacheln nennen, gemeint. Daher die vorgeschlagene Übersetzung: Bei den übrigen umschließt ihn (den Stahl) eine weichere Fassung.

Die folgende Stelle ‚aquae modo liquari ferrum‘ zeigt deutlich, daß Plinius wußte, das Eisen auch wie Wasser flüssig werden kann – und dann unbrauchbar ist, da die Alten mit Gußeisen nichts anzufangen wußten[8]. Es muß also den alten Hüttenmännern wiederholt passiert sein, daß der Soliduspunkt (1370°) und auch der Liquiduspunkt (1480°) überschritten wurde und dann – da die Entkohlung ausblieb – hochkohlenstoffhältiges Gußeisen entstand, das mehr als 2% C enthielt. Dabei sei erinnert, daß der Schmelzversuch des Böhlerteams gezeigt hat, daß der Ablauf beim Rennfeuerprozeß zumindest teilweise über die flüssige Fe-Phase erfolgte. Hat die Entkohlung nicht geklappt, was durch Verlegung der Winddüsen

[4] Th. l. l. s. v.

[5] Georges II, Sp. 2735, ‚anfertigen‘ härten von ferrum!

[6] Th. l. l., III, Sp. 2102 (Jachmann).

[7] Ebda, I, Sp. 745ff. (Klotz).

[8] Abgesehen von der Nachricht einer eisernen Statue bei Plin. a. a. O., XL, 141, ‚est in eadem urbe et ferreus Hercules, quem fecit Alacon‘.

mit Schlacke leicht erfolgen konnte, entstand Gußeisen. Das zeigen auch die von uns gefundenen hochkohlenstoffhältigen kleinen Luppen aus Raum F.

Daher die vorgeschlagene Übersetzung: sobald beim Verhütten das Eisen flüssig wie Wasser wird . . .

Der Ausdruck postea in spongeas frangi gibt das Aussehen der Luppen wieder und zeigt die Sprödigkeit des Gußeisens.

Fassen wir zusammen, so zeigt sich, daß der Absatz, den Plinius der Eisenverarbeitung gewidmet hat, zwar nicht als logisches Meisterwerk zu bezeichnen ist, daß er aber allem Anschein nach aus mehreren, uns nicht mehr bekannten Quellen zusammengeschrieben wurde und dabei im besonderen die in Noricum geübte Verhüttung von Stahl im Schachtofen zum Vorbild hatte. Vor allem die Erwähnung des nucleus ferri – also der Stahlluppe –, die ad indurandam aciem verwendet wurde, legt dies nahe. Weiters zeigt sich, daß acies auch in der Bedeutung Stahl als terminus technicus verwendet wurde, was schon bisher von Seite der Sprachforscher angenommen worden ist[9]. Schließlich ist unter dem Fachausdruck strictura wohl das Halbzeug – also das Schweißeisen – zu verstehen, das nach Servius als terra ferri in massam coacta bezeichnet wurde. Wobei strictura das Hämmern ebenfalls ausdrückt. Schließlich ist auch der Ausdruck admiscetur complexus durch die Feststellung von Verbundwerkstoff gedeutet worden.

Zum Schlusse ist doch wohl der Nachweis geglückt, daß Ferrum Noricum eine Markenbezeichnung für Stahl war.

Im Hinblick auf die Metallurgie des Rennofens erscheinen zwei Stellen der Übersetzung von H. Vetters bemerkenswert, nämlich:

„. . . Auch bei den Öfen gibt es große Unterschiede, in ihnen wird eine Art Kern des Eisens ausgeschmolzen, der zur Erhärtung der Schneide (oder Spitze) dient. Auf andere Weise verarbeitet, dient er zur (Oberflächen-)Verdichtung der Ambosse und der Pinnen der Hämmer . . .“

sowie

„. . . Bemerkenswert ist auch die Tatsache, daß sobald beim Verhütten des Rohmaterials das Eisen flüssig wie Wasser wird – es wie ein Schwamm aussieht und bricht . . .“

Die erste ist ein deutlicher Hinweis darauf, daß harter, d.h. kohlenstoffhaltiger Stahl aus dem Rennofen gewonnen wurde und die zweite beweist, daß es fallweise auch zur Bildung von flüssigem Eisen kam. Dieses flüssige Eisen kann aber nur kohlenstoffreiches und daher nicht schmiedbares Roheisen gewesen sein, wie allein schon aus der im Plinius-Text eigens angemerkten Brüchigkeit hervorgeht. Zu demselben Schluß führen aber auch die in den alten Rennöfen möglichen Höchsttemperaturen, die für die Verflüssigung kohlenstoffärmeren oder gar -freien Stahls nicht ausgereicht hätten.

Wie eingangs dieses Abschnitts schon angemerkt, verbleiben auch in dem neu übersetzten Wortlaut noch manche Stellen, die auf den ersten Blick nicht

[9] Rommel, a. a. O., Sp. 2127, davon abgeleitet der faber aciarius und die italienische, französische und spanische Bezeichnung. Zu faber aciarius vgl. Malzacher, a. a. O., S. 6, Abb. 4.

ohne weiteres verständlich erscheinen und andere, die nur spekulativ deutbar sind, was jedoch bestimmt nicht dem Übersetzer anzulasten ist, sondern am Originaltext liegt. O. Schaaber [36, 95] hat auch aufgrund der ihm bereits bekannten Reduktionsversuchsergebnisse wesentliche Beiträge zur sinnvollen Auslegung dieses Originaltextes geleistet. Auf diesen und vor allem auf der neuen Übersetzung von H. Vetters aufbauend hat eine interdisziplinäre Arbeitsgruppe aus Naturwissenschaftlern und Philologen eine ausführliche Diskussion des Plinius-Textes vorgenommen, wodurch weitere Klärungen möglich wurden [33]. Zu den nach wie vor unverständlichen und mit dem Kontext in keine sinnvolle Verbindung bringbaren Stellen gehört die unter Hinweis auf Kappadokien gemachte Behauptung „... weil das Ausgangsprodukt mit dem Wasser eines bestimmten Flusses übergossen und sonst auf keine andere Weise aus den Öfen Eisen ergibt."

Für den Metallurgen ist der wenige Zeilen später erfolgende Hinweis auf „sprödes und kupferhaltiges (Eisen)" zunächst widerspruchsvoll. Mit den Rohstoffen eingebrachtes Kupfer würde sich zwar nach der Reduktion im Eisen anreichern, da es edler als dieses ist, könnte auch bei entsprechend hoher Konzentration beim Schmieden Anlaß zum Rotbruch geben, doch ist es in hohem Maße unwahrscheinlich, daß die alten Hüttenleute imstande waren, Kupfer im Eisen nachzuweisen oder Zusammenhänge zwischen diesem Verursacher und seiner Wirkung herzustellen. Der Text wird aber sofort sinnvoll, wenn für aerosum statt „kupferhältig" die ebenfalls möglichen Übersetzungen „kupferartig" oder „kupferähnlich" verwendet werden. In diesem Fall bedeutet der Plinius-Text einen vergleichenden Hinweis auf die spröden, nicht schmiedbaren Gußlegierungen auf Kupferbasis [33, 95].

Das bald danach erwähnte durch seine Kürze „ausgezeichnete" Eisen, das zur Herstellung von Schuhnägeln passe, wird anhand der Ergebnisse der Reduktionsversuche vom Magdalensberg leicht verständlich: Die kleineren, granalienähnlichen Teilchen konnten kaum zu größeren Komplexen (stricturae) zusammengeschweißt werden und waren eben nur für sehr kleine Fertigteile geeignet. Ein analog zu den bei mehreren der beim Versuch erhaltenen granalienähnlichen Teilchen höherer Kohlenstoffgehalt wäre für den Verschleißwiderstand von Schuhnägeln sicher günstig gewesen [33, 36, 95].

Auch die im unmittelbaren Anschluß genannte unterschiedliche Rostanfälligkeit bedarf keiner langen Erklärung. Bei unlegiertem Stahl ist dafür das Mikrogefüge und damit auch der Kohlenstoff verantwortlich. Ferrit ist weniger beständig als Martensit und daher rostet kohlenstoffarmes Weicheisen rascher als gehärteter Stahl. Auch Zementit ist weniger rostanfällig als Ferrit. Diesbezüglich wird auf die bei der Untersuchung von Fundluppen gemachten Beobachtungen hingewiesen (vgl. S. 106]).

Unklar und nur spekulativ deutbar ist weiterhin die später an zwei Stellen hervorgehobene Bedeutung des Wassers. Die mit den Worten „Der Hauptunterschied liegt aber im Wasser ..." beginnende Behauptung ist weder in bezug auf ein Abschrecken des Rennofenproduktes zur leichteren Trennung von Metall und Schlacke noch auf die Härtung von Fertigteilen sinnvoll.

Größere Wahrscheinlichkeit ist der Erklärung von O. Schaaber [36, 95] zuzuschreiben, der ein kurzzeitiges Eintauchen von miteinander zu verschweißenden Teilen zur Absprengung des Zunders annimmt und durch Versuche festgestellt hat, daß salzhaltige Wässer diesbezüglich wirkungsvoller sind als salzfreie.

Die Sätze „Im übrigen wird ja auch der Stahl im Ölbad feiner“ und „Feinere Eisenwaren pflegt man im Ölbad zu löschen ...“ können als Bestätigung dafür angesehen werden, daß die Härtung in Öl und die damit erzielbare bessere Zähigkeit als bei Wasserabschreckung bekannt waren. Ein Zusammenhang mit den vorangegangenen oder den nachfolgenden Sätzen ist nicht zu ersehen und die eher sinnwidrig erscheinende Aneinanderreihung ist wohl auf die von Schaaber [95] vermutete Arbeitsweise von Plinius zurückzuführen.

Wenn der der Eisenerzeugung geltende Teil in Plinius' naturalis historia auch in der neueren Übersetzung von H. Vetters nach wie vor einige Stellen eher strittigen oder widersprüchlichen Inhalts aufweist, ist er nun insgesamt doch wesentlich besser verständlich und tatsachengetreuer geworden. Der große Einklang mit den aus den Reduktionsversuchen und Funduntersuchungen gewonnenen Aussagen ist mittelbar auch eine weitere Bestätigung von deren Richtigkeit. Die Tatsache, daß – wie mehrfach nachgewiesen – der antike Rennofenprozeß zu einer zeitweisen Verflüssigung des hoch aufgekohlten Eisens geführt haben kann, steht auch mit einer Textstelle in der Meteorologica von Aristoteles in besserer Übereinstimmung als ältere Vorstellungen. In der von H. D. P. Lee [66] verfaßten Übersetzung heißt es: „Wrought iron indeed will melt and grow soft, and then solidify again. And this is the way in which steel is made. For the dross sinks to the bottom and is removed from below, and by repeated subjection to this treatment the metal is purified and steel produced.“

11. Geklärte und offene Fragen

Die aussagekräftigen Wandinschriften und zahlreichen Funde von Werkzeugen und Gebrauchsgegenständen aus Eisenbasiswerkstoffen haben die Stadt auf dem Magdalensberg als bedeutenden Handelsplatz solcher Produkte ausgewiesen. Die vor allem von O. Schaaber vorgenommene Untersuchung dieser Funde ergab, daß ein großer Anteil aus Stahl gefertigt und dieser je nach vorgesehenem Verwendungszweck durchaus sinnvoll ausgewählt worden war.

Die hier durchgeführten Reduktionsversuche zeigten, daß die in dieser Gegend vorkommenden Eisenerze sehr wohl in Schachtöfen antiker Bauart reduziert werden können. Über das ursprüngliche Ziel dieser Versuche hinausgehend, konnte erstmals und im Gegensatz zu der vordem bestehenden allgemein akzeptierten Ansicht nachgewiesen werden, daß kohlenstofffreies weiches Eisen nicht das ausschließliche Produkt dieses Verhüttungsprozesses ist, sondern daß bei entsprechenden Bedingungen eine sehr weitgehende Aufkohlung mit nachfolgender Abnahme des Kohlenstoffgehaltes auf sehr unterschiedliche Werte durch einen Frischvorgang möglich ist und daß bei diesem Ablauf eine zeitweilige Verflüssigung eintritt.

Die Ergebnisse eigener und der von O. Schaaber durchgeführten Untersuchungen von auf dem Magdalensberg gefundenen Luppen, die zweifelsfrei nicht weiterverarbeitete Primärerzeugnisse des Verhüttungsprozesses waren, standen in völliger Übereinstimmung mit den Aussagen aus den Reduktionsversuchen und führten zu deren Erweiterung. Auch diese Luppen wiesen höhere Kohlenstoffgehalte bis zu denen von nicht schmiedbarem Roheisen und deutliche Merkmale dafür auf, daß sie über die flüssige Phase entstanden waren. Da die Aufkohlung des Eisens natürlich erst nach seiner Reduktion aus dem Erz erfolgen kann, die Temperaturen im antiken Rennofen für eine Verflüssigung von kohlenstofffreiem oder -armem Eisen wahrscheinlich nicht ausreichten, ist dies ein deutlicher Hinweis dafür, daß die aus den Versuchen abgeleiteten Schlußfolgerungen über das Reaktionsgeschehen auch für das von den norischen Hüttenleuten praktizierte Rennofenverfahren gelten.

Mit all dem war auch der Beweis erbracht, daß es sich bei dem von Zeitgenossen so hochgepriesenen Werkstoff ferrum noricum um Stahl handelte, daß im Bereich der Stadt auf dem Magdalensberg Stahl erzeugt wurde und daß dies nicht, wie vordem angenommen, auf dem Weg einer nachträglichen Aufkohlung von weichem Eisen geschah, sondern daß die Aufkohlung schon im Rennofen erfolgte.

Wenn damit auch einige vor allem für den Historiker interessante Aussagen und neue Erkenntnisse über den Herstellungsweg des norischen Stahls vorlagen, wurden zugleich auch neue Probleme aufgeworfen, die vorerst – wenn überhaupt – nur spekulativ gelöst werden können und deren Klärung weiterer Arbeiten bedarf. Im folgenden sollen die mit hoher Wahrscheinlichkeit zutreffend zu beantwortenden sowie die noch völlig offenen Fragen und die für diese sich anbietenden möglichen Erklärungen aufgezeigt werden.

Die den dortigen Schmieden anhand der untersuchten Funde von Fertigprodukten nachgewiesene reiche Erfahrung und damit verbundene hohe handwerkliche Kunstfertigkeit kann wohl mit gutem Grund auch den an den Rennöfen tätigen alten Hüttenleuten in diesem Gebiet zugeschrieben werden. Dafür spricht auch die Tatsache, daß hier, und weit und breit sonst nirgendwo, Stahl und daraus gefertigte Produkte in für die damalige Zeit großindustriellem Umfang hergestellt wurden. Und daß überdurchschnittliches aus Erfahrung stammendes Know-how für die Gewinnung von Stahl aus dem Rennofen vorausgesetzt werden muß, geht schon aus den trotz wesentlich höheren Entwicklungsstandes recht wechselhaften Erfolgen bei den vor 1960 durchgeführten Versuchen zur Simulation des antiken Rennofenprozesses hervor. Für die positiven Auswirkungen dieses Know-hows bezüglich der Verfahrensbedingungen, wie Vorbehandlung des Erzes, Mengenverhältnis von Holzkohle zu Erz im Einsatz, die günstigsten Parameter der Windzufuhr, Durchsatzzeit des Beschickungsgutes sowie Art und Zeitpunkt des Schlackenabstichs, waren mit dem etwas höherem MnO-Gehalt von 4% und der Kieselsäurearmut des örtlich vorhandenen Erzes eher günstige Voraussetzungen vorhanden. Diese Erzzusammensetzung kann der Aufkohlung im Rennofen aber höchstens förderlich gewesen sein, eine unbedingt notwendige Voraussetzung war sie hierfür aber sicher nicht, wie aus der Nachahmung der Magdalensbergversuche unter Einsatz manganarmen Erzes durch R. Pleiner [101] bewiesen ist.

Sicherlich auszuschließen ist, daß der norische Stahl ein nicht gezielt hergestellter Werkstoff sondern nur ein gelegentlich aufgrund unbeabsichtigt günstiger Bedingungen angefallenes Zufallsprodukt war, das die alten Schmiede aber vom weichen Eisen zu unterscheiden und für dem Verwendungszweck entsprechende höhere Ansprüche sinnvoll einzusetzen verstanden. Diese Annahme wird allein schon durch den Umfang der Stahlerzeugung widerlegt und die Tatsache, daß Stahl beispielsweise auch für Nägel verwendet wurde [35, 36], die keine große Härte erfordern und daher auch heute üblicherweise aus weichem Eisen hergestellt werden. Dieselben Argumente sind auch recht sichere Hinweise dafür, daß die Herstellung von Stahl keinen gravierenden Mehraufwand gegenüber der von kohlenstoffarmem Rennofeneisen erforderte.

Bei den bisher untersuchten vom Magdalensberg stammenden Fundluppen aus norischer Erzeugung handelte es sich entweder um Stahl höheren (Abb. 33), öfters sogar übereutektoidischen Kohlenstoffgehalts (Abb. 34, 35, 38, 39) oder um noch kohlenstoffreicheres Roheisen (Abb. 37). Im Vergleich zu den größeren bei den Reduktionsversuchen gewonnenen Luppen, die alle innerhalb ihres Volumens stark streuende, durch den Entstehungsweg bedingte und erklärbare Kohlenstoffgehalte aufwiesen (Abb. 22, 24, 31), war der Kohlenstoff innerhalb der Fundluppen recht homogen verteilt. Für die Luppen aus Roheisen ist dies ohne weiteres damit zu erklären, daß sie bis zum Zeitpunkt ihrer Entnahme aus dem Ofen flüssig waren, wodurch ein Konzentrationsausgleich sehr begünstigt wurde. Für die Stahlluppen, die ja durch partielle Entkohlung von vorher gebildetem und verflüssigtem Roheisen entstanden sind, trifft dies aber wegen ihres bei wesentlich höheren Temperaturen liegenden Schmelzbereichs nicht ohne weiteres zu.

Die daraus resultierende erste und auf eindeutige Antwort wartende Frage geht somit dahin, wie in der einzelnen Luppe ein einigermaßen konstanter, dem endgültigen Verwendungszweck entsprechender Kohlenstoffgehalt erreicht wurde. Es ist nicht auszuschließen, daß es den norischen Hüttenleuten dank ihrer Erfahrung sogar gelang, gezielt auf weichen, mittelharten oder harten Stahl im Rennofen hinzuarbeiten. Ebensogut könnte aber auch bei einheitlicher Arbeitsweise Stahl ungewissen und innerhalb eines Ofenganges unterschiedlichen Kohlenstoffgehaltes angefallen und die Auswahl der Luppen für die verschiedenen Fertigerzeugnisse nach der Beurteilung ihrer Eigenschaften, z. B. von Härte und Schmiedbarkeit, vorgenommen worden sein.

Die Antworten auf diese Fragen interessieren vornehmlich den Archäometallurgen, doch wird mit ihnen auch ein Schritt zu anderen Lösungen möglich, so daß sie auch für den reinen Historiker Bedeutung haben. Da der Erzeugungsgang zum norischen Stahl über Roheisen verlief, gilt es noch zu klären, mit welcher Arbeitsweise der hohe Kohlenstoffgehalt dieses zeitweise verflüssigten Zwischenproduktes bis auf Werte von schmiedbarem Stahl vermindert wurde. Die dazu noch erforderlichen Arbeiten werden also auf ein Ziel gerichtet sein, das entgegengesetzt zu der vordem bestehenden Lehrmeinung liegt, die eine nachträgliche Aufkohlung von im Rennofen erzeugtem kohlenstoffarmen Eisen annahm.

Wenn ein zweistufiges Verfahren praktiziert wurde, dann bestand der zweite Schritt im Kohlenstoffabbau des primär hergestellten Roheisens [35, 49], genauso wie bei dem erst viele Jahrhunderte später mit den dann weit größeren Schachtöfen aufgekommenen und auch heute weltweit dominierenden, über Hochofen und Frischvorgang im Stahlwerk verlaufenden Erzeugungsweg. Für die Verminderung des Kohlenstoffgehaltes wäre es naheliegend eben ein solches Frischen, d. h. ein Wiedereinschmelzen unter oxidierenden Bedingungen anzunehmen, wofür allerdings aus den bekannten Funden keinerlei Hinweise vorliegen. Auch eine Glühung unter Holzkohle bei künstlicher Luftzufuhr wäre dafür geeignet gewesen, die allerdings allein schon wegen der erforderlichen langen Dauer als sehr wenig wahrscheinlich zu beurteilen ist, obwohl damit andererseits eine einfache Erklärung für die Fundluppen im Zentrum der Stadt gegeben wäre. Der von O. Schaaber [35] aufgezeigten Möglichkeit, daß kohlenstoffreiche Luppen mit fast kohlenstofffreiem Rennfeuereisen gemeinsam verarbeitet wurden, kann ebenfalls nur geringe Wahrscheinlichkeit zugemessen werden, da diese Vorgangsweise unter Verwendung von Roheisen sehr schwierig durchzuführen ist und eine auch nur einigermaßen homogene Kohlenstoffverteilung sehr hohen Aufwand erfordert.

Die Reduktionsversuche auf dem Magdalensberg haben gezeigt, daß eine direkte Stahlherstellung in einem einstufigen Rennofenprozeß möglich ist. Obwohl schlüssige Beweise für die Nutzung dieses Verfahrensweges fehlen, können die gefundenen unverarbeiteten mit Rennofenschlacke umgebenen Stahlluppen mit dem über den Großteil ihres Volumens weitgehend gleichen Kohlenstoffgehalt als Indiz dafür gewertet werden. In dieselbe Richtung deutet die Tatsache, daß der Nachweis dieser Möglichkeit mit nur einem Versuch gelang, der keine langjährige Erfahrung nutzen konnte und der daher sicher geringere Erfolgsaussichten hatte als eine Arbeitsweise, wie sie von den Norikern wohl in Generationen aufgrund von Beobachtungen durch schrittweise Verbesserungen empirisch entwickelt wurde.

Eine direkte Stahlerzeugung im Rennofen könnte dadurch gekennzeichnet gewesen sein, daß aus Erfahrung bekannt war, zu welchem Zeitpunkt die Luppen gezogen oder das Frischen beendet werden mußte, um zu dem angestrebten Produkt zu gelangen. Die geringe Entkohlungsgeschwindigkeit hätte dies besonders bei der Bildung größerer Luppen erleichtert. Eine weitere Möglichkeit hätte darin bestanden, daß das auf dem beschriebenen Weg gebildete flüssige Roheisen nicht nur über die oxidierende Gasphase entkohlt, sondern daß der Frischprozeß fortgesetzt wurde, nachdem es in eine im untersten Teil des Schachtes sich angesammelt habende FeO-reiche und daher oxidierend wirkende Schlacke getropft war. Obwohl nur spekulativ, wäre damit auch zu erklären, wie es gelang, größere Stahlluppen gleichmäßiger Zusammensetzung, d.h. über ihre gesamte Ausdehnung gleichen Kohlenstoffgehalts herzustellen.

Die von R. Mitsche und Mitarbeitern [106] zuerst zum Ausdruck gebrachte Möglichkeit „daß die Magdalensberg – Metallurgen ein Verfahren ausgeübt haben, bei welchem bewußt auf höhere Kohlenstoffgehalte hingearbeitet wurde“ ist nunmehr zur erwiesenen und durch viele Befunde abgesicherten Tatsache geworden. Die Frage ob die Stahlerzeugung in einem einstufigen Prozeß direkt oder in einem zweistufigen Verfahren erfolgte, kann vorerst allerdings nicht sicher entschieden werden. Je nachdem kann es sich bei den bestimmt zeitweilig verflüssigt gewesenen Fundluppen, die aus nicht schmiedbarem Roheisen bestehen, entweder um ein nicht weitgehend genug entkohltes Fehlprodukt oder um ein Zwischenprodukt des Rennofens handeln.

Zur Klärung dieses Fragenkomplexes könnten weitere Versuche beitragen, die natürlich großen Aufwand erfordern und für deren Durchführung nicht wenige Voraussetzungen gegeben sein müssen. Vor allem wird sich aber die Aufmerksamkeit auf die Untersuchung von weiterem Fundmaterial richten müssen, deren Ergebnisse auch zur Klärung anderer noch offener Fragen beitragen können.

So war die Deutung der doch bemerkenswerten Menge an Funden von Roheisen- und Stahlluppen in einem Teil des Ausgrabungsgeländes auf dem

a

b

Abb. 41. Fundstück Nr. B3 (Inv.-Nr. 1118, ZNr. D649, TB 68/III/6) von Fundstelle NG 8 in der Aufschüttung an der Westmauer

Magdalensberg recht vage und hat im Lauf der Jahre manche Änderung erfahren. Die anfängliche Vermutung einer hier erfolgten Erzeugung mußte bald fallengelassen werden, da der Gipfelbereich des Magdalensbergs als Standort von Rennöfen höchst unwahrscheinlich ist. Selbst die völlige Umhüllung der meisten dieser Luppen mit fest anhaftender Rennofenschlacke deutet nicht zwingend auf ihre Erzeugung in unmittelbarer Nähe des Fundortes, denn für einen Rennofenbetrieb in größerem Umfang an diesem Platz gibt es bisher nicht nur keinen stichhaltigen Hinweis, vielmehr sprechen der Mangel an Wasserkraft und die langen Transportwege für die großen Mengen wenig wertvoller Ausgangsprodukte recht klar dagegen. Weit wahrscheinlicher ist, daß ein Teil der im Görtschitztal erzeugten wertvollen Stahlluppen zur Weiterverarbeitung auf dem Magdalensberg gebracht wurde, wo erfahrene Schmiede tätig waren. Angesichts des großen Erzeugungsumfanges im Tal wäre es nicht verwunderlich, wenn es dort nicht immer gelang, die Schlacke weitgehend vom Metall zu trennen, zu kohlenstoffreiche und daher nicht schmiedbare Luppen auszusortieren und wenn vereinzelt auch Schlacke ohne metallischen Anteil mitgeliefert wurde. Solcher Ausschuß wurde dann erst von den Schmieden am Berg als solcher erkannt und verworfen.

Diese Erklärung wird durch Funde gestützt, wie den von H. Dolenz kurz beschriebenen, und in seiner Abb. 12 gezeigten, 5,7 kg schweren Rohling (vgl. Beitrag Dolenz, S. 152). Ein dem Aussehen nach ganz ähnliches Fundstück, das aus dem Raum NG/8 in der Aufschüttung an der Westmauer der Ausgrabung stammt und schon im August 1968 ergraben wurde, ist in *Abb. 41a* wiedergegeben. Dieses Stück mit einem Gewicht von ca. 2,6 kg [107] wies, wie *Abb. 41b* gut zu entnehmen ist, mehrere tiefreichende, verästelte Risse auf, die zweifelsfrei auf Einwirkung großer äußerer Kräfte zurückzuführen sind. An den durch Entnahme eines Teiles der Luppe für die metallographische Untersuchung enstandenen Schnittflächen ist deutlich zu erkennen, daß in mittlerer Höhe viele große Poren vorhanden sind. Die Häufigkeit dieser großteils schlackehaltigen Poren nimmt in Richtung zu den beiden planparallel zueinander verlaufenden Oberflächen merklich ab. Allein schon aus diesem rein visuellen Befund ergibt sich ein klarer Hinweis darauf, daß es sich bei dem Fundstück um eine Rennofenluppe handelt, die beim Schmieden rissig geworden ist und daher verworfen werden mußte.

Die metallographische Untersuchung bestätigte diesen Befund vollinhaltlich, offenbarte auch die Gründe für die Warmrissigkeit und ließ darüber hinaus noch einige Schlüsse auf die Schmiedebedingungen zu. In *Abb. 41c* sind die Stellen an der Schnittfläche der Luppe eingezeichnet, von denen die in den Abb. 42 und 43 wiedergegebenen Aufnahmen gemacht wurden. *Abb. 42a* zeigt das über den Großteil des Querschnitts vorherrschende stark übereutektoidische Gefüge, dessen hoher Kohlenstoffgehalt allein schon für die Erklärung der beim Schmieden entstandenen Risse genügen würden. Das anhand des Korngrenzenzementits erkennbare grobe Korn und der Zementit in Widmannstättenscher Struktur zeugen von hoher Schmiedetemperatur, etwa 1100°C, und nachfolgender rascher Abkühlung. Noch deutlicher wird die sehr schnelle Abkühlung durch *Abb. 42b* belegt, in der – abgesehen vom Zementit – eine vom Ätzmittel angegriffene und im Bild dunkle Gefügeart und eine helle, nicht angeätzte aufscheinen. Ein solches Gefüge entsteht dadurch, daß die Abkühlung mit einer Geschwindigkeit zwischen der unteren und oberen kritischen Abkühlungsgeschwindigkeit erfolgt, die beide für unlegierten Kohlenstoffgehalt sehr hoch sind und welch letztere bei größeren Querschnitten nur durch Wasserabschreckung und auch dann nur in Randnähe erreicht wird. Die untere kritische Abkühlungsgeschwindigkeit ist jene, ab der die ersten wahrnehmbaren Martensitanteile auftreten und bei Erreichen oder Überschreitung der oberen entsteht ausschließlich nur mehr Mar-

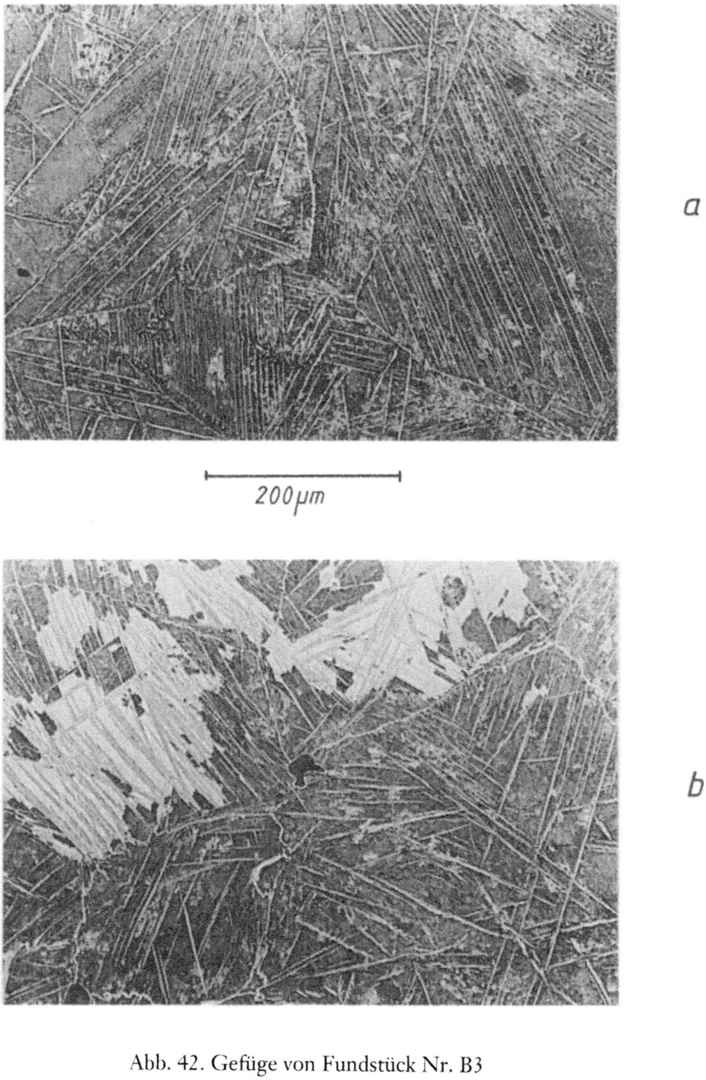

Abb. 42. Gefüge von Fundstück Nr. B3

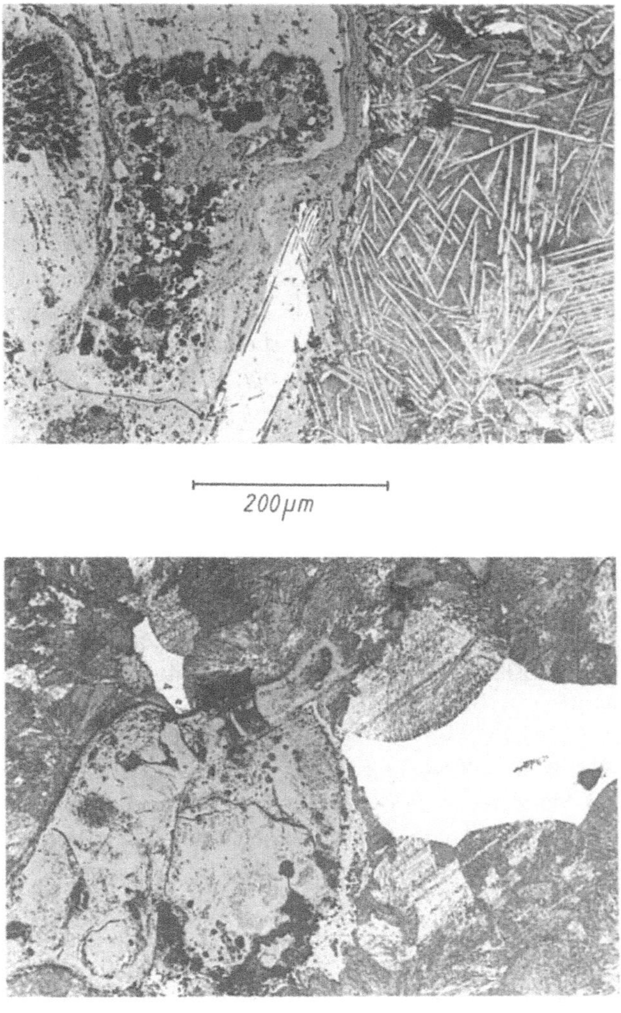

Abb. 43. Gefüge von Fundstück Nr. B3

tensit bei der Umwandlung. Dazwischenliegende Abkühlgeschwindigkeiten führen zu einem Gefüge, das teilweise aus Bainit oder extrem feinstreifigem Perlit besteht, die beide vom Ätzmittel gut angegriffen werden und im Schliffbild dunkel erscheinen und teilweise aus schwerer anätzbarem, hellen Martensit.

In der Mitte und am unteren Rand von Abb. 42b sind auch sonst noch an vielen Stellen beobachtete nichtmetallische Einschlüsse zu sehen, die von einem dünnen hellen Saum umgeben sind. Die Oxidteilchen haben offensichtlich bei den über längere Zeit einwirkenden hohen Temperaturen an der Phasengrenzfläche eine Entkohlung des umgebenden Stahles verursacht, so daß ihre helle Umhüllung aus Ferrit besteht. Weitere Beispiele für die Wechselwirkung zwischen Oxidphase und dem kohlenstoffhaltigen Eisen geben die *Abb. 43a und b* wieder, die beide von Stellen in unmittelbarer Nachbarschaft zu großen Schmiederissen aufgenommen wurden. Die örtlich völlige Entkohlung bis zu reinem Ferrit ist gut zu erkennen.

Die beschriebenen Befunde belegen, daß mit diesem Fundstück eine im Rennofen erzeugte und über den gesamten Querschnitt recht gleichmäßig aufgekohlte Luppe vorliegt, die beim Versuch, sie zu Halbzeug umzuformen, rissig und für weitere Verwendung unbrauchbar wurde. Ursache des Versagens beim Schmieden war der hohe Kohlenstoffgehalt. Nach dem vorzeitig abgebrochenen Schmiedevorgang wurde die Luppe in Wasser abgeschreckt, wodurch jedoch sicher keine Eigenschaftsbeeinflussung durch Härtung beabsichtigt war, da dies bei einem Ausschußstück keinen Sinn gehabt hätte.

Mögliche Erklärungen für die homogene Kohlenstoffverteilung wurden schon gegeben (vgl. S. 103–106). Außerdem ist es denkbar, daß die großen im Görtschitztal verwendeten Öfen mit einer durch mehrere Düsen erreichten gleichmäßigeren Windbeaufschlagung im Schacht günstige Voraussetzungen dafür schufen. Die über die Aussagen aus den Untersuchungen der anderen Luppen hinausgehende Erkenntnis aus der Beschaffenheit dieser Fundluppe besteht darin, daß damit ein bisher noch nicht erbrachter Nachweis gegeben ist. Der Nachweis nämlich, daß das angelieferte Rennofenprodukt von den Schmieden am Magdalensberg in einer ersten Umformungsstufe zu Halbzeug verarbeitet wurde.

Die Wertschätzung, die das ferrum noricum genoß, dürfte auch das daraus hergestellte schmiedbare Halbzeug zu einem begehrten Artikel gemacht haben, der am Magdalensberg nicht nur zu Fertigprodukten weiterverarbeitet wurde, sondern auch als Handelsgut diente, etwa dann, wenn die Kapazität der heimischen Schmiedewerkstätten ausgelastet war und die besseren Verdienstmöglichkeiten mit Fertigprodukten daher nicht in vollem Umfang genutzt werden konnten. Die bei den nicht schmiedbaren und daher ausgeschiedenen Zwischenprodukten durch den abgebrochenen Schmiedeprozeß erreichte Form wird ähnlich auch bei weiterverarbeitbarem Halbzeug vorhanden gewesen sein. Die einem dicken Fladen gleichende Form, besonders aber eine von G. Piccottini [108] angestellte Sprachstudie geben zu der Vermutung Anlaß, daß die seinerzeit mit „Ambössen" übersetzte Bezeichnung (vgl. S. 26) „incudes" diesem Schmiedeerzeugnis gegolten hat.

Im Gegensatz zu dieser und den anderen untersuchten aber nicht weiterverarbeiteten Luppen, die durch einen für die Warmumformung zu hohen Kohlenstoffgehalt mit recht homogener Verteilung gekennzeichnet sind, ergab die Untersuchung eines ebenfalls als – wenn auch der Endform näheres – Halbzeug anzusprechenden Stabes ein völlig anderes Bild. Dieses Fundstück mit einem Gewicht von 1,32 kg ähnelt äußerlich manch anderen vom Magdalensberg [107], u. a. dem hier von H. Dolenz erwähnten (vgl. Beitrag H. Dolenz, S. 155 und Abb. 16a, b). Wie *Abb. 44a* zeigt, wurde das Ausgangsmaterial zu einem Vierkantstab mit etwa quadratischem Querschnitt

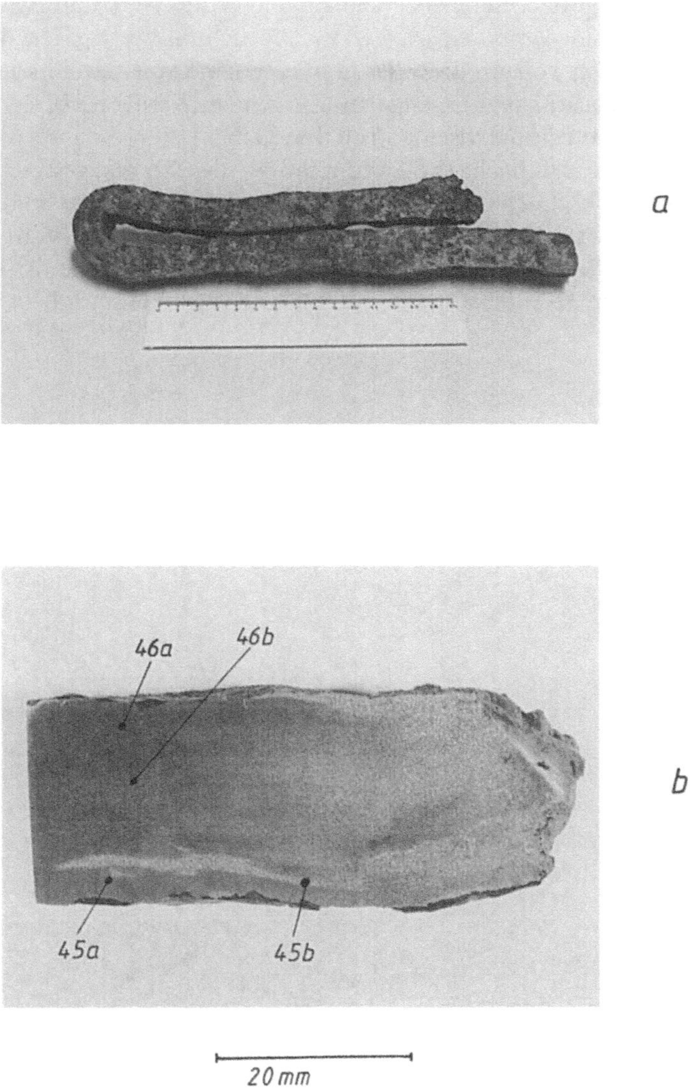

Abb. 44. Fundstück Nr. B6 (Inv.-Nr. 1099, ZNr. D630, TB 70/V/70) von Fundstelle NG 22 auf Terrazzo. (a) Gesamtansicht, (b) Schlifffläche geätzt (2% HNO_3)

von ca. 20 mm Kantenlänge ausgeschmiedet und der Stab wahrscheinlich noch in der Schmiedehitze um einen Winkel von 180°C gebogen. Die Gesamtlänge in gestreckt gedachtem Zustand betrug 475 mm. Von dem im Bild am weitesten nach rechts ragenden Teil wurde eine 55 mm lange Probe entnommen und in Querschnittsmitte des Stabes senkrecht zur Bildebene ein Längsschliff angefertigt. Die für die metallographische Untersuchung präparierte Schlifffläche ließ schon bei Betrachtung mit dem freien Auge sehr verschieden angeätzte Bereiche erkennen und örtlich stark unterschiedliche Kohlenstoffgehalte vermuten (*Abb. 44b*). Die lichtmikroskopische Untersuchung bestätigte dies vollauf, denn das Gefüge reichte vom karbidfreien Ferrit über ferritisch-perlitische Gemenge bis zu reinem Perlit, entsprechend Kohlenstoffgehalten von praktisch 0 bis 0,8%. Dabei waren die inselartigen, kohlenstoffreicheren Bereiche in Längsrichtung des Stabes gestreckt und traten sowohl in Randnähe als auch in Stabmitte auf. Bevorzugte Stellen ihrer Lage waren nicht festzustellen, wie auch aus Abb. 44b hervorgeht, in dem die kohlenstoffreicheren Stellen hell erscheinen. Beispiele für die örtlich stark variierende Gefüge enthält *Abb. 45*. Abbildung 45a veranschaulicht die ungleiche

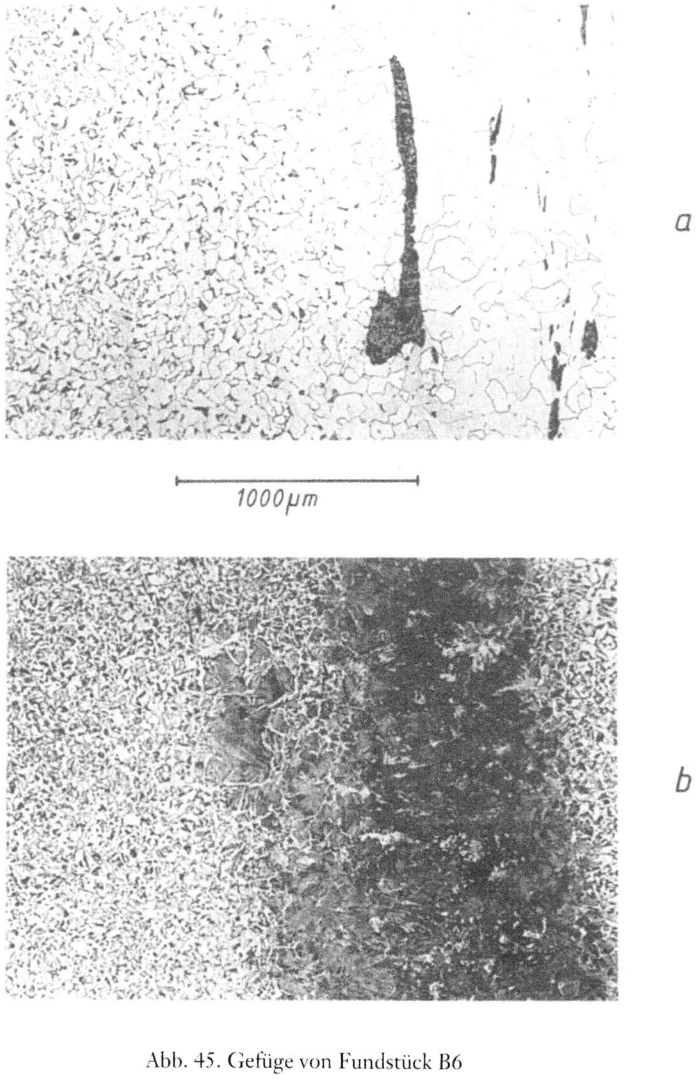

Abb. 45. Gefüge von Fundstück B6

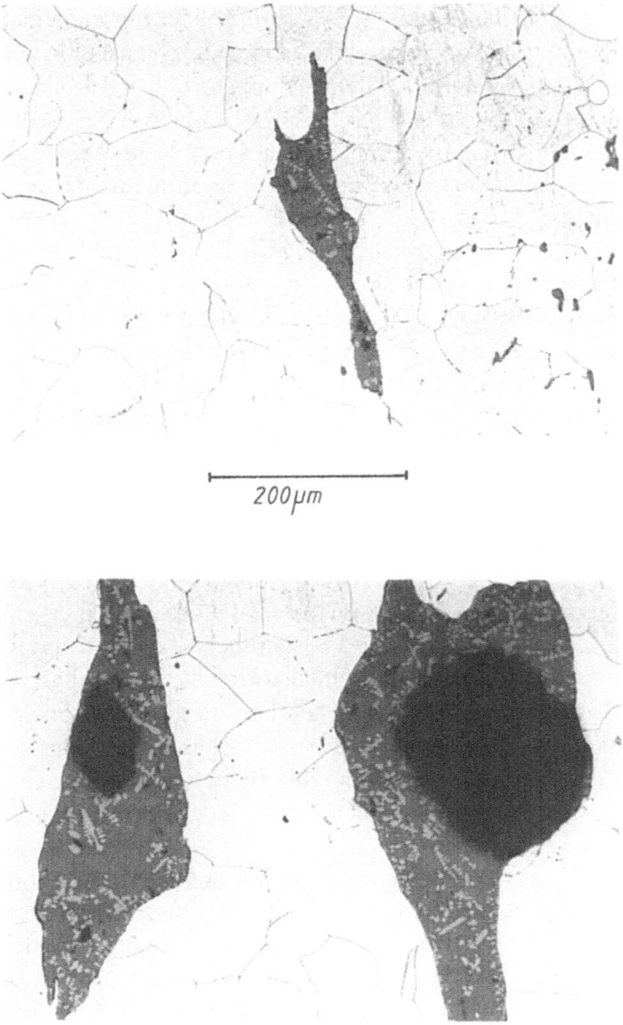

Abb. 46. Schlackeneinschlüsse in Fundstück B6

Korngröße innerhalb eines kohlenstoffarmen Bereiches und die Größe der an vielen Stellen vorhandenen Schlackeneinschlüsse und in Abb. 45b ist der Übergang von einer rein perlitischen Insel zu ihrer wesentlich kohlenstoffärmeren Umgebung wiedergegeben. Um welche Schlackenart es sich bei den nichtmetallischen Einschlüssen handelt, geht aus *Abb. 46* hervor, das Einschlüsse aus der randnahen Zone (Abb. 46a) und der Mitte des Stabes (Abb. 46b) bei stärkerer Vergrößerung zeigt. Die hellen Wüstit-Dendriten im grauen Fayalit weisen klar auf Rennofen-Schlacke hin.

Dieser Befund über den Vierkantstab deckt sich in wesentlichen Punkten mit Ergebnissen von O. Schaaber, der bei der Untersuchung von flachem und vierkantigem Halbzeug eines mit ebenfalls stark schwankenden Kohlenstoffgehalten festgestellt hatte (vgl. S. 28). Eine solche inhomogene Kohlenstoffverteilung in einem Schmiedeprodukt kann dadurch zustande gekommen sein, daß die als Ausgangsmaterial dienende Luppe örtlich variierende Kohlenstoffgehalte aufwies und damit ähnlich beschaffen war wie das Reduktionsgut aus den Versuchen, oder daß mehrere kleine aus dem Rennofen gewonnene Stahlteilchen unterschiedlicher Zusammensetzung miteinander feuerverschweißt und geschmiedet wurden. Gegen diese letztgenannte Erklärung sprechen allerdings u. a. die großen Einschlüsse von Rennofenschlacke in dem untersuchten Fundstück der Abb. 44.

Die bisherigen Ergebnisse aus dem Fundmaterial führen unter Einbeziehung der von H. Dolenz gewonnenen Erkenntnis, wonach die Schmieden auf dem Magdalensberg von Italern betrieben wurden (vgl. Beitrag H. Dolenz, S.161 und 165) zu dem Schluß, daß diese italischen Handwerker dem Ruf des norischen Eisens gefolgt waren und sich in der für sie günstigen Nähe der Erzeugung an dem Ort niederließen, an dem sich gute Möglichkeiten für den Handel mit ihren Produkten bot. Die aus ihren Werkstätten stammenden Erzeugnisse umfaßten Fertigwaren aller Art, es kann aber auch Halbzeug gewesen sein, für das nach erwiesener Schmiedbarkeit auch Nachfrage seitens anderer Werkstätten im Imperium bestand und das daher entsprechenden Wert besaß. Unter dem aus dem Tal stammenden Rohmaterial in Form von Luppen befanden sich auch zu kohlenstoffreiche und daher nicht umformbare, die, ebenso wie einzelne versehentlich mitgelieferte Schlacken erst von den Schmieden für allfällige weitere Nutzung gesammelt oder verworfen wurden. Wenn damit auch frühere Ungereimtheiten beseitigt erscheinen, handelt es sich doch nur um eine lediglich durch Indizien gestützte Erklärung, die eines Beweises bedarf.

Zu den sich aus der ungleichmäßigen Zusammensetzung von geschmiedeten Halbzeug ergebenden Fragen können vorläufig überhaupt nur vage Vermutungen angestellt werden. Künftige Funduntersuchungen, deren Erforderlichkeit schon zum Ausdruck gebracht wurde, sollten auch diesbezügliche Antworten liefern können. Da die Archäometallurgie in Österreich, anders als in vielen europäischen und überseeischen Ländern nur individuell betrieben wird, richtet sich die Hoffnung auf die gute Zusammenarbeit von Archäologen und Metallurgen, die sich in der Vergangenheit bewährt und zu guten Erfolgen geführt hat.

Schrifttum

1. Hauptmann, A.: Die Kupfer- und die Bronzezeit. Ferrum Nr. 63 (1991), S. 12–17.
2. Moesta, H.: Erze und Metalle – ihre Kulturgeschichte im Experiment. 2. Auflage. Springer-Verlag, Berlin Heidelberg New York Tokyo 1986, 189 S.
3. Ruschitzka, L.: Das Rennverfahren – zur Geschichte und zum Reaktionsmechanismus einer hüttenmännischen Verfahrenstechnik. Gießereitechnik 32 (1986), Nr. 11, S. 349–352.

3a. Hauptmann, A. in: Jahresbericht 1994 des Deutschen Bergbau-Museums. Bochum 1995. S. 47.
4. Charles, J. A.: From copper to iron – The origin of metallic materials. J. Metals 31 (1979), Nr. 7, S. 8–13.
5. Tylecote, R. F.: A History of Metallurgy. 2. Aufl. The Institute of Materials, London 1992; 205 S., 149 Abb., 5 Karten.
6. Waldbaum, J. C.: Copper, Iron, Tin: The Story of the Iron Age in the Eastern Mediterranean. Archeomaterials (T. Stech ed.) 3/2, 1989, S. 111–122.
7. Schauwinhold, D.: Aus der Geschichte des Werkstoffes Stahl. Stahl und Eisen 105 (1985), Nr. 22, S. 1275–1282.
8. Piaskowski, J.: Metallographic examinations of ancient and medieval iron implements found in the territories of Poland. In: Archeometallurgy of iron. (R. Pleiner ed.) Prag 1989, S. 407–427.
9. Buchwald, F. und G. Mosdal: Meteoritic iron, telluric iron and wrought iron in Greenland. Meddelelser on Gronland, Man & Society 9, 1989, S. 1–49.
10. Wayman, M. L.: The early use of iron in arctic North America. J. Metals 40 (1988), Nr. 9, S. 44–45.
11. Avery, D. H. and P. Schmidt: A metallurgical study of the iron bloomery particularly as practiced in Buhaya. J. Metals 31 (1979), Nr. 10, S. 14–20.
12. Dörner, K.: Kleinasien – Ursprungsland des Eisens? Stahl und Eisen 86 (1966) Nr. 1, S. 1–7.
13. Feldkamp, J.: Vom Rennofen zum Draht. Drahtwelt 75 (1989), Nr. 6, S. 62–64, 66, 69–70.
14. Sramko, B. A.: Die Eisenbearbeitung bei den Skythen im nördlichen Schwarzmeergebiet (7.–4. Jahrhundert v. u. Z). Wie unter [8], S. 359–369.
15. Gilles, J. W.: Der Stammbaum des Hochofens. Arch. Eisenhüttenwes. 23 (1952) Nr. 11/12, S. 407–415. (Zitiertes Original: Iscor News 15 [1950], S. 771–775).
16. ElGayar, El. S. und M. P. Jones: Metallurgical investigation of an iron plate found in 1837 in the Great Pyramid of Gizeh. Egypt. Historical Metallurgy 23 (1989), Nr. 2, S. 75–83.
17. Waldbaum, J. C.: From bronze to iron: The transition from the bronze age to the iron age in the Eastern Mediterranean. Studies in Mediterranean Archaeology 54, Göteborg, 1978.
18. McGovern: The innovation of steel in Transjordan. J. Metals 40 (1988), Nr. 7, S. 50–52.
19. Agrawal, O. P., J. Prakesh and S. K. Bhatia: Lamination technique in iron artifacts in ancient India. Historical Metallurgy 24 (1990), S. 12–26.
20. Prakash, Bh.: Methods of iron making in early India. Wie unter [8], S. 307–332.
21. Tholander, E.: Evidence of the use of carburized steel and quench hardening in Late Bronze Age Cyprus: Opuscula Atheniensis 10 (1971), S. 15–21, vgl.: [22].
22. Scott, B. G.: Methods of conserving early iron objects. Wie unter [8], S. 10–16.
23. Varoufskiis, G. J.: Greece, an important metallurgical centre of iron in antiquity. Wie unter [8], S. 279–286.
24. Pleiner, R.: Iron-making and working on the territory of Czechoslovakia until middle ages. Wie unter [8], S. 93–107.
25. Bielenin, K.: Anfänge des Eisenhüttenwesens in den Ländern Polens. In: Göteborgs Arkeologiska Museum (Hsg.): Die vorrömische Eisenzeit im Kattegatt-Gebiet und in Polen. Göteborg 1980, S. 85–107.
26. Pleiner, R.: Die Eisenverhüttung in der „Germania Magna“ zur römischen Kaiserzeit. 45. Bericht der Röm.-German. Kommission 1964, S. 11–86, Berlin 1965.
27. Voigt, A.: Eisengewinnung und -verarbeitung zur Römerzeit im Gebiet der Erzprovinz um das Hohe Venn. Stahl u. Eisen 79 (1959), S. 1359–1361.
28. Bielenin, K.: Frühzeitliche Eisenverhüttungszentren in Polen. Wie unter [8], S. 139–150.
29. Bielenin, K.: Der Rennfeuerofen mit eingetieftem Herd und seine Formen in Polen. Offa, Ber. u. Mitt. zur Urgeschichte, Frühgeschichte u. Mittelalterarchäologie 40 (1983), S. 47–61.

30. Plinius major: Naturalis historia. XXXIV, Kap. 41, S. 142–146.
31. Piccottini, G.: Die Römer in Kärnten. Univ.-Verlag Carinthia, Klagenfurt (1989), 304 S. S. bes. S. 110. ISBN 3-85378-333-3.
31a. Glaser, F.: Norische Öfen im Görtschitztal. In: Grubenhunt und Ofensau. Beitragsband zur Kärntner Landesausstellung 1995, S. 273–276.
32. Espelund, A.: The operation of bloomery furnaces from AD 0-500 in mid-Norway. Wie unter [8], S. 169–190.
33. Knoll, H., A. Locher, R. Mauterer, H. Newesely, F. Preusser, P. Rosumek, R. Rottländer, O. Schaaber, G. Schulze, G. Strunk-Lichtenberg u. H. Vetters: Plinius der Ältere über das Eisen. Arch. Eisenhüttenwes. 51 (1980), Nr. 12, S. 487–492.
34. Schaaber, O., H. Müller u. I. Lehnert: Metallkundliche Untersuchungen zur Frühgeschichte der Metallurgie. Archäologie u. Naturwissensch. 1, 1977, S. 221–268.
35. Schaaber, O.: Beiträge zur Frage des Norischen Eisens. Carinthia I 153 (1963), S. 129–279.
36. Schaaber, O.: Beiträge zur Frage des Norischen Eisens (II). AIF Jahreshauptversammlung (1965), S. 31–52, Mitt. aus dem Inst. f. Härterei-Techn. Bremen, Abhandlg. 92.
37. Caesar: De Bello Gallico I, S. 40.
38. Böhne, C.: Vom Damaststahl zum Scharsachstahl. Arch. Eisenhüttenwes. 40 (1969), Nr. 8, S. 661–665.
39. Egger, R.: Die Stadt auf dem Magdalensberg, ein Großhandelsplatz. Denkschriften der Österr. Akad. d. Wissensch. Phil. Hist. Kl., Bd. 79, 1961.
40. Kleemann, O.: Stand der archäologischen Forschung über die eisernen Doppelpyramiden-(spitz-)Barren. Arch. Eisenhüttenwes. 32 (1961), Nr. 9, S. 581–585.
41. Rädeker, W. u. F. K. Naumann: Untersuchung vor- oder frühgeschichtlicher Spitzbarren. Arch. Eisenhüttenwes. 32 (1961), Nr. 9, S. 587–595.
42. Naumann, F. K.: Untersuchung alter Fundstücke aus den Ausgrabungen am Magdalensberg in Kärnten. Arch. Eisenhüttenwes. 35 (1964), Nr. 6, S. 495–502.
43. Schaaber, O.: Metallkundliche Untersuchungen an Fundstücken aus Schweißstahl vom Magdalensberg. Arch. Eisenhüttenwes. 35 (1964), Nr. 6, S. 502–505.
44. Egger, R.: Die Ausgrabungen auf dem Magdalensberg 1960 und 1961. Carinthia I 153 (1963), Nr. 1 u. 2, S. 93–111.
45. Vetters, H.: Ferrum Noricum. Anzeiger der phil.-hist. Kl. d. Österr. Akad. d. Wissensch. 1966, So. 6, S. 167–185.
46. Mitsche, R.: Untersuchungen an norischen Meißeln vom Magdalensberg/Kärnten. Berg- und Hüttenmänn. Mh. 106 (1961) Nr. 11, S. 460–465.
47. Straube, H.: Erzreduktionsversuche in Rennöfen norischer Bauart. Arch. Eisenhüttenwes. 35 (1964), Nr. 9, S. 932–940.
48. Straube, H., Tarmann, B. u. Plöckinger, E.: Erzreduktionsversuche in Rennöfen norischer Bauart. Kärntner Museumsschriften XXXV (1964), 68 S.
49. Straube, H.: Beitrag zur antiken Stahlerzeugung im Raume Kärnten. Radex-Rundsch. 1973, Nr. 2, S. 479–498.
50. Pleiner, R.: Problem of Direct Steel Production in Early Ferrous Metallurgy. Steel Times 196 (1968), Nr. 5, S. 312–318.
51. Straube, H.: Kritische Gegenüberstellung der Theorien über die Metallurgie des Rennfeuers. Ferrum Nr. 57, Mai 1986, S. 20–28.
52. Angus, N. S., G. T. Brown and H. F. Cleere: The iron nails from the Roman legionary fortress at Inchtuthil, Perthshire. J. Iron Steel Inst. 200 (1962), S. 956–968.
53. Graf Wurmbrand, G.: Korresp.-blatt d. Dtsch. Ges. f. Anthrop. München 1877, S. 150ff, zitiert nach: Freise, F.: Das Eisenhüttenwesen im Altertum. Stahl u. Eisen 27 (1907), Nr. 45, S. 1615–1621 u. Nr. 46, S. 1655–1659.
54. Sadzot, J.: Industrie (Rev. Feder.Ind.belges) 10 (1956) S. 564–571.
55. Gilles, J. W.: Versuchsschmelze in einem vorgeschichtlichen Rennofen. Stahl u. Eisen 78 (1958), Nr. 23, S. 1690–1695.

56. Gilles, J. W.: Rennversuch im Gebläseofen und Ausschmieden der Luppen. Stahl u. Eisen 80 (1960), Nr. 14, S. 943–948.
57. Wynne, E. J. and R. F. Tylecote: An Experimental Investigation into Primitive Ironmelting Techniques. J. Iron Steel Inst. 190 (1958), Nr. 4, S. 339–348, u. Stahl u. Eisen 80 (1960), Nr.12, S. 824–826.
58. Rjazancev, A.: Versuchsreduktion von Bohnerz in einem Ofen mit natürlichem Zug unter Nutzung des in Studor vorherrschenden Windes. Zelezar Technicna Priloga, Zelezarne Jesenice 4 (1962), Nr. 2, S. 14–24, 5 (1963), Nr. 2, S. 85–99.
59. Radwan, M. and R. Pleiner: Polish-Czechoslovak Smelting Experiments in Bloomery Furnaces of Roman Design. Archeologické rozhledy 15 (1963) Nr. 1, S. 47–71.
60. Neumann, B.: Die ältesten Verfahren der Erzeugung technischen Eisens. Freibert Forsch.-H. D6, 1954.
61. Schürmann, E.: Die Reduktion des Eisens im Rennofen. Stahl u. Eisen 78 (1958), Nr. 19, S. 1297–1308.
62. Bartuska, M. u. R. Pleiner: Untersuchungen von Baustoffen und Schlacken aus den frühgeschichtlichen Rennöfen Böhmens und Mährens. Techn. Beiträge zur Archäologie, Mainz 1965, 47 S.
63. Osann, B.: Eisenhüttenmännische Aussagen der Rennofen-, Rennstahl- und Rennschlackenfunde von Salzgitter-Lobmachtersen. Stahl u. Eisen 79 (1959), Nr. 17, S. 1206–1211.
64. Thomsen, R.: Metallografische Untersuchungen an wikingerzeitlichen Eisenbarren. In: Berichte über die Ausgrabungen in Haithabu. (Schietze, K. Hsg.), K. Wacholtz Verlag, Neumünster 1971, Bericht 5, S. 9–29.
65. Hansen, M. und K. Anderko: Constitution of Binary Alloys. McGraw Hill Book Comp. Inc., New York, Toronto, London 1958, 2. Aufl., S. 684–691.
66. Aristoteles: Meteorologica IV–VIa (383a). Übersetz. v. H. D. P. Lee, ed. Loeb, London-Cambridge, Mass. 1962.
67. Wilsdorf, H.: Historische und archäologische Quellen zur Geschichte des Eisens. In: [60], S. 81 und 86.
68. Oelsen, W. u. E. Schürmann: Untersuchungsergebnisse alter Rennfeuerschlacken. Arch. Eisenhüttenwes. 25 (1954), Nr. 11/12, S. 507–514.
69. Bowen, N. L. u. J. F. Schairer: The System $FeO-SiO_2$. Amer. Journ. Sci. 5. Ser. 24 (1932), S. 177–213.
70. Schenck, H. u. G. Wiesner: Untersuchungen über Reaktionsgleichgewichte zwischen flüssigem Eisen und kieselsäuregesättigten Schlacken. Arch. Eisenhüttenwes. 27 (1956), Nr. 1, S. 1–11.
71. Baur, E. u. A. Glaessner: Über die Einwirkung von Kohlenstoff, Kohlenoxyd und Kohlensäure auf das Eisen und seine Oxyde. Z. f. physik. Chemie 43 (1903), S. 354–368, vgl. Stahl u. Eisen 23 (1903), S. 556–562.
72. Schenck, R., H. Franz u. H. Willecke: Über den Einfluß von Fremdoxyden auf die heterogenen Eisengleichgewichte. Z. anorg. allg. Chem. 184 (1929), S. 1–38, vgl. Stahl u. Eisen 50 (1930), S. 519–520.
73. Körber, F. u. W. Oelsen: Die Reduktionsgleichgewichte von Oxyden und Oxydgemengen als Grundlage wichtiger Probleme der Eisenerzeugung. Z. Elektrotechn. 46 (1940), S. 188–194.
74. Roesch, K. und H. M. Kühn: Synthetische Herstellung von Rennfeuereisen und dessen handwerkliche Verarbeitung. Arch. Eisenhüttenwes. 47 (1976), S. 4–7.
75. Schmid, W.: Norisches Eisen, In: Beiträge zur Geschichte des österr. Eisenhüttenwesens, Abt. 1, Heft 2, S. 167–211, Wien Berlin Düsseldorf 1932.
76. Dinklage, K.: Geschichtliche Entwicklung des Eisenhüttenwesens in Kärnten. Radex-Rundsch. 1954, Nr. 7/8, S. 256–291.
77. Wie unter [75], s. bes. S. 205.
78. Sperl, G.: Corrigenda zum frühen Eisen in Österreich. Berg- u. Hüttenmänn. Mh. 128 (1983), Nr. 5, S. 181–184.

79. Gilles, J. W.: Neue Ofenfunde im Siegerland. Stahl u. Eisen 78 (1958), Nr. 17, S. 1200–1201.
80. Pleiner, R.: Die Ergebnisse neuer Ausgrabungen an vor- und frühgeschichtlichen Eisenhüttenplätzen in Böhmen und Mähren. Stahl u. Eisen 78 (1958), Nr. 24, S. 1748–1754.
81. Weiershausen, P.: Vorgeschichtliche Eisenhütten Deutschlands. Mannus-Bücherei, Bd. 65, Leipzig 1939.
82. Sönnecken, M.: Forschungen zur mittelalterlichen Rennfeuerverhüttung im Sauerland. Stahl u. Eisen 81 (1961), Nr. 17, S. 1138–1143.
83. Bielenin, K.: Einige Bemerkungen zu Schmelzversuchen in Rennöfen. Wissenschaftl. Arb. aus dem Burgenland 71 (1985) S. 187–193.
84. Wie unter [26], S. 26.
85. Engell, H. J., H. J. Grabke und W. Pluschkell: Die Reduktion der Eisenerze. Teil I: Physikalisch-chemische Grundlagen. Die Naturwissenschaften 59 (1972), S. 263–269.
86. Tylecote, R. F., J. N. Austin and A. E. Wraith: The Mechanism of the Bloomery Process in Shaft Furnaces. J. Iron Steel Inst. 209 (1971), S. 342–363.
87. Vetters, H.: Der Tempelbezirk. In: Magdalensberg-Grabungsberichte 8 (1959), S. 7–62, s. bes. S 36ff.
88. Wie unter [35], s. bes. S. 156–157.
89. Schulz, E. H.: Über die Ergebnisse neuerer metallkundlicher Untersuchungen alter Eisenfunde und ihre Bedeutung für die Technik und die Archäologie. Arbeitsgemeinschaft für Forschung des Landes Nordrhein-Westfalen, Reihe Naturwissenschaften, Nr. 91. Westdeutscher Verlag, Köln und Opladen, 1961.
90. Wie unter [35], s. bes. S. 152.
91. Straube, H.: Untersuchungen an norischen Fundluppen. wie unter [8], S. 43–52, 487–488 und II–VII.
92. Schaaber, O.: Einige Folgerungen aus der metallographischen Untersuchung von antiken Werkstoffen. Radex-Rdsch. 1967, Nr. 3/4, S. 547–554.
93. Leitgeb, O. (Verein Geschichtsfreunde Görtschachtal): Persönliche Mitteilung.
94. Wie unter [29], s. bes. S. 266–267.
95. Schaaber, O.: Überlegungen zur Deutung der Plinius-Angaben über das Eisen aufgrund metallkundlicher Funduntersuchungen. Jahreshefte des österr. archäolog. Inst. Bd. 51, 1976–77, Hauptblatt, S. 85–105.
96. Schaaber, O.: Persönliche Mitteilung; vgl. [49], S. 490.
97. Nosek, E.: The investigation of the iron-sponge fragments from Burgenland. Wissensch. Arb. Burgenland 59 (1977), S. 71–82.
98. Holewinski, St., M. Radwan u. W. Rózanski: Z badan nad dymarka Swietokrzyska. (Versuche mit Rennöfen aus dem Heiligkreuzgebirge.) Archiwum Hutnictwa 5 (1960), S. 271–280.
99. Piaskowski, J.: Sprawozdanie z badan rudy, źuźla i fragmentów lupek z Podchelmia, powiat Kielce, Gardzienic, powiat Lipsko oraz Jeleniowa i Starej Slupi, powiat Opatów (Bericht über die Untersuchung von Erzen, Schlacken und Eisenluppenteilen aus Podchelmia, Bezirk Kielce, Gardzienic, Bezirk Lipsko sowie Jeleniowa und Starej Slupi, Bezirk Opatów). Kwaterlnik Historii Kultury Materialnej 8 (1960), Nr. 4, S. 573–581.
100. Wie unter [26], s. bes. S. 64.
101. Pleiner, R.: Otázka primé vyroby ocele v protohistorické technice. (Die Frage der direkten Stahlherstellung mittels protohistorischer Technik). Kovové Materiály (1966), S. 208–220.
102. Hagfeldt, H.: Examensarbeit am Inst. f. Eisenmetallurgie der Königl. Techn. Hochschule in Stockholm. Stockholm 1966.
103. Pleiner, R.: Experimental Smelting of Steel in Early Medieval Furnaces. Pamatky archeologické LX (1969), S. 458–487, s. bes. S. 486–487.
104. Morton, G. R. and J. Wingrove: Reduction of Iron from its Ore in the Medieval Bloomery. Steel Times, April 1970.
105. Anon.: 15 Schüler auf großer Ofenreise. Stahl u. Eisen 110 (1990) Nr. 8, S. 216–217.

106. Khevenhüller, G., R. Mitsche u. F. Trojer: Aufbau dreier römischer Eisenluppen und der damit verbundenen Schlackenbestandteile vom Magdalensberg, Kärnten. Carinthia II, 71 (1961), S. 81–87.
107. Dolenz, H.: Die eisernen militärischen Ausrüstungsgegenstände, land- und forstwirtschaftlichen Geräten und Werkzeuge der Stadt auf dem Magdalensberg in Kärnten. Dissertation, Universität Wien, Geisteswissensch. Fak. 1994. S. 285ff.
108. Piccottini, G.: Persönliche Mitteilung.

12. Eisenverarbeitung auf dem Magdalensberg (von Heimo Dolenz)

Die Reduktionsversuche auf dem Magdalensberg haben neue Aussagen über die Metallurgie des Rennofens gebracht, die durch die Untersuchung dort gefundener, nicht weiterverarbeiteter primärer Rennofenprodukte bestätigt wurden und die metallkundlichen Untersuchungen an zahlreichen Funden haben den hohen Stand des Könnens der damaligen Hüttenleute und Schmiede nachgewiesen. Handel und Export norischen Eisens sind durch schriftliche Aufzeichnungen für die Epoche von der republikanischen Zeit bis zur Spätantike belegt ([1], S. 4ff u. S. 306f). Speziell der weitreichende und große Mengen umfassende Handel mit Eisengütern in der Stadt auf dem Magdalensberg wird durch die schon erwähnten dortigen Wandinschriften (Vgl. S. 26) bewiesen. Dennoch ließen sich aus all dem über die hier seinerzeit geübten Tätigkeiten bei der Eisenherstellung und -verarbeitung nur Mutmaßungen ableiten. Einen Beitrag zur Beantwortung dieser Frage liefern jedoch die zahlreichen Forschungsergebnisse, über die mehrfach berichtet wurde und die eine umfassende Auswertung gestatten. [1]. Bei diesen wird besonderes Augenmerk auf die Vorlage und Deutung baulicher Befunde gelegt.

Abb. 1. Schmiededarstellung aus den Domitilla – Katakomben in Rom ([21], Fig. 4)

An dieser Stelle ist nicht vorgesehen, die einzigartige Formenvielfalt der eisernen Fundstücke aus den Grabungen neuerlich zu beschreiben, doch erscheint es angebracht, sich mit einigen Objekten, die direkt oder mittelbar mit der Eisenverarbeitung auf dem Magdalensberg in Zusammenhang stehen, näher zu befassen. Aus solch kennzeichnenden Funden war es möglich, deutliche Aussagen über die Bedeutung der Magdalensberger Eisenindustrie und deren Veränderung in der Zeitspanne der früheren Stadtentwicklung zu gewinnen, die durch weitere Fakten und Indizien untermauert werden. So ist die zu Anfang der sechziger Jahre nach Auffindung einiger weniger Ofenreste vereinzelt geäußerte Vermutung, daß hier Erzreduktion im Rennofen betrieben wurde, durch die bereits dargelegten Argumente deutlich widerlegt (vgl. S. 30). Da nunmehr auch nachgewiesen ist, daß in dem interessierenden Zeitraum nicht weit vom Magdalensberg Eisenerz in großem Umfang verhüttet wurde (vgl. S. 31), macht dies die Annahme eines Rennofenbetriebs in der Stadt auf dem Magdalensberg vollends hinfällig. Und da sich unter den zahlreichen untersuchten Eisenfunden auch Halbzeug und Primärprodukte befanden, wird die schon ausgesprochene und durch anderweitige Indizien gestützte Folgerung erhärtet, daß am Magdalensberg andernorts erzeugte Primärprodukte aus dem Rennofen, also Luppen, weiterverarbeitet wurden und daß es sich bei den hier festgestellten Werkplätzen um Schmieden han-

Abb. 2. Werkzeug- und Messerschmiede in Rom (Foto LMfK, U. P. Schwarz – nach [3], Nr. 114)

delte. Diese Aussage wird, wie im folgenden gezeigt, durch zeitgenössische Darstellungen zum antiken Schmiedebetrieb und andernorts gemachte Funde vollauf bestätigt.

Zunächst seien die antiken Darstellungen und schriftlichen Überlieferungen besprochen, die Einblick in das damalige Schmiedehandwerk geben und auch einen authentischen Rahmen für die Interpretation der baulichen Befunde in provinizellen Schmieden bieten.

Zählen im lateinischen Sprachgebrauch fabrica ferrea und fabrilis officina zu den geläufigsten Idiomen für das Wort Schmiede, so werden die in Schmieden tätigen Handwerker durch eine Fülle von Ausdrücken bezeichnet. Allem Anschein nach wurde nicht nur unter den Bearbeitern verschiedener Werkstoffe wie zwischen einem Schmied schlechthin (faber ferrarius) und einem Stahlschmied (faber aciarius) unterschieden, sondern es lassen sich auch zahlreiche Berufsbezeichnungen anführen, die vom erzeugten Produkt herrühren. Gleichsam als Beleg für ein an sich hochspezialisiertes Handwerk seien hier nur Messer- (cultrarii), Sichel- (falcarii), Ring- (anularii) und Nagelschmiede (clavarii) sowie Schlosser (claustrarii) und Feilenhauer (limarii) angeführt [2].

Hinzu kommt natürlich die Möglichkeit, die Berufsbezeichnung faber aciarius produktbezogen zu verstehen und darin Leute zu sehen, die auf die Herstellung von Schneiden (acies) und von schneidendem Gerät spezialisiert waren. Dafür würden auch die einen faber aciarius namens Herennius nennende Grabinschrift aus dem nahen Aquileia und die mit demselben Namen signierten Ziehmesser aus Samizegetusa in Rumänien sprechen ([1], S. 248). Ob nun der Terminus werkstoff- oder produktspezifisch aufgefaßt wird, die Magdalensberger Schmiede als fabri aciarii zu bezeichnen, ist aufgrund der örtlichen Eisenfunde berechtigt und wohl auch zutreffend (Vgl. S. 26).

Abb. 3. Feinschmiede in Aquileia (Foto LMfK, U. P. Schwarz – nach [3], Nr. 122)

Zeitgenössische Aufzeichnungen geben dagegen nur wenig schlüssige Hinweise auf die Arbeit der Schmiede und die von ihnen genutzten Einrichtungen. Über Werkstätten liegen nur unzureichende Informationen vor und auch in den Stellen, die sich auf das „Ferrum Noricum" beziehen, finden sich keine genauen Aussagen zu Schmieden, ihrer Ausstattung und den darin ausgeführten Tätigkeiten. Die Angaben sind nur allgemeiner Art wie z. B. bei Vergil, der „Herd mit Blasebalg, Amboß, Hammer und Zange" als wichtigstes Arbeitsgerät eines Schmiedes erwähnt oder der von Plinius berichteten „Härtung besonders beanspruchter Erzeugnisse" ([1], S. 23), aus der zumindest hervorgeht, daß Schmieden mit Behältnissen für Wasser und Öl ausgestattet waren.

Ein anderer Hinweis geht aus den Ritzinschriften vom Magdalensberg hervor. Demnach entsprachen die hierin genannten exportierten Warengruppen recht unterschiedlichen Gewichtsklassen. Dies setzt natürlich auch das Vorhandensein von Waagen samt dazugehörigen Gewichten im Inventar einer Schmiede voraus.

Die Ikonographie des Schmiedehandwerkes war bereits Gegenstand ausführlicher Betrachtungen ([3], S. 37ff u. S. 93ff). Die zwar plakative und z.T. auch zum Schema erstarrte Form der Darstellungen auf Grabsteinen geben doch Zeugnis von gewerblicher Repräsentation und dem Standesbewußtsein der Schmiede. Die Grabreliefs waren ursprünglich polychrom bemalt und zeigten sicher eine Fülle heute vergangener Details. Aus dem erhalten Gebliebenen ergibt sich aber immer noch mancher Einblick in das antike Handwerk. Meist bildet ein quader- oder pyramidenstumpfförmiger Amboß (incus) mit den daran arbeitenden Schmieden das Zentrum des Dargestellten. Der Unterbau (caudex) des Ambosses hat ähnliche Form und die Bahn des Ambosses liegt etwa zwischen Knie- und Lendenhöhe der Bearbeiter (Abb. 5). Bei kraftaufwendigen Arbeiten, wie dem Strecken von Barren arbeiten die Schmiede stehend (*Abb. 1, 4, 5*), bei Feinarbeiten sitzen sie auf Schemeln oder massiven Hockern (*Abb. 2* und *3*). Dem jeweiligen Werkzeug, Hammer, Zange oder Amboß, kommt charakterisierende Bedeutung zu, symbolisierte es doch die vom Verstorbenen ausgeübte Tätigkeit ([3], S. 39). Bei den Schmiedeherden sind trotz uneinheitlicher Darstellung zwei Typen zu unterscheiden. Zum einen handelt es sich dabei um bodennahe Anlagen (Abb. 3 und 4), zum anderen um höherliegende z.T. offene Herde mit konchienähnlicher Rückwand (Abb. 1, 2 u. 5). Beide Typen wurden auf quaderförmigen Unterbauten errichtet. So zeigt beispielsweise die mit einer giebelartigen Abdeckung versehene bodennahe Esse auf einem Grabrelief aus Aquileia (Abb. 3) neben der rechteckigen Öffnung zur Beschickung noch eine kleinere bogenförmige Aussparung für die Windzufuhr zum Feuer, während auf einem Graffito in der Domitillakatakombe in Rom (Abb. 1) die gemauerte Rückwand der herdähnlichen Esse besonders anschaulich wiedergegeben wird. Hinter oder auch seitlich der Essen stehen Gehilfen, die mit Blasebälgen (folles) dem Schmiedefeuer Wind zuführen. Die anscheinend mit den Essen verbundenen und mittels zweier Holzgriffe zu bedienenden Blasebälge der beiden stadtrö-

Abb. 4. Schmiededarstellung aus Sens (Foto LMfK, U. P. Schwarz – nach [22], Nr. 2779)

Abb. 5. Schmiededarstellung aus der Levante ([23], Nr. 1169)

mischen Darstellungen (Abb. 1 und 2) entsprechen wohl den heute noch gebräuchlichen Balggebläsen mit Ventilen. Bei den bodennahen Essen auf den Reliefs in Aquileia und Sens (Abb. 3 und 4) wird das Gebläse von den perspektivisch wiedergegebenen Schutzwänden verdeckt. Deutlich zu erkennen sind jedoch in Abb. 4 zwei auf gleicher Höhe angebrachte kreisförmige Öffnungen durch die je ein Rohr geführt wurde, die beide in einer Düse münden. Wenn die Schutzwände fest im Boden verankert waren, könnte auch an jedem Rohr ein Balg befestigt gewesen sein. Durch abwechselnde Betätigung konnte ein andauernder Luftstrom erzeugt werden. Auch die aus der Levante stammende Schmiededarstellung im Pergamonmuseum (Abb. 5) zeigt, wenngleich nur im Hintergrund, eine solche vor Hitze und Funkenflug schützende Wand. Ferner sind in Schmieden noch Aufhängevorrichtungen für das verwendete Werkzeug und die Erzeugnisse (*Abb. 2, 6* u. *7*) aber auch Werkbänke zu erwarten. Wie zwei Reliefs aus Ostia veranschaulichen, konnte als Schleifsteinunterlage sowohl ein kistenartiges Gestell auf schrägen Beinen (Abb. 7), als auch ein lendenhoher Mühlstein (Abb. 6) Verwendung finden. Die besprochenen Darstellungen bringen ein wenig Information über die Errichtung römischer Schmieden, sie sagen aber nichts über Lage und das Aussehen der sie beherbergenden Bauten aus. Diese gehörten jedoch mit Sicherheit zur Infrastruktur einer einigermaßen entwickelten zivilen Siedlung und waren beispielsweise auch zur Aufrechterhaltung des öffentlichen Post- und Verkehrswesens (cursus publicus) [4] unentbehrlich. Die vorrömischen Schmiedetätigkeiten sind oft nur anhand von Erzeugnissen und Abfallprodukten nachzuweisen ([5], S. 156ff);

Abb. 6. Werkstattszene aus Ostia (Foto LMfK, U. P. Schwarz – nach [3], Nr. 117)

Abb. 7. Werkstattszene aus Ostia (Foto LMfK, U. P. Schwarz – nach [3], Nr. 119)

auf das Vorhandensein von römischen Zivilschmieden läßt sich meist nur durch Schlacken- und Eisendepotfunde mit Schmiedeinventar schließen [6]. Im Gegensatz zu Werkstätten von Militärlagern (fabricae), deren Funde recht tiefen Einblick eröffnen, wie die hier besonders interessierende Produktion militärischer Ausrüstung auf dem Magdalensberg ([1], S. 142ff), sind die archäologischen Befunde vieler Zivilschmieden nur wenig aussagekräftig, soweit ihre Bauten betroffen sind. Der Kenntnisstand über provinzialrömische Zivilschmieden beruht im wesentlichen auf drei untersuchten Anlagen.

Die Schmieden von Ulaka (*Abb. 8a, b*) wurden im Jahre 1936 von W. Schmid [7] archäologisch untersucht. Drei in einer Front liegende Häuser an der Nordwestecke der Hügelkuppe des Ulaka wie auch zahlreiche beiderseits einer 2,5 m breiten Straße gelegene Werkstätten, zeugen vom „halbstädtischen Charakter“ dieser Straßensiedlung, die von tiberischer Zeit bis in die Mitte des zweiten Jahrhunderts n. Chr. Bestand hatte. Eindeutig als Schmiede anzusprechen ist ein langrechteckiger Raum im Haus 1 (Abb. 8a). Zwei von halbkreisförmigen Bruchsteinmauern eingefaßte Essen (A, B) konnten hier ergraben werden, in denen jeweils eine Lehmwand den Blasebalg und seine Betreiber vor Hitze und Funkenflug schützte. Zur Schmiede im Haus 2 (Abb. 8b), das sich auf der Hügelkuppe befand, gehörte auch ein Nebenraum (B) und der ins Freie führende Gang C. Im Bereich des nahezu quadratischen Essenfundamentes befanden sich: Hammerschlag, Schlacken, eine Schmiedezange, ein Schmiedehammer, mehrere Scherenhalbfabrikate, eine Dechsel, eine Hacke, ein Rebmesser, Schlüssel und Riegel sowie zahlreiche Bronze-

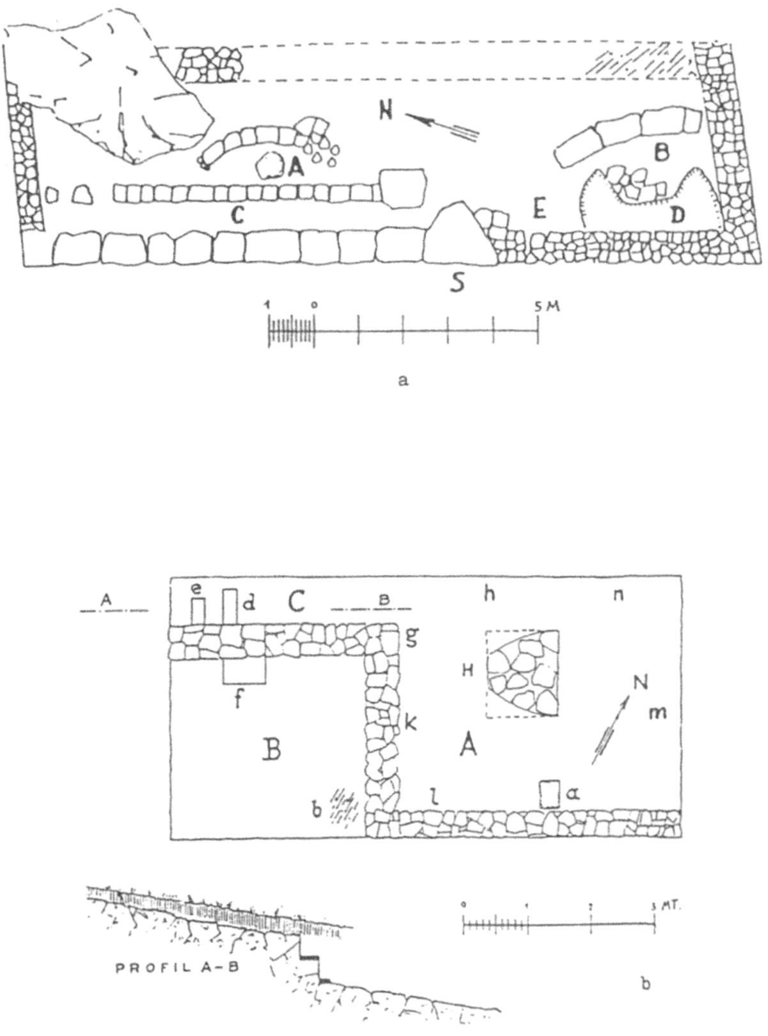

Abb. 8a–b. Grundriß der Schmiede von Ulaka in Slowenien ([7], Abb. 3 u. 7)

gegenstände. Bezeichnend ist ferner der Fund einer „Steinplatte mit kreisförmiger Öffnung". Diese war wohl Teil einer fest gegründeten Schutzwand, durch deren Öffnung der bodennahen Esse künstlicher Wind zugeführt wurde. Ob der gleichfalls gefundene „Mühlstein mit Aufsatz" als Sockel für einen Steckamboß, als Amboß selbst oder als Schleifunterlage diente, muß hingegen fraglich bleiben.

Wohl um eine Wagnerei handelt es sich im Falle der Schmiede in der Straßenstation (mansio) Noreia (Wildbad – Einöd/Steiermark) [8]. In der Südecke des trapezförmigen Hauptraumes 5 (*Abb. 9a*) kamen hier die Reste einer Esse zutage (*Abb. 9b*), in deren Umfeld auch ein Hammer, Schlacken und eine Handmühle geborgen wurden. Die Feuerstelle selbst bestand aus zwei Steinkränzen (ca. 1 m ∅), die dem Ausgräber in ihrem Nordteil als „stark zerrissen“ erschienen; westlich davon fand sich auch hier wieder eine schmale nordsüdlich verlaufende gemauerte Schutzwand. Das nordseitige Fehlen der Steinumfassung ließe sich als Beschickungsöffnung deuten.

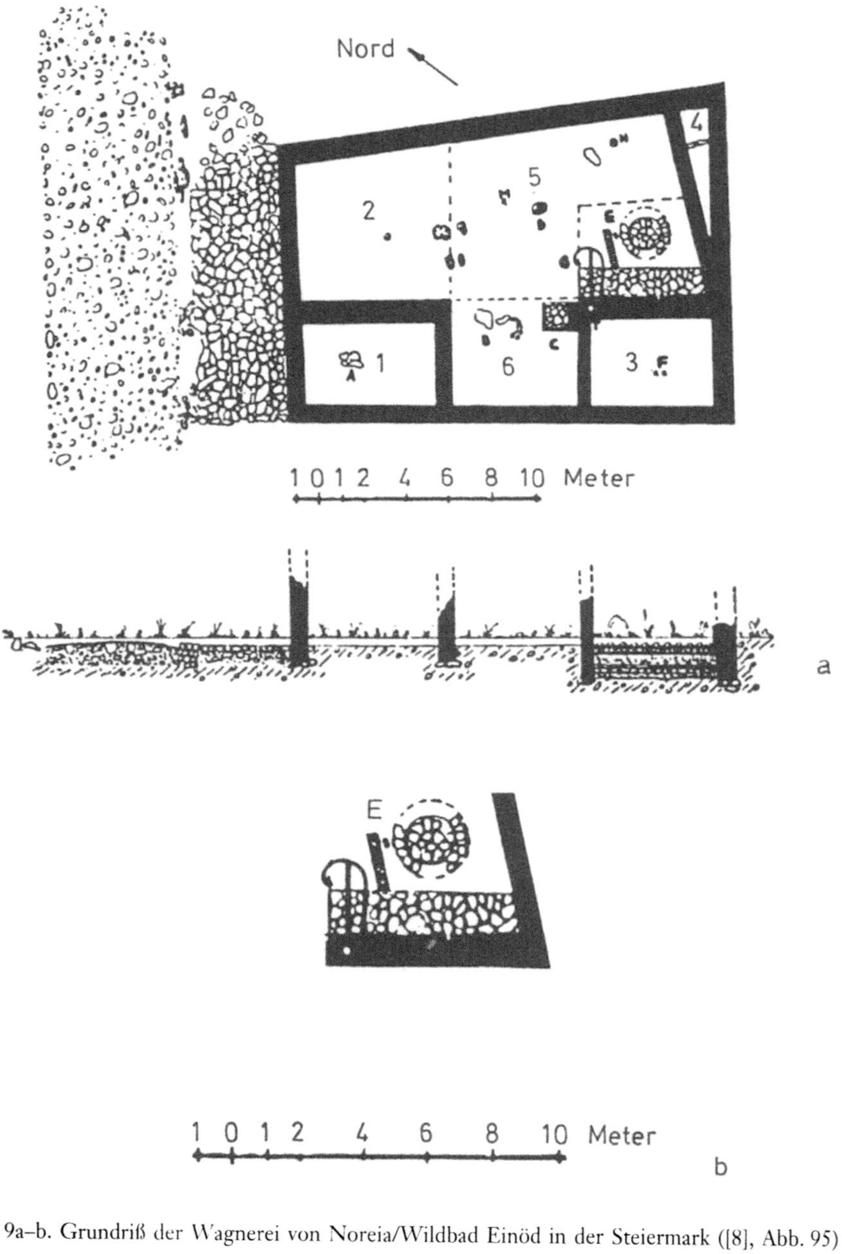

Abb. 9a–b. Grundriß der Wagnerei von Noreia/Wildbad Einöd in der Steiermark ([8], Abb. 95)

Ein weiteres Beispiel für einen Schmiedeofen findet sich auf dem in vielerlei Hinsicht dem Magdalensberg vergleichbaren Auerberg bei Schongau [9]. Der Fund wurde als mit Lehm ausgeschlagene Feuerstelle mit 1,8 m Durchmesser beschrieben, die noch in ihren untersten drei Steinlagen erhalten war. Neben ihr lagen ein großer Kalkstein- und ein Sandsteinblock, welch letzterer über eine deutlich erkennbare Arbeitsfläche verfügte. Wichtig erscheint ferner, daß die Anlage im Freien lag, und einer als fabrica gedeuteten Halle vorgelagert war.

Zusammenfassend zeigt sich in vielen Bereichen doch eine Übereinstimmung der zeitgenössischen bildlichen Quellen mit der geringen Anzahl auswertbarer Befunde. Gemeinsam ist den Essen, daß es sich dabei immer um bodennahe, steinumfriedete sowie mit künstlichem Wind versorgte Anlagen handelt, deren Durchmesser zwischen 1 und 1,80 m betragen. Die in unmittelbarer Nähe der Essen vorhandenen Schutzwände waren anscheinend fest im Boden verankert. Mit Kaminen dürften die Essen nicht ausgestattet gewe-

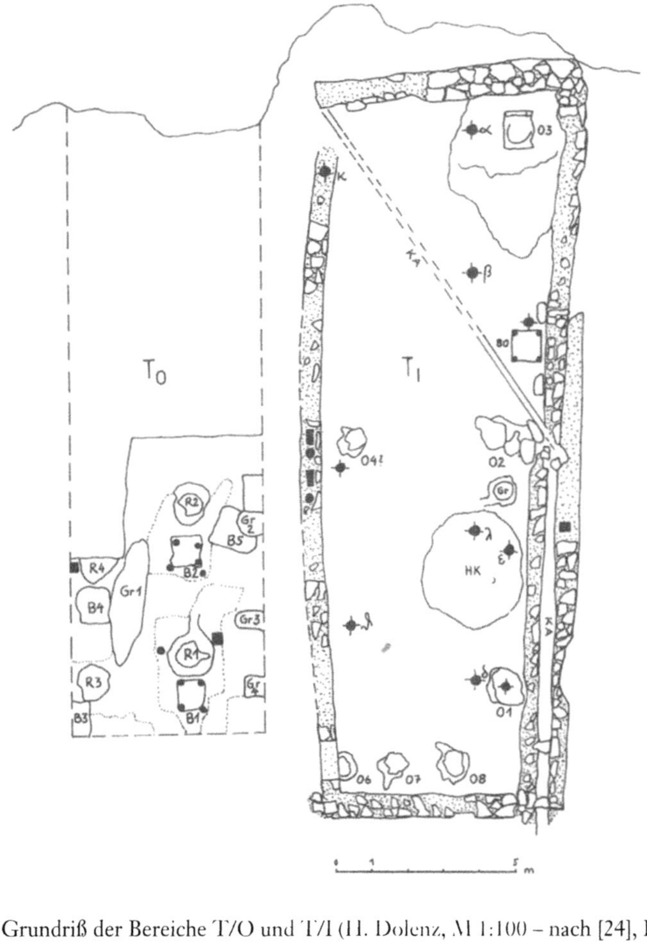

Abb. 10. Grundriß der Bereiche T/O und T/I (H. Dolenz, M 1:100 – nach [24], Beil. I u. II)

sen sein, so daß der Rauchabzug eher durch Oberlichten, gestelzte Dächer oder Aussparungen in den Wänden erfolgt sein könnte. Obwohl in Ulaka vermutlich zwei Essen gleichzeitig in Betrieb standen, wird in den meisten Fällen nur eine einzelne ständig benützte Esse zum Inventar einer Schmiede gehört haben. Bei den Schmiedewerkstätten zeichnet sich kein einheitlicher Grundriß ab, doch sollte es sich um steinummauerte, längliche Gevierte handeln, die Teile größerer Bauten waren. Eine isolierte Lage der Schmieden innerhalb der Siedlungen ist nicht nachzuweisen. Trotz der Funde von Werkzeugen, Halbfabrikaten, Brennmaterialrückständen und Schlacken und trotz der steinernen Arbeitsflächen vom Auerberg bleibt das Bild über römerzeitliche Zivilschmieden recht lückenhaft.

Für die Eisenverarbeitung am Magdalensberg sind besonders die unter dem Tempelbezirk ergrabenen Funde kennzeichnend und aussagekräftig [10,

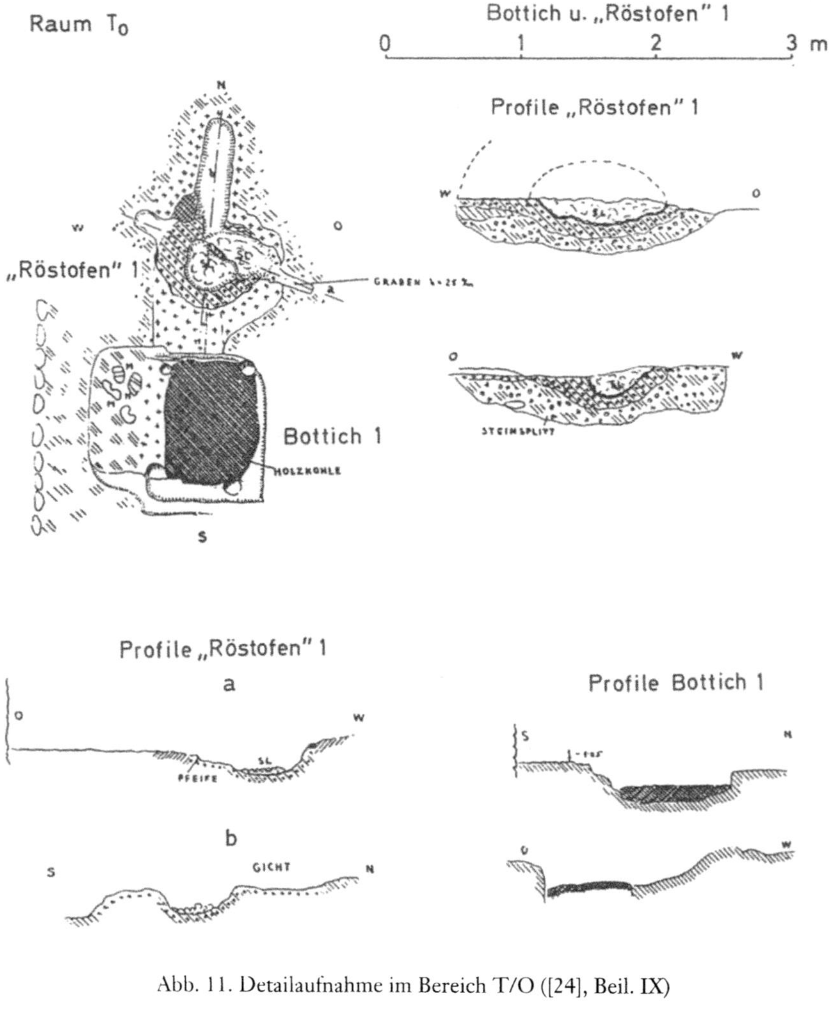

Abb. 11. Detailaufnahme im Bereich T/O ([24], Beil. IX)

11]. In der westlichen Längshalle des Tempels (*Abb. 10*) wurde ein ca. zehn Zentimeter starker Gußboden abgedeckt, unter welchem insgesamt vier in den antiken Gehhorizont eingetiefte Werkaggregate (*Abb. 11*) gefunden wurden. Diese bestanden aus den kreisförmigen Feuerstellen R 1–4, den mit Holz ausgekleideten rechteckigen bis quadratischen Grundriß aufweisenden Wassergruben B 1–5 und den rotgebrannten Gruben G 1–4. Geborgen wurden große Mengen an Schlacken und aus dem Grubenofen 1 noch Reste eines Mantels aus gebranntem Lehm sowie von Düsenmundstücken, an denen kohlenstofffreies Eisen haftete. Hartgebrannte, runde Böden dreier Öfen (Öfen 1, 2 und 4), drei Feuerstellen (Öfen 6, 7 und 8), zahlreiche Winddüsen, ein Holzkohlehaufen und eine Grube nördlich desselben befanden sich unter dem Raum T/I (Abb. 10). Aus der Tatsache, daß die Werkstätten beider Fundstellen benachbart und auf gleicher Höhe lagen und in beiden Fällen die Keramikfunde eine Verwendung zwischen 30 vor und Chr. Geburt belegen, kann auf einen großflächigen Werkbereich geschlossen werden. Nach Meinung des Ausgräbers stand die Anlage im Freien und konnte lediglich mit Flugdächern abgedeckt gewesen sein. Die ursprüngliche Ausdehnung dieser überwiegend in früh- und mittelaugusteischer Zeit tätigen Betriebe, die zu den ältesten Befunden der Siedlung auf dem Magdalensberg zählen, ist nicht bekannt. Sie wurden im Süden durch die Errichtung von Kellern und im späteren Tempelbezirk durch die tiefreichenden Aushubarbeiten für den Tempelbau zerstört. Solche eng nebeneinanderliegende in den Boden eingetiefte Essen und Bottiche ließen sich jedoch nicht nur unter dem in spätaugusteischer – frühtiberischer Zeit errichteten Tempelbezirk feststellen. Derartige Werkbereiche befanden sich auch unter fast allen das Forum begrenzenden Bauten und sogar am Forumsplatz selbst ([1], S. 9ff). Allein aus diesem Umstand läßt sich folgern, daß sie Teil einer große Flächen beanspruchenden industriellen Eisenverarbeitung waren. Dem derzeitigen Kenntnisstand zufolge wird man sogar die Besiedlung der südlichen Abdachung des Magdalensberges als ursächlich mit dem Entstehen dieser Eisenindustrie verknüpft bewerten müssen. Für den Versuch einer Funktionsbestimmung der typologisch wohl kaum mit üblichen Schmiedeessen oder mit Rennöfen vergleichbaren Schmiedegruben mit 1–1,5 m Durchmesser war wichtig, daß es sich bei den hier gefundenen Schlacken zumeist um Rennofenschlacken handelt (vgl. S. 97ff).

Zu den Eisenfunden vom Magdalensberg zählen auch einige Rohlinge, die starke Schmiederisse aufwiesen und daher nicht weiterverarbeitet wurden. Dieses Versagen beim Schmieden war, wie festgestellt, durch zu hohen Kohlenstoffgehalt begründet. Der in *Abb. 12* wiedergegebene Rohling läßt auf einer noch nicht umgeformten Seitenfläche die für flüssig gewesene Luppen typische Tropfenform erkennen. Geht man davon aus, daß kein unverwertbares Halbzeug auf den Magdalensberg gekarrt wurde, so folgt daraus wohl, daß die Verarbeitung vom Primärprodukt Luppe des Rennofens zu Barren hier selbst stattgefunden haben muß. Die mit künstlichem Wind betriebenen Schmieden und die Wasserbecken könnten also zur Barrenherstellung gedient haben, d. h., daß an anderen Orten erzeugte Luppen, zu Halbzeug umgeformt

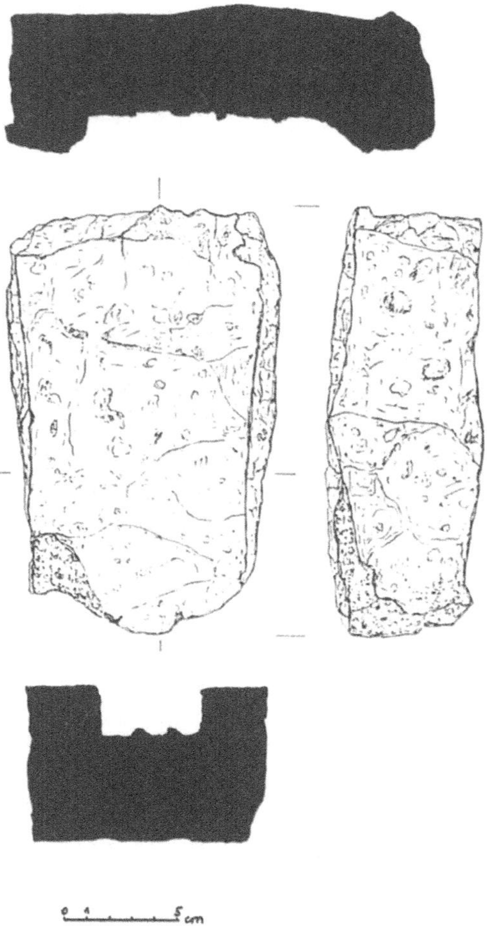

Abb. 12. Barrenrohling vom Magdalensberg ([1], Taf. 87/B1)

wurden. Dieser Umstand wird auch durch die hier gefundenen und analysierten Primärschlacken (vgl. S. 97ff) untermauert. Interessant ist der Vergleich von der am Magdalensberg festgestellten Befundsituation mit der in Riom (*Abb. 13*) [12].

Wohl im Zuge der Errichtung der das Forum nach Norden hin begrenzenden Kellerbauten wurden die Grobschmieden unter T/I aufgelassen, die unter T/O jedoch einfach in ihrer Ausdehnung nach Süden hin beschnitten. Über den Werkplätzen in T/I entstand nun ein längliches, rechteckiges und steinumfriedetes Gebäude, das als Raum E bezeichnet wurde (Abb. 10). Seine den anstehenden Fels verblendende Nordmauer ist 6,6 m, die Südmauer 4,8 m lang. Die Westmauer mit 18,6 m Länge baucht gegen Westen hin aus, während die Ostmauer nach 13,6 m im Norden am Fels endet. Das Boden-

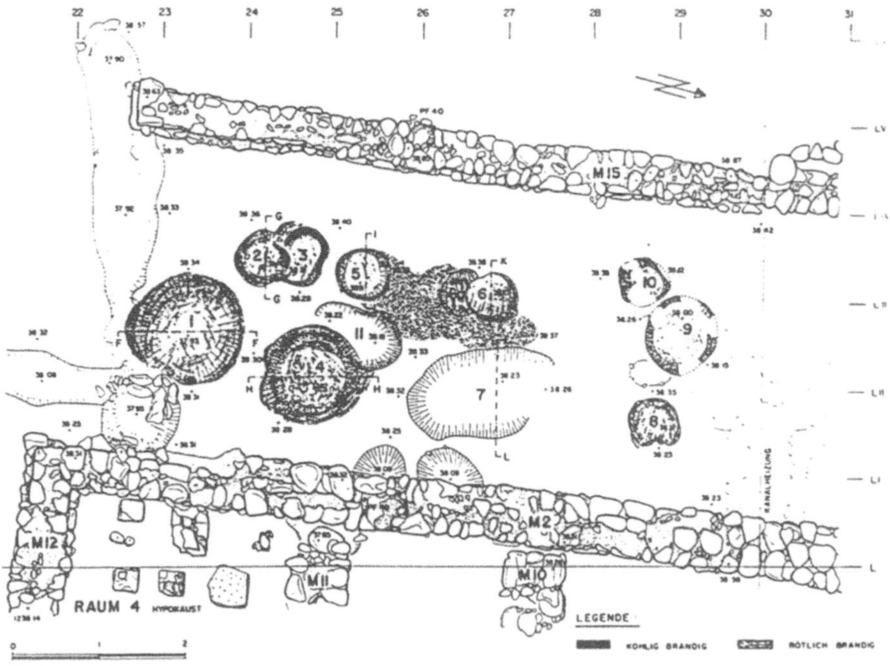

Abb. 13. Grundriß der Schmiede in Riom/Schweiz ([12], Abb. 4)

niveau von Raum E war nach Süden hin leicht abschüssig erhalten geblieben. Von einem Wasseraustritt im Felsen in der Nordweststrecke ausgehend führt ein Holzkanal schräg durch den Raum, um in einen parallel zur Ostmauer geführten (und diese als Ostwange einbeziehend) weiteren Holzkanal zu münden. Den Bau dürfte ein Flugdach gedeckt haben, da sich sowohl in der aus Bruchsteinen aufgeführten Ost- wie auch in der Westumfriedung Pfostenlöcher befanden, und beiden Mauern auch zahlreiche Pfostenlöcher vorgelagert waren. Betretbar war der Raum E durch eine 1 m breite Tür am Südende der Westmauer.

In der Nordostecke wurden die Reste von einem großen Ofen gefunden (*Abb. 14*), der aus einer von Steinen eingefaßten Vertiefung bestand, worüber der später verstürzte, aus gebranntem Lehm bestehende Mantel zu liegen kam [10]. Im Inneren lagen Reste „angebackener Schlacke". Der Mantel hatte eine Öffnung, von der nur mehr die Breite von 9 cm feststellbar war. Etwa fünf Meter südlich von Ofen 3 befand sich eine mit Holz ausgekleidete Grube von rechteckigem Grundriß, die mit Lehm, Schlacke und Holzkohlestücken gefüllt war. Hingewiesen sei auf zwei symmetrisch dazu angeordnete Steinbrocken, zu denen jedoch jede Beschreibung fehlt. Die Schmiede dürfte erst um die Zeitenwende errichtet worden sein, wobei durch die im Zuge des Tempelbaus aufgebrachte und in tiberische Zeit datierte Überschüttung der Bereiche T/O – T/I ein Terminus ante quem für die Aufgabe des Raumes E

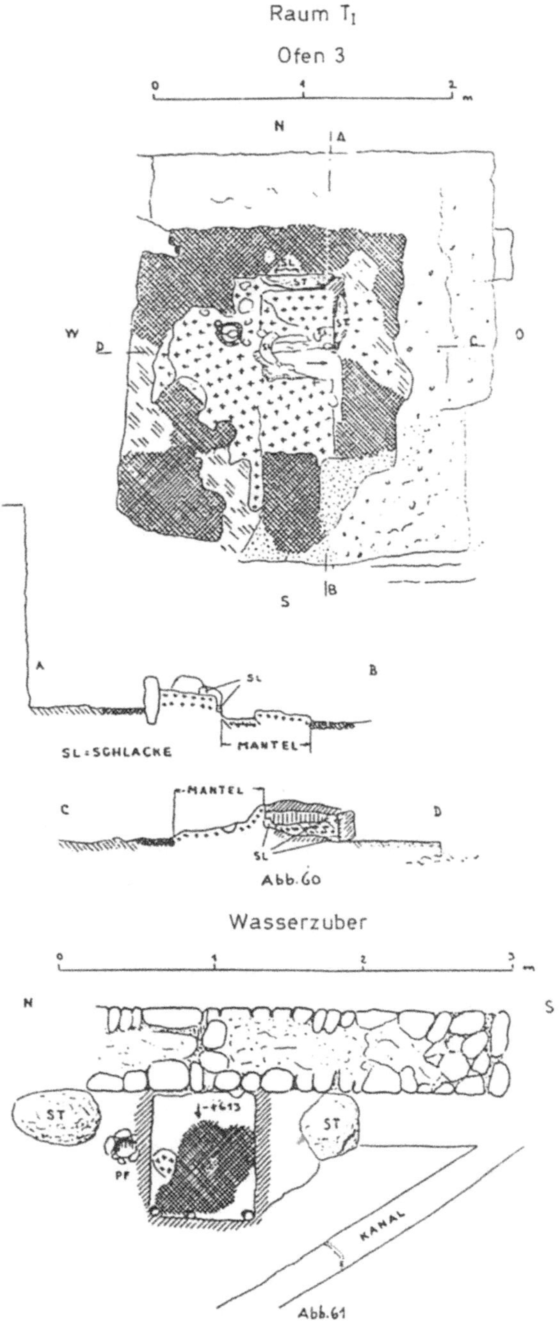

Abb. 14. Detailaufnahme im Bereich T/I ([24], Beil. VIII)

gegeben ist [10]. Schon in der Wahl des Grundrisses als auch durch die Anordnung der Esse in einer Raumecke zeigen sich weitgehende Übereinstimmungen mit den Befunden von Ulaka und Noreia. Die Esse ließ sich weitgehend rekonstruieren. Sie bestand aus einem rechteckigen von Steinplatten eingefaßten 0,5 m hohen Sockel mit einem eingetieften trichterartigen, lehmverstrichenen Herd, dem eigentlichen Schmiedefeuer. Die Grube bedeckte eine hochgezogene Kuppel aus Lehm, in der eine breite Beschikkungsöffnung im Süden und eine kreisförmige Windöffnung im Westen ausgespart waren. Schutzwände zeichneten sich im Befund nicht ab, ein Blasebalg könnte vielleicht am Dachträgerpfosten westlich der Esse befestigt gewesen sein. Interessant ist weiters der Nachweis eines Nutzwasserbeckens und das zum wiederholten Male festgestellte Vorkommen von Steinbrocken in Schmieden.

Funde über Schmiedetätigkeit auf dem Magdalensberg sind in reichem Maße vorhanden. Anhand der Befundsituation zeigt sich, daß auf dem Magdalensberg zahlreiche Schmieden vom Beginn der Siedlung an bis in spätaugusteische Zeit hinein in Betrieb standen und diese eine zentrale Stellung im Wirtschaftsleben innegehabt haben mußten. Dieser Umstand schlägt sich auch im Fundspectrum nieder, wobei hier nur auf eine große Zahl an Schlacken, Vorprodukten (Abb. 12), Stangen- und Flachbarren (*Abb. 15d, 16a, b*), sonstigen Halbfabrikaten (*Abb. 15c, 16c, d, e*) und zahlreichen Abfallprodukten verwiesen sei. Eben diese Funde belegen einerseits eine Schmiedetätigkeit bis in claudische Zeit, andererseits geben sie sogar Hinweise auf einzelne Produktionsabläufe.

Von besonderem Interesse ist, ob und inwieweit sich die genannten Vorprodukte als die gemäß der aufgefundenen Wandinschriften in großer Stückzahl für den Fernhandel bestimmten anuli, disci und incudes identifizieren lassen ([13], S. 74; [15], S. 3ff u. 28f). Dabei ist festzustellen, daß ring- oder amboßförmige Barren weder auf dem Magdalensberg gefunden wurden noch von anderen vergleichbaren römischen Fundstellen bisher bekannt geworden sind. Auch im Falle der disci, für die mit rund 3,5 kg eine genaue Gewichtsangabe verfügbar ist, fehlen entsprechende Funde, und so muß auch deren Deutung vorerst unklar bleiben. Nicht auszuschließen ist, in den letztgenannten discusförmige Eisenluppen (oder Kupferbarren) zu verstehen, in den Ringen, Ambossen und den ebenfalls aufscheinenden Äxten sowie Haken jedoch hier eingelagerte Fertigprodukte zu erkennen. Alle hier genannten Warengruppen sind unter den Magdalensberger Eisenfunden zahlreich vertreten ([1], S. 294ff; [14]). Hingegen ist es wahrscheinlich, daß die norischen Eisenexporte wie auch andernorts belegt, in doppelpyramidenförmigen Barren ihre handelsübliche Form besessen haben und daß diese im Bereiche der Abbaustätten hergestellt und ohne den die Fracht verteuernden und beschwerlichen Umweg über den Magdalensberg an ihren Bestimmungsort geliefert wurden ([1], S. 285ff).

Die Stadt auf dem Magdalensberg hätte also einerseits mit zugelieferten Luppen ihren Eisenbedarf abgedeckt – ihre Schmiede konnten das gefragte

„Ferrum Noricum" in Form von qualitativ höchstwertigen Fertigprodukten sicher gewinnbringender vermarkten – und hätte andererseits auch die Funktion eines zentralen Koordinationsortes für den Eisenhandel besessen, wofür die als Diarium zu wertenden Graffiti der Kellertabernen OR/23 und 26 beredtes Zeugnis ablegen.

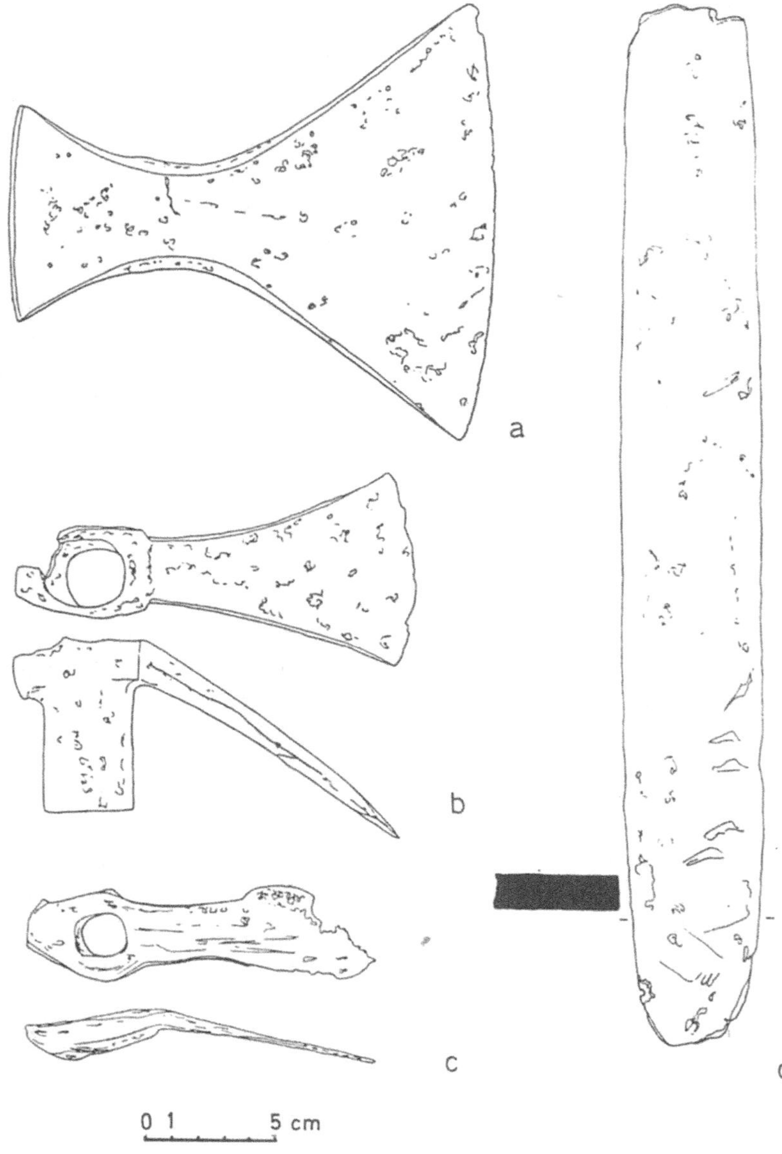

Abb. 15a–d. Flachbarren mit Hammerabdrücken und Werkzeuge örtlicher Produktion ([1], Taf. 42/F2; 68/W226; 94/B49; 90/B12)

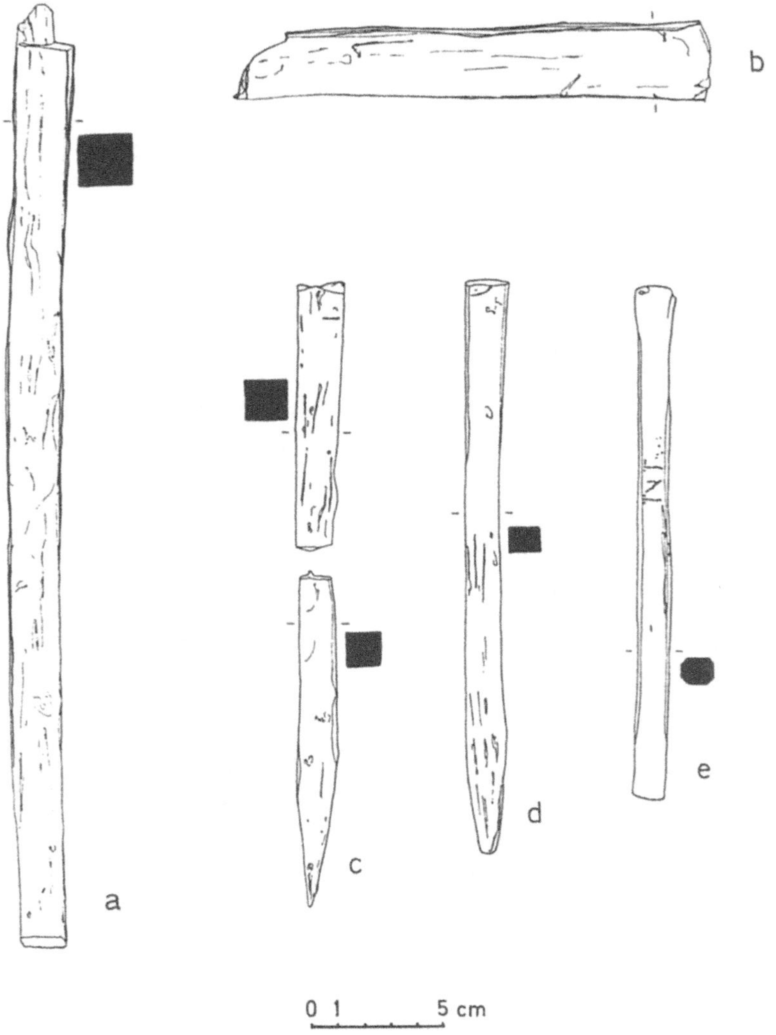

Abb. 16a–e. Stangenbarren und Halbfabrikate für Spitz- und Flachmeißel vom Magdalensberg ([1], Taf. 89/B4, B5; 93/B37–39)

Als Ausgangsprodukte für die Magdalensberger Schmieden dienten also Rennofen-Luppen, die hier zu Rohbarren (Abb. 12) und weiter zu Stangen verarbeitet wurden. Solche Stangen (Abb. 16a, b) waren mit anderen Halbfabrikaten (Abb. 16c–e) vergesellschaftet Bestandteil des Sammelfundes aus OR/1, der auch ein Sortiment ungebrauchter Spitz-, Kreuz- und Flachmeißel enthielt ([1], S. 287). Eine Herstellung von Meißeln aus den Stangen ist damit belegt.

Halbfabrikate belegen am Magdalensberg auch die Produktion von Sensen, Dechseln (Abb. 15b, c), Sägefeilen, Bohrern, Messern, Ziehmessern, Feilen, Schlössern und militärischen Ausrüstungsgegenständen. Für die Form der Produkte der Magdalensberger Schmieden sind die bei zahlreichen vornehmlich holzverarbeitenden Werkzeugen vorhandenen, abgeschrägten, einen sechseckigen Querschnitt der Arbeitsteile bedingenden Seitenflächen kennzeichnend. Deutlich zu erkennen ist dies an Werkstücken von Dechseln (Abb. 15b), an einem Tüllenbeitel, an Messerklingen, Vollschaftmeißeln und an den norischen Äxten (Abb. 15a).

Die vorgesehene Verwendung dieser unterschiedlich schweren Schaftlochäxte vornehmlich zum Holzfällen und zum Bearbeiten von geschlagenem Stammholz ergibt sich aus ihrer Schneidenform und aus der Analogie zu modernen Werkzeugen. Äxte dieses Typs zeigen die genannte bezeichnende Form an der Vorder- und Rückenflanke sowie eine symmetrische Form von Blatt, Schafthaus und Nacken.

Zwei Ritzinschriften in der Westwand des Kellerraumes OR/23 nehmen eindeutig auf den Handel mit solchen Äxten Bezug und ermöglichen auch detailliertere Einblicke in die frühkaiserzeitlichen Geschäftsgebarungen ([15]; 1, S. 165ff). Sie lauten: „de fide Ombrionis sec(ures) [CCC]LV p(ondo) IIS“ – übersetzt: vom Kredit des Ombrosio Hacken 355; jede 2,5 Pfund, und „a(urum) bonu(m) sec(ures) pondo XI CCCXCIII Filenus Roma“ – übersetzt: Gutes Gold, Hacken à 11 Pfund, 393 Stück, Filenus aus Rom. Diesen epigraphischen Zeugnissen ist zu entnehmen, daß Äxte in zwei Gewichtsklassen gehandelt wurden, nämlich zu 2,5 röm. Pfund (ca. 0,8 kg) und zu 11 röm. Pfund (ca. 3,6 kg). Diejenigen, die vom Kredit des Ombrio gekauft wurden, hatten demnach ein Gesamtgewicht von 290 kg, jene, die Filenus aus Rom erwarb, wogen 1,4 Tonnen. Aus der Angabe des Herkunftsortes des Filenus kann die Stadt Rom als Bestimmungsort der Eisenäxte vermutet werden.

Archäologisch nachzuweisen ist ein Export von norischen Äxten in die Hafenstadt Aquileia, da sich unter deren Fundbeständen auch zwei identische Äxte befinden [16]. Durch die Inschriften, wie auch durch die entsprechenden Fundstücke aus Aquileia zeigt sich, daß den Käufern nicht nur, wie aus den historischen Quellen hervorgeht, an Waren „ferro Norico“ gelegen war, sondern daß die Importe auch wegen ihrer eigenständigen Formgebung geschätzt waren.

Schmiede haben ihre Erzeugnisse z.T. auch signiert. Dies geschah meist in Form von X-Kerben oder Punzierungen. Beispiele für gestempelte Werkzeuge liegen nur mit einem den Namen ORANI tragenden Pfriem und einem mit TERTI markierten Stemmbeitel vor. Das Flachmeißelhalbfabrikat aus dem Schmiedesammelfund OR/1 (Abb. 16e), in welches die Buchstabenfolge TNT (oder TVT) eingepunzt wurde, zeugt gleich dem übrigen Schriftzeichen tragenden Halbzeug von der Schriftkenntnis ihrer Hersteller ([1], S. 296f).

Ließ sich bereits an den Produkten Magdalensberger Schmieden ab spätaugusteischer Zeit ein dafür typisches Formmerkmal aufzeigen, so verrät das von den Schmieden verwendete Werkzeug noch Näheres über seine Herkunft und das handwerkliche Umfeld. Wenn es darum ging, die besondere

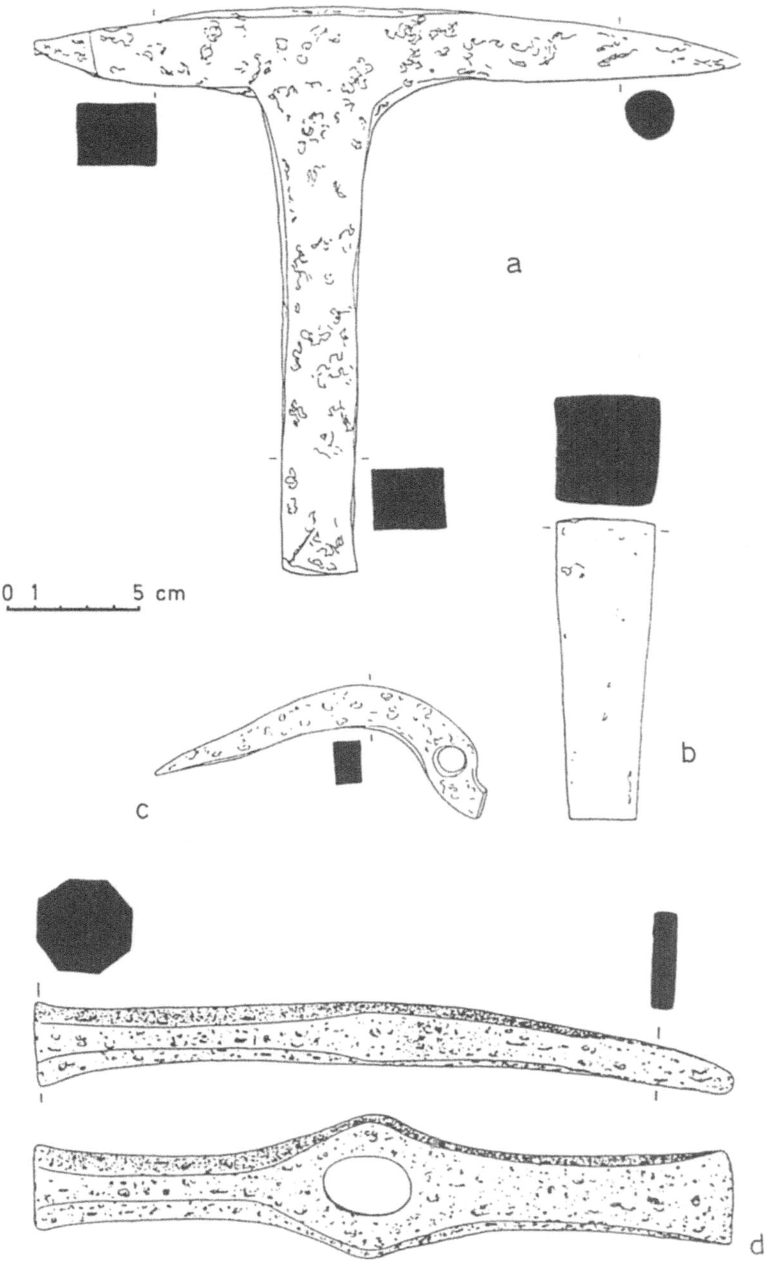

Abb. 17a–d. Schmiedewerkzeug vom Magdalensberg (Abb. 18a–c: [1], Taf. 41/W14; 51/W15 u. 50/W8; Abb. 18d: [25], Abb. 41)

Güte und Begehrtheit der norischen Eisenwaren zu erklären, wurde bisher stets auf das traditionelle keltische Handwerk hingewiesen. Die antiquarisch-

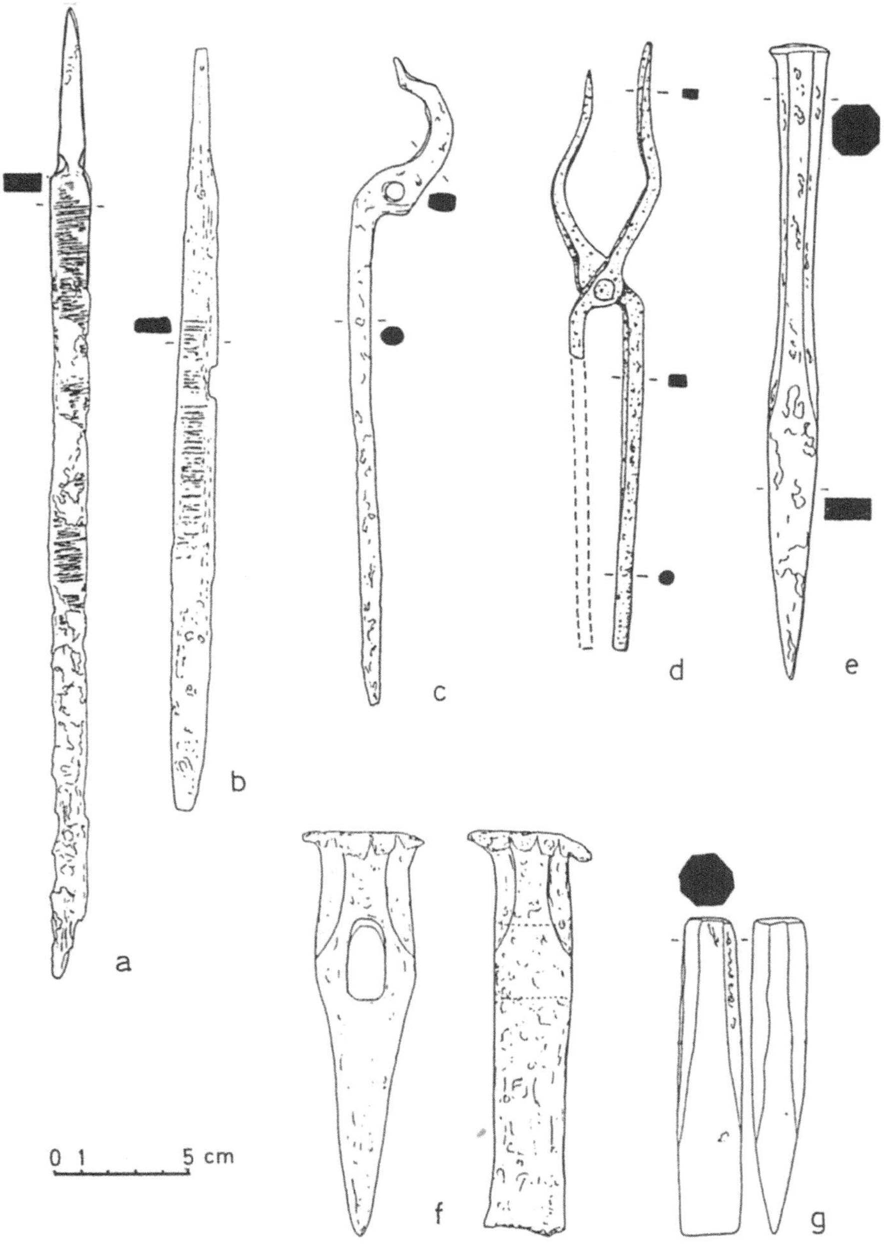

Abb. 18a–g. Schmiedewerkzeug vom Magdalensberg ([1], Taf. 54/W42, W43; 50/W9, W10; 63/W 168; 49/W 2; 61/W142)

technische Analyse des Schmiedegerätes, wie etwa der Hämmer (*Abb. 17d*), Schrotmeißel (*Abb. 18f, g*), Kreuzmeißel (Abb. 18e), Zangen (Abb. 17c, 18c, d), Feilen (Abb. 18a, b) und Ambosse (Abb. 17a, b) ergibt jedoch, daß es sich hierbei um römische Werkzeugformen handelt. Ebenso verhält es sich auch mit den übrigen Eisenfunden vom Magdalensberg, deren Formen sich nur in den seltensten Fällen eindeutig als latènezeitlich bzw. in einer latènezeitlich-inneralpinen Tradition stehend bezeichnen lassen ([1], S. 299f).

Wenn sich auch die Ausstattung von Schmieden gemäß der aufgezeigten römischen Funde und der Darstellung von latènezeitlichen Anlagen nicht wesentlich unterschieden hat, so waren die Bauten auf dem Magdalensberg dennoch im römischen Fußmaß errichtet und modular in einem italienischen Normen entsprechenden Gesamtkonzept eingebunden [17]. Das Fehlen latènezeitlich-inneralpiner Formen in der Produktpalette der Magdalensberger Werkstätten läßt sich schwerlich damit erklären, daß die direkten Absatzmärkte in italienischen Großstädten wie Aquileia und Rom lagen und sich daher die örtliche Produktion als auch der Handel „römischen Maßstäben" anzugleichen hatten. Wenn es sich bei den Magdalensberger Schmieden um eine angestammte autochthone Handwerkskunst gehandelt hätte, wären deren Betreiber wohl kaum von der Verwendung ihres traditionellen Werkzeuges abzubringen gewesen. Sie hätten auch in ihrer Funktion als Nahversorger der einheimischen Bevölkerung traditionell gestaltete Produkte hervorbringen müssen. Die Fund- und Befundanalyse sprechen vielmehr dafür, daß die Siedlung auf dem Magdalensberg ursprünglich die Aufgaben einer römischen Produktionsgemeinschaft in der Nähe der norischen Eisenlagerstätten erfüllt hat und deren Produktion und Handel betreibenden Träger überwiegend der zugewanderten italischen Bevölkerungsschicht angehörten ([1], S. 175ff u. 299ff).

Auch ein Blick auf die frühe Stadtentwicklung ist wichtig, um zu erklären, ob die Stellung und das Erscheinungsbild der Magdalensberger Eisenverarbeitung innerhalb der historischen und urbanistischen Veränderungen einem Wandel unterworfen war. Die spätrepublikanische bzw. frühaugusteische Phase kann ab den 40er und 30er Jahren v. Chr. bis etwa in die Jahre 15 bis 10 v. Chr. datiert werden. Als Zentrum des frühaugusteisch genutzten Platzes ist die Forumsbasilika anzusprechen, deren Orientierung und Ausmaße nachhaltigen Einfluß auf die Proportion und die Symmetrie der umliegenden Gebäude ausgeübt hat ([17], S. 5ff). Die früheste nachgewiesene Bautätigkeit auf dem Forum wird in der Errichtung von Holzbauten faßbar, die nördlich der Terrassierungsmauer für den Basilikabau in Sondagen partiell ergraben wurden [18]. Die Terrassierungsmaßnahmen hatten das natürliche West-Ost und Nord-Süd-Hanggefälle auszugleichen und ermöglichten in weiterer Folge erst den Bau eines so weitläufig dimensionierten Gebäudes wie der Forumsbasilika. Die Basilika bzw. das Forum selbst werden im Westen, Norden und im Osten von Tiefbauten umgeben, die in ihrer Ausrichtung zueinander, wie auch bezüglich ihrer Lage zur Basilika eine symmetrische Konzeption erkennen lassen. Gemeinsam ist diesen Kellerbauten ein etwa gleich tiefes Bodenniveau, das zudem mit den früheren Arbeits- bzw. Planierhorizonten nördlich der Terrassenmauer identisch ist (*Abb. 19*) ([1], S. 16ff; [18]). Bei den

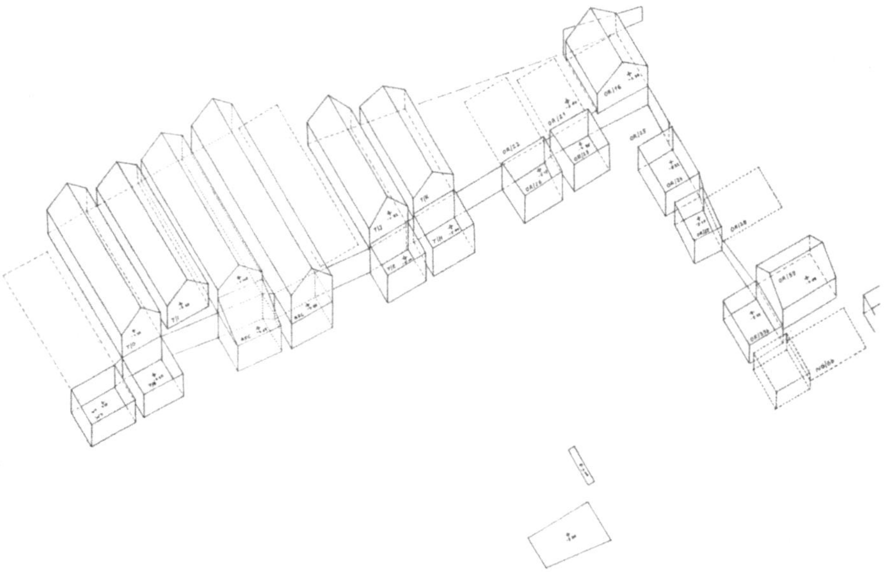

Abb. 19. Axionometrischer Rekonstruktionsversuch des östlichen Forumsareale auf dem Magdalensberg – Phase I (H. Dolenz sen. et jun. – [1], Beil. II)

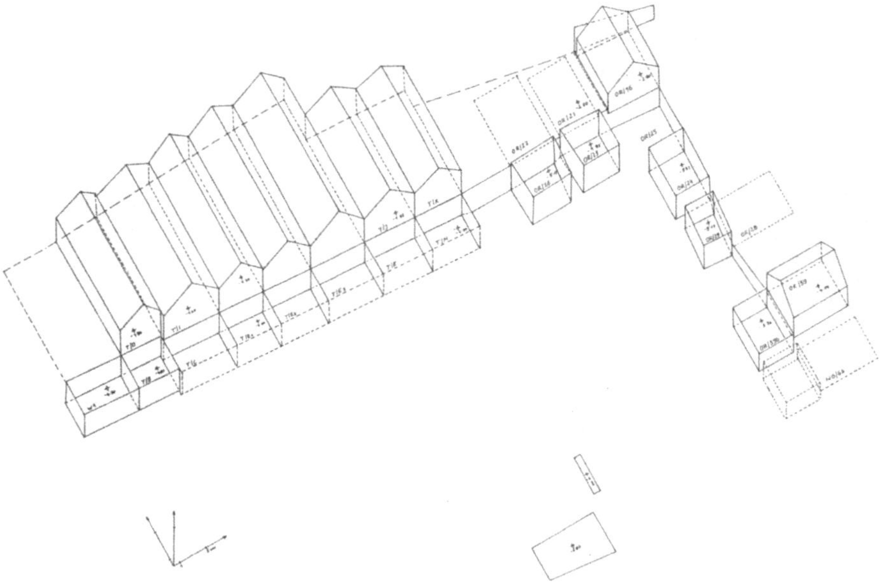

Abb. 20. Axionometrischer Rekonstruktionsversuch des östlichen Forumsareals auf dem Magdalensberg – Phase II: Neubau der nördl. Tabernenfront (H. Dolenz sen. et jun. – [1], Beil. III)

Kellerbauten lassen sich, gestützt auf bautechnische und stratigraphische Überlegungen, mehrere mit der steten Erhöhung des Platzniveaus korrespondierende Umbauphasen sowie unterschiedliche Errichtungszeiten nachweisen. Die älteren Tiefbauten sind, wie in Abb. 19 veranschaulicht, selbständige und voneinander getrennte Raumeinheiten von fallweise leicht trapezförmigem Grundriß, die ihrer Innenraumgestaltung zufolge wohl Wohnzwecken gedient haben. Diese Räume wurden mit einem aufgehenden Halbstock versehen rekonstruiert, wobei die Freiräume zwischen den Aufbauten als Durchgänge zu dahinterliegenden eisenverarbeitenden Anlagen (wie z. B. T/O in Abb. 10 u. 11) genutzt werden konnten. Insgesamt scheint der Platz im Osten von zwei Zweiergruppen, im Norden von fünf Zweiergruppen dieser Bauten begrenzt gewesen zu sein.

Im Zuge einer Erweiterung des Forums gegen Westen erfolgte nun der Umbau der älteren Tiefbauten. Diese in *Abb. 20* rekonstruierte spätere Bauphase, ist auch dadurch belegbar, daß die frühesten, bis längstens 15 v. Chr. tätigen eisenverarbeitenden Anlagen im Bereich T/O, T/I und T/J durch deren Errichtung gestört wurden, und ihre ursprüngliche Ausdehnung nach Süden nicht mehr nachvollziehbar ist. Es handelt sich dabei nicht mehr um Einzelbauten mit trapezoider Grundfläche, sondern um eher rechteckige Raumeinheiten, die von einer gemeinsamen Nordmauer her abgeteilt wurden. Hier wurden auch keine Innenbauten angetroffen, die Rückschlüsse auf die Verwendung oder eine Bezeichnung als Wohnbauten zulassen. Auch nach der

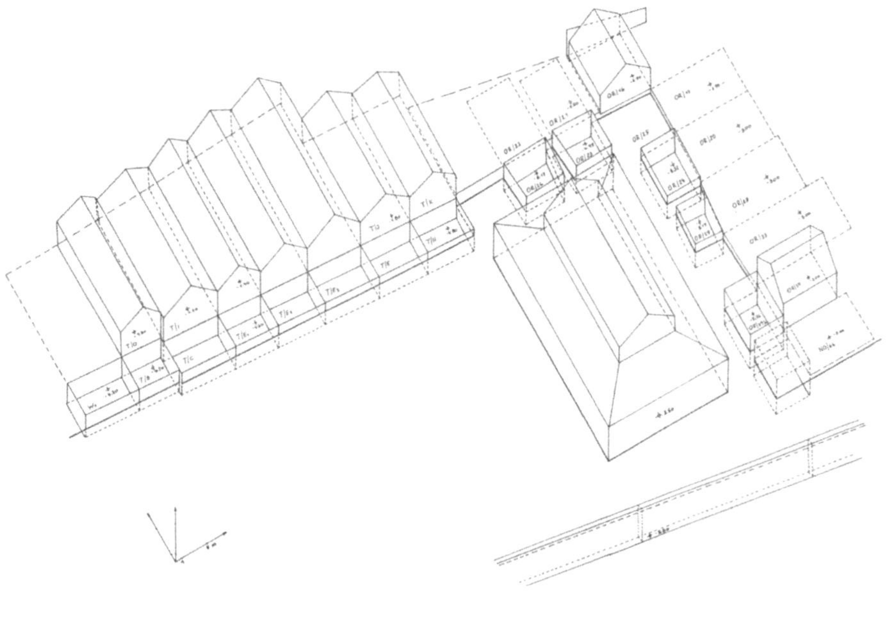

Abb. 21. Axionometrischer Rekonstruktionsversuch des östlichen Forumsareals auf dem Magdalensberg – Phase III: Basilikabau auf angehobenem Platzniveau (H. Dolenz sen. et jun. – [1], Beil. IV)

Errichtung dieser jüngeren Tiefbauten bestanden die Grobschmieden unter den Räumen T/O, T/I und T/J in lediglich räumlich beschränkter Form weiter, wobei sich jedoch ein direkter Zusammenhang zwischen ihnen und den in die zweite und dritte Feinputzschicht der Keller OR/23 und 26 eingeritzten Graffiti nicht herstellen läßt.

Schon aus arbeitstechnischen Gründen wird davon auszugehen sein, daß die Errichtung der Keller gleichzeitig mit oder vor der Anschüttung des Geländes bis auf das Basilikaniveau erfolgte. Ein nachträgliches Eintiefen von Bauten in ein z. T. gerade erst aufgeschüttetes Platzniveau widerspräche einer logischen Bauabfolge und kann schon aus statischen Gründen so gut wie ausgeschlossen werden. Die Forumsbasilika nützt den geschaffenen Platz, fügt sich in diesen symmetrisch ein und ist bislang der einzige Großbau am frühaugusteischen Forum (*Abb. 21*).

Gleichzeitig mit der Basilika und den jüngeren Kellern bestanden auch die die tieferliegenden eisenverarbeitenden Anlagen der Räume T/O, T/I und T/J überdachenden Holzständerbauten sowie eine Schmiede westlich der Basilika.

Die mittel- und spätaugusteische Periode des Forums umfaßt etwa die dreißig Jahre, die sich durch zwei Ereignisse eingrenzen lassen, nämlich einerseits die Schleifung der Basilika und die damit einhergehende Erhöhung des Forumsniveau sowie die Abdeckung desselben durch eine Rollierungsschicht um 15 bis 10 v. Chr. [18] und andererseits ein Schadfeuer, das mit Unruhen nach dem Tode des Augustus 14 n. Chr. in Zusammenhang gebracht wurde [19] und das das Ende dieser Bauphase markiert.

Der Beginn dieser augusteischen Umbauphase wird wohl durch das zentrale politische Ereignis, die friedliche Besetzung des Königreiches der Noriker und die damit verbundenen neuen Aufgaben der Stadt am Magdalensberg als römisches Verwaltungszentrum dieses Gebietes gegeben sein. So wurden im Zuge der Anhebung des Platzniveaus auch die Mauern einzelner Kellertabernen erhöht, diese abgedeckt und in ihrer geänderten Nutzung als Kellerdepots von einem alle drei ergrabenen Forumsfronten umspannenden Porticus überdacht. Die Konzeption der frühaugusteischen Zeit weiterführend, wurden nun gemauerte, langrechteckige Forumstabernen errichtet, deren Verwendung als Werkstätten eisen- und bronzeverarbeitender Betriebe durch Funde und Befunde gesichert ist.

Die Deutung der Keller als Warendepots scheint auch durch die in OR/23 und OR/26 angetroffenen Graffiti bestätigt, die einen Export von Eisengegenständen in großem Umfang bezeugen [15]. Bemerkenswerterweise beherbergten alle dem Nordhang vorgelagerten Werkstattbauten vorwiegend eisenverarbeitende Betriebe, die östlichen Forumstabernen dagegen ausschließlich Bronzegießereien, was auf eine an den Rohstoffen orientierte, geordnete Nutzung des Platzes schließen läßt. Da sich aus gleicher Zeit auch zahlreiche Bronzegießereien im Bereich außerhalb des Forums nachweisen lassen, kann ein Überwiegen der Eisenverarbeitung derzeit nicht behauptet werden. Die sich besonders deutlich im östlichen Forumsbereich abzeichnende Brandkatastrophe stellt somit eine Zäsur und zeitlich gesehen einen

Terminus ante quem für das Ende der Werkstättentätigkeit beim Forum dar. Das Schadfeuer zerstörte nämlich bereits Gebäude, die als Wohn- und Arbeitsräume anzusprechen sind. Sie zeichnen sich bei gleichem Grundriß wie bei den vorhergegangenen Werkstätten durch die Abgrenzung eigener Wohnbereiche mittels Rutenputzmauerwerk, das Verlegen von Terrazzoböden und die Errichtung von Wohninnenbauten, wie Kochherden, Back- und Wärmeöfen aus. Die Kellerbauten blieben in ihrer vorhergehenden Form und Funktion größtenteils erhalten. Die durch den Brand zerstörten Forumstabernen sind als Händlerräume anzusehen, da jedweder Hinweis auf Produktion in ihrem Inneren fehlt, und in ihrem Umkreis auch Warendepots festgestellt wurden. Die Werkstätten im Norden und Nordwesten des Forums wurden anläßlich der Errichtung des älteren Tempelbaues und der Umgestaltung des Raumes M als Versammlungsraum zerstört. Mit dem ersten und beginnenden zweiten Dezennium n. Chr. ist auch das Ende der bislang arachäologisch faßbaren Magdalensberger Eisenverarbeitung im Forumsbereich gegeben. Im Gegensatz zur Bronzeverarbeitung, die außerhalb des Forums bis in claudische Zeit fortdauerte und die gerade in spätaugusteischer und tiberischer Zeit höchste Entfaltung erlangte, scheint die ehemals große Teile der Stadt beanspruchende Eisenverarbeitung abrupt zu enden. Einzig die Feuerstelle unter dem Prätorium M datiert in frühclaudische Zeit, das Produktionsende der Schmiede NG/22 läßt sich anhand des Fundmaterials aus ihrer Überschüttung am ehestens in claudische Zeit setzen [20].

Zusammenfassend ergibt sich somit, daß die in vor- und frühaugusteischer Zeit bestehenden eisenverarbeitenden Anlagen auf dem Magdalensberger Forum als ins norische Ausland gesetzte Zweigstellen oberitalienischer Handelskonsortien angesehen werden können. Dabei wird aufgrund der bisher bekannten räumlichen Ausdehnung dieser Schmiedeplätze ferner davon auszugehen sein, daß die örtliche Produktion den lokalen Bedarf an Eisengerätschaften bei weitem übertraf und ihr daher auch handelspolitische Bedeutung beigemessen werden kann. Diese Schmiedeplätze bestanden aus Gruben, Essen und in den Boden versenkten Bottichen und dürften u. a. der Verarbeitung von Luppen bzw. der Herstellung von Halbzeug (Barren) und Fertigprodukten gedient haben. Ob sich der Einfluß der in der Forumsbasilika im Sinne eines „Börsengebäudes“ tagenden und uns z.T. namentlich bekannten oberitalischen Händler (also des consilium civium Romanorum negotiandi causa) [18] auch auf die Koordination der gesamten norischen Eisenexporte nach Italien erstreckte, und inwieweit die Eisenverarbeitung mit ausschlaggebend für die Gründung des Handelskontors auf dem Magdalensberg war, mag nach heutigem Wissensstand zwar sehr wahrscheinlich aber doch noch nicht sicher sein. Kein Zweifel kann jedoch daran bestehen, daß der Stadt schon in dieser Zeit größte Bedeutung als Absatzmarkt und Verteilerbasis von römischen Exportgütern zukam [13].

Im Zuge oder knapp nach der Besetzung des norischen Königreiches durch Rom erfolgte die Schleifung der Marktbasilika und die Errichtung der Forumstabernen in Steinbautechnik. Die Funktion des Forums als städtisches

Zentrum und als Ort metallverarbeitender Betriebe wurde dadurch jedoch nicht beeinträchtigt. Die neuerrichteten Bauten glichen im wesentlichen den bekannten Befunden römischer Schmieden, wie auch deren Darstellungen in der Sepulkralkunst. Von Bedeutung ist, daß sich zu den eisenverarbeitenden Werkstätten knapp nach der Besetzung Norikums auch Bronzegießereien gesellten, ja daß sogar ein Überwiegen der Bronzeindustrie für die Folgezeit anzunehmen ist. Anhand entsprechender Fundobjekte und epigraphischer Zeugnisse läßt sich für diese Zeit auch die Existenz von Werkzeugschmieden und eine rege Handelstätigkeit mit deren Produkten nachweisen.

Aufgrund der eigenständigen Gestaltmerkmale an ihren Erzeugnissen sind diese gleich dem hier gefundenen Schmiedegerät nicht der einheimischen-inneralpinen Formenwelt verhaftet, sondern entsprechen römischen Vorbildern. Die Betreiber der Schmieden werden daher mehrheitlich aus Italien zugewandert sein.

Mit einer neuerlichen noch vor dem Tode des Augustus im ersten Jahrzehnt n. Chr. erfolgten tiefgreifenden Umstrukturierung des Forums ist der hier angesiedelten Metallverarbeitung ein Ende gesetzt worden. Die Eisenverarbeitung wurde auch im weiteren Umkreis überhaupt eingestellt. Die umweltbelastenden Betriebe hatten allem Anschein nach dem neuen durch Großbauten repräsentativ konzipierten Forum als dem zentralen Ort römischer Hoheitsverwaltung zu weichen. Für die Folgezeit beschränkt sich der Nachweis für Schmiedetätigkeiten auf dem Magdalensberg nur auf Fundstücke von Schmiedegeräten, Halbzeug und Barren und die nicht ausreichend interpretierbare Befundsituation der Anlagen NG/22 und M.

Ungeachtet der Tatsache, daß die Magdalensberger Eisenindustrie ihre Vorrangstellung knapp nach der Besetzung Norikums zu Gunsten der Buntmetallverarbeitung eingebüßt hatte und dem Anschein nach letztlich nur noch die Funktion der Nahversorgung wahrgenommen hat, bleibt festzuhalten, daß das Forum der Stadt auf dem Magdalensberg ab der Mitte des ersten Jahrhunderts v. Chr. bis in spätaugusteische Zeit hinein Träger zahlreicher exportorientiert arbeitender Schmieden war. Seiner bekannten und oft zitierten Funktion als Großhandelsplatz wird man daher auch seine Bedeutung als „Forum der Produzenten" wertend beizustellen haben.

Schrifttum

1. Dolenz, H.: Die eisernen militärischen Ausrüstungsgegenstände, land- und forstwirtschaftlichen Geräte und Werkzeuge der Stadt auf dem Magdalensberg in Kärnten. Diss., Universität Wien, Geisteswiss. Fak. (1994).
2. Petrikovits, H. von: Die Spezialisierung des römischen Handwerks. Beiträge zur römischen Geschichte und Archäologie II. Beih. Bonner Jahrbuch 49 (Köln 1991).
3. Zimmer, G.: Römische Berufsdarstellungen. Archäologische Forschung 12 (Mainz 1982).
4. Stain, E. R.: Zu römischen Straßenstationen im Alpenraum. Diss. Universität Wien, Geisteswiss. Fak. (1982).

5. Maier, F., Geilenbrügge, U., Hahn, E., Köhler, H.-J. und Sievers, S.: Ergebnisse der Ausgrabungen 1984–1987 in Manching. Die Ausgrabungen in Manching 15 (Stuttgart 1992).
6. Gaitzsch, W.: Ergologische Bemerkungen zum Hortfund im Königsforst und zu verwandten römischen Metalldepots. Bonner Jahrbuch 184 (1984), S. 379ff.
7. Schmid, W.: Ulaka. Japodska naselbina nad starim trgom pri Lozu. Glasnik muzejskega društva za Slovenijo 18 (1937), S. 17ff).
8. Schmid, W.: Die römische Poststation Noreia in Einöd. Jahresh. Österr. Arch. Inst. 27 (1932), Nr. 2, S. 193ff.
9. Ulbert, G.: Die frühkaiserzeitliche Siedlung auf dem Auerberg. In: Küster, H. J.: Vom Werden einer Kulturlandschaft. Vegetationsgeschichtliche Studien am Auerberg (Südbayern). Quellen und Forsch. zur prähist. und provinzialröm. Arch. 3 (Weinheim 1988), S. 420, Abb. 12.
10. Vetters, H.: Ferrum Noricum. Anzeiger Österr. Akad. Wiss. phil.-hist. Kl. (1966), S. 167ff.
11. Piccottini, G.: Die Stadt auf dem Magdalensberg. Aufstieg und Niedergang der Römischen Welt II, 6, (1977).
12. Rageth, J.: Die römische Siedlung von Riom (Oberhalbstein, Gr). Arch. der Schweiz 5 (1982), S. 137ff.
13. Piccottini, G.: Neue Belege für den Handel in der Stadt auf dem Magdalensberg. Münsterische Beitr. zur antiken Handelsgeschichte 9 (1990), Nr. 2, S. 74ff.
14. Colingwood, R. G. and Wright, R. P.: The Roman Inscriptions of Britain. Instrumentum Domesticum II/1 (Avon 1991).
15. Egger, R.: Die Stadt auf dem Magdalensberg, ein Großhandelsplatz. Die ältesten Aufzeichnungen des Metallwarenhandels auf dem Boden Österreichs. Österr. Akad. Wiss. phil.-hist. Kl. Denkschr. 79, (Wien 1961).
16. Piccottini, G.: Utensili di ferro romani da Aquileia e dal Magdalensberg, Antichità Altoadriatiche 24 (1984), S. 103ff.
17. Piccottini, G.: Bauen und Wohnen in der Stadt auf dem Magdalensberg. Österr. Akad. Wiss. phil.-hist. Kl. Denkschr. 208, (Wien 1989).
18. Vetters, H. und Piccottini, G.: Die Ausgrabungen auf dem Magdalensberg 1975 bis 1979. (Klagenfurt 1986), S. 113ff.
19. Egger, R.: Die Ausgrabungen auf dem Magdalensberg 1960 und 1961. Carinthia I 153 (1963), S. 3ff; siehe bes. 42f, m. Anm. 19–21.
20. Vetters, H. und Piccottini, G.: Die Ausgrabungen auf dem Magdalensberg 1969 bis 1972. (Klagenfurt 1973), 168 Beil.
21. Manning, W. H.: Catalogue of Romano-British Ironwork in the Museum of Antiquities Newcastle upon Tyne. (Newcastle upon Tyne 1976).
22. Ésperandieu, E.: Recueil général des bas – reliefs da la Gaule Romaine IV (Paris 1911).
23. Pfuhl, E. und Möbius, H.: Die ostgriechischen Grabreliefs. (Mainz 1977).
24. Egger, R.: Die Ausgrabungen auf dem Magdalensberg 1956 und 1957. Carinthia I 149 (1959), S. 3ff. mit Beil. I und II.
25. Moßler, G.: Werkzeug und Handwerk. Bemerkungen zu den Eisenfunden vom Magdalensberg, Kärnten. Ann. Naturhist. Museum Wien 78 (1974), S. 75ff.

13. Die Stadt auf dem Magdalensberg. Geschichte – Handel – Kultur (von Gernot Piccottini)

Den unmittelbaren Anstoß für die seinerzeitigen metallurgischen Unternehmungen und Forschungsprogramme am „Ferrum Noricum" gaben die auch in diesem Zusammenhang überaus aufschlußreichen Ergebnisse der Ausgrabungen auf dem Magdalensberg, insbesondere durch den dort zutage getretenen umfangreichen Fundbestand von Eisengegenständen verschiedenster Gattungen.

Die Befunde der Ausgrabungen in dieser Siedlung mit stadtartigem Charakter, gelegen wenig unterhalb des Gipfels des 1058 m hohen Magdalensberges in Mittelkärnten, überliefern einerseits das kulturelle Erbe einer antiken Siedlung im zentralen Bereich des Ostalpenraumes, deren Blütezeit vom ausgehenden 1. Jhdt. v. Chr. bis gegen die Mitte des 1. Jhdts. n. Chr. reichte, andererseits erlauben sie Rückschlüsse auf und Einblicke in den historischen Ereignisablauf, welcher das Ostalpengebiet, und damit das vor- und frührömische südliche Österreich, während der beiden Jahrhunderte vor und nach der Zeitwende betroffen hat.

Der genannte Zeitraum bedeutet für den vorerwähnten Bereich Mitteleuropas wesentliche Eingriffe und Veränderungen innerhalb seiner politischen Struktur, aber auch den Beginn seiner Romanisierung. Um die Mitte des 1. Jhdts. v. Chr. hatte das Königreich der Noriker, von dessen Bestehen im Ostalpenraum wir bereits gut ein Jahrhundert zuvor historisch unterrichtet sind, seine größte räumliche Ausdehnung erfahren, womit gleichzeitig auch ein Höhepunkt seiner wirtschaftlichen Beziehungen zum Mittelmeerraum, begünstigt durch ein um 170 v. Chr. zwischen den Norikern und Rom vereinbartes hospitium publicum – ein staatlicher Gastfreundschaftsvertrag – einhergegangen war. Seine Wertigkeit im politischen Kräftespiel der Epoche hatte das Königreich durch Maßnahmen, wie die Heirat der Schwester des Norikerkönigs Voccio mit Ariovist, dem nachmaligen Gegner Caesars, oder später durch die Entsendung eines Kontingentes von 300 Adelsreitern zur Unterstützung Caesars während dessen Operationen im italischen Bürgerkrieg, anschaulich unter Beweis gestellt.

Ursache dieser Entwicklung war wohl der Metallreichtum, vorwiegend die Eisenvorkommen, der südalpinen Region, welcher jene Keltenstämme, die erst spät, im Laufe des 3. Jhdts. v. Chr., hier seßhaft geworden und wenig später unter Vorantritt des Norikerstammes zu einem Königreich geeint, in die Lage versetzt hatte, mit der mediterranen Großmacht Rom Handelsbeziehungen aufzunehmen. Die Intensivierung derselben in der Folgezeit verhinderte u. a. ernstere Konsequenzen Roms gegenüber Auswanderern aus dem Alpengebiet nach Oberitalien, begünstigte und verstärkte die politischen Beziehungen zwischen Rom und dem Keltenbereich und verhalf diesem letztendlich auch zu jener innen- wie außenpolitischen Größe und Macht, welche das Königreich der Noriker in der zweiten Hälfte des 1. Jhdts. v. Chr., gewissermaßen als letzte politische Manifestation des späten europäischen Keltentums, kennzeichnete.

In diese Epoche fallen auch die Anlage und die erste Blütezeit der Siedlung auf dem Magdalensberg (*Abb. 1*), bewirkt durch die Niederlassung italischer Händler innerhalb des Regnum Noricum, wohl im Umfeld eines zentralen Ortes der Noriker, für welche wir die Bezeichnung Virunum in Anspruch nehmen wollen; kaum anderes könnte die Römer sonst veranlaßt haben, sich gerade auf diesem Berg in rund 1000 m Höhe während der ersten Hälfte des 1. Jhdts. v. Chr. anzusiedeln. Bedenkt man die führende Stellung der Noriker innerhalb des Königreiches und setzt man voraus, daß die Fürsten dieses Stammes auch den König des Reiches stellten, so wäre es naheliegend, hier, zumindest in der Spätzeit des Königreiches, auch dessen Vorort zu sehen.

Abb. 1. Luftaufnahme der Ausgrabungen auf dem Magdalensberg (Foto: S. Tichy)

Es entsprach durchaus den römischen Absichten, derartige Märkte aufgrund des aufrechten hospitium publicum im Bereiche einheimischer Zentren anzulegen, einmal des besser zu organisierenden und geschützteren Handels wegen, zum anderen aber auch, um die nach Italien führenden wichtigen Verkehrswege – und der Magdalensberg lag unweit eines solchen – indirekt kontrollieren zu können.

Über jene erste Phase des römischen Emporiums sind wir archäologisch noch sehr mangelhaft unterrichtet: Damals dürften eine Reihe von Verarbeitungsplätzen für norisches Eisen in Verbindung mit einfachen Unterkünften die Siedlung wesentlich charakterisiert haben. Dennoch fällt durch die in diese Epoche fallende Weihung einer lebensgroßen Bronzestatue eines Jünglings in betender Haltung (*Abb. 2*) – ein eklektisches Werk einer italischen Werkstätte des frühen 1. Jhdts. v. Chr. – durch zwei, wohl als Händler anzusprechende Freigelassene aus Oberitalien, im Heiligtum einer einheimischen Gottheit, vermutlich auf dem Berggipfel, ein bezeichnendes Licht auf die Bedeutung der Anlage für den italischen Handel und die daraus erflossenen Beziehungen zwischen der ausgehenden römischen Republik und dem Königreich der Noriker.

Selbst die unlängst nachgewiesene Tatsache, daß die in der Antikensammlung des Kunsthistorischen Museums in Wien befindliche Statue nicht mehr das 1502 auf dem Magdalensberg gefundene antike Original darstellt, sondern

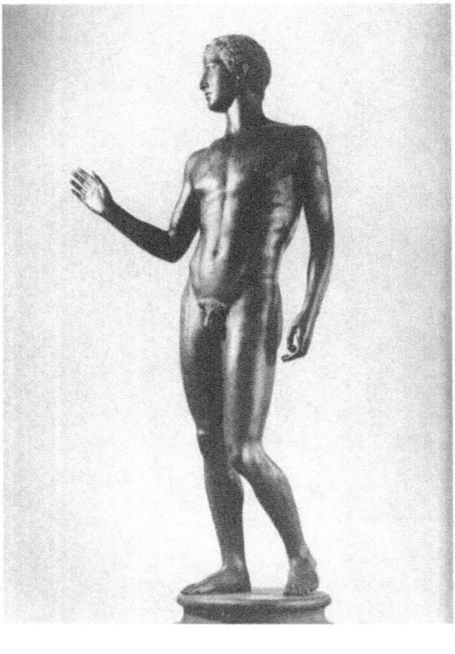

Abb. 2. Bronzestatue des „Jünglings vom Magdalensberg" (Foto: Kunsthistorisches Museum, Wien)

einen Abguß desselben aus der Mitte des 16. Jhdts., vermag ihre Bedeutung im vorerwähnten Zusammenhang keinesfalls zu mindern.

Um die Mitte des 1. Jhdts. v. Chr. erfährt die Siedlung allerdings einen merkbar starken Aufschwung, nachgewiesen unter anderem durch vermehrten Import italischer Güter und verstärkte Zuwanderung römischer Händler vorwiegend aus Oberitalien, dem Raum Aquileia. Ursache dessen war vielleicht der schon etwas früher zeitweilig gestörte Handel Roms mit dem östlichen Mittelmeerraum, oder, zeitlich näher gelegen, der Nachschubbedarf der von Caesar zwischen 58 und 51 v. Chr. in dessen gallischen Kriegen eingesetzten Truppenverbände, welcher, vor allem Lebensmittel und Waffen betreffend, durchaus aus Noricum hätte gedeckt werden können. Auch die Bedürfnisse im späteren Bürgerkrieg sowie des im weiteren geplanten Partherkrieges Caesars könnten in diese Überlegungen miteinbezogen werden.

Jedenfalls lassen sich die Folgen dieser Entwicklung durch den archäologischen Befund jetzt sehr deutlich darstellen: Innerhalb der Niederlassung der römischen Händler entstand eine rechteckige Platzanlage mit beachtlichem Ausmaß von rund 110 m Länge und 42 m Breite, welche als Forum im römischen Sinn gedeutet werden kann. Seitlich wurde dieses von einer Reihe nebeneinander und teilweise in die Erde gebauter Tabernen und Wohnhäuser umsäumt, die im einzelnen als Quartiere, Magazine und Kontore der Händler gedient haben. An der östlichen Schmalseite des Forums errichtete man quer zur Längsachse des Platzes stehend, eine 30,00 × 17,10 m große Marktbasilika, jenen für den Handel unentbehrlichen Bau, in welchem die Kaufleute ihre Großhandelsgeschäfte und die damit zusammenhängenden Praktiken durchführen konnten. Die Gesamtanlage, Forum-Händlertabernen-Marktbasilika, im nunmehrigen Zentrum der Siedlung an der südlichen Hangseite der

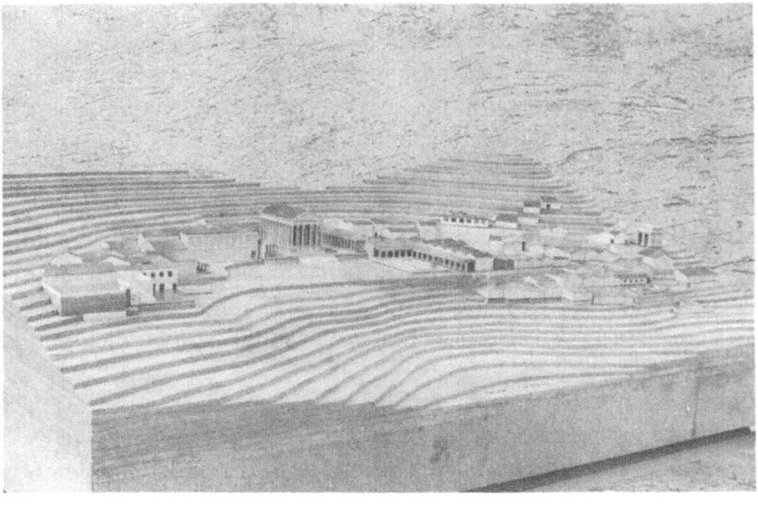

Abb. 3. Rekonstruktionsmodell des Stadtzentrums (Chr. Ertel; Foto: U. P. Schwarz)

Gipfelzone des Magdalensberges, bildet ein eindrucksvolles Beispiel für ähnliche, dem italischen Süden entsprechende Bauformen und besitzt im inneren Ostalpengebiet bislang keine Parallele (*Abb. 3*).

Vorweggenommen lassen sich innerhalb der bisher erforschten Bereiche der Siedlungsanlage insgesamt vier wesentliche Bauperioden feststellen, zu welchen noch eine bescheidene Umbauphase vor der letzten, unvollendet gebliebenen Bauperiode hinzuzufügen ist. Die Konstruktionen der vor- und frühaugusteischen Epoche sind durch das Forum dieser Zeit und die Händlerbasilika als zentrale Anlage sowie die das Forum selbst umgebenden Tabernenbauten gekennzeichnet. Die zweite Bauphase charakterisieren Um- und Neubauten im Bereiche des Forums sowie in den östlich und südwestlich daran angrenzenden Gebieten; sie sind in reif-augusteische Zeit zu datieren und stehen z. T. bereits mit baulichen Maßnahmen, bedingt durch die 15. v. Chr. erfolgte römische Okkupation Norikums, in unmittelbarem Zusammenhang. Der spätaugusteisch-frühtiberischen Epoche zuzurechnen ist eine dritte, sehr umfassende Bauperiode, welche, teils in Verbindung mit den Konstruktionen der Vorperiode, das Konzept des jüngeren, kaiserzeitlichen Forums veranschaulicht und darüber hinaus wesentliche Neubauten im Umfeld des städtischen Zentrums und außerhalb desselben entstehen ließ. Die letzte, 4. Bauphase kennzeichnet schließlich eine Reihe individueller Um- und Neubauten in einzelnen Stadtteilen, vor allem im Bereich der sog. Südhang-Bauten, im wesentlichen jedoch die unvollendet gebliebenen Umbaumaßnahmen am Praetorium und am Tempel für den Kaiserkult, beides an der Nordseite des Forums gelegen.

Bereits diese Aufgliederung der einzelnen Bauabfolgen läßt im Überblick zweifelsfrei die Verwirklichung einzelner vorgefaßter Baukonzepte erkennen, welche eine architektonische und dem mediterranen Raum entsprechende Planung als Grundlage und Voraussetzung für ihre Durchführung beansprucht. Dies erweist sich jedoch ebenso in der Untersuchung an einzelnen Komplexen selbst, wobei grundlegend festzuhalten sein wird, daß sich wesentliche Gebäudegruppen jeweils nach den beiden verschiedenzeitlichen Fora orientieren, die letzteren somit, was den zentralen Bereich der Anlage betrifft, als Ausgangspunkt für die vorgenannten Baumaßnahmen angesehen werden müssen.

Die Größe beider Fora erscheint wohl, wie es Vitruv, de architectura V 1, 1ff. ausführt, unter Berücksichtigung der örtlichen Erfordernisse und der Einwohnerzahl der Siedlung konzipiert worden zu sein, wenn auch das ebendort geforderte Maßverhältnis, Länge:Breite wie 3:2, aufgrund der vorgegebenen, ohnedies teilweise künstlich geschaffenen Geländesituation, nicht eingehalten werden konnte.

Ferner haben auch die späteren Bemerkungen, de architectura VI, 2, lf., zur notwendigerweise erforderlichen Proportion und Symmetrie der Gebäude im allgemeinen und zur daraus sich als Voraussetzung der Planung ergebenden Bestimmung eines entsprechenden Modulus für die zu errichtenden Bauten, Berücksichtigung gefunden. Derartige Gedanken werden bei der Anlage der beiden Fora auf dem Magdalensberg, dem republikanischen wie dem kaiserzeitlichen, durchaus eine Grundlage der entsprechenden Planungen gebildet haben und lassen sich in beiden Fällen auch belegen. So ist innerhalb des republikanischen Forums deutlich eine Ausrichtung bzw. Abstimmung der dieses umgebenden Tabernen mit bzw. auf die in seinem Ostteil errichtete Basilika, und umgekehrt, wahrzunehmen.

Dabei ist in der inneren Halle der Basilika offensichtlich als Basismodulus ein Quadrat von 6 × 6 röm. Fuß (1,80 × 1,80 m) Seitenlänge zugrundegelegt worden, welches sich, in weiterer Folge angewandt, als Grundmaßeinheit an sämtlichen Konstruktionen aller Bauperioden im Bereich des Forums nachweisen läßt.

Aus den zuvor erwähnten Tabernenbauten und Magazinen, denen in der Folgezeit in der Umgebung des Zentrums rasch weitere folgten und welche oft aufwendige Innenausstattung mit freskierten Wänden besaßen, stammt im wesentlichen das reiche Fundmaterial an Ritzinschriften, tesserae nummulariae und calculi, welche die Anwesenheit oder die Vertretung italischer Handelsfirmen auf dem Magdalensberg bezeugen und den Großhandel mit dem heimischen, norischen Eisen oder anderen Metallprodukten, wie auch verschiedene Praktiken des römischen Bankengeschäftes nachweisen. Was insbesondere den Eisenhandel betrifft, wird davon auszugehen sein, daß im Sinne des Großhandelsgeschäftes von den einzelnen Händlern in ihren Kontoren die Bestellungen entgegengenommen und die Preise ausgehandelt wurden – auf solche Praktiken weisen die Ritzinschriften im Wandverputz der Kellermagazine hin –, woran sich in weiterer Folge die Lieferung der entsprechenden Waren aus den eigentlichen Fertigungsbereichen, gelegen sinnvollerweise wohl im Umfeld des eigentlichen Abbau- und Verarbeitungsgebietes des norischen Eisens, nach dem Süden angeschlossen haben wird.

Neueste Funde erweisen den Magdalensberg auch als zentralen Ort für den Export von alpinen Bergkristallen nach Italien und machen dadurch auch auf die weite Entfernung mancher Bezugsquellen im norischen Hinterland vom Emporium auf dem Magdalensberg aufmerksam. Daß diesen Exportgeschäften ein reicher italischer Import entsprach, zeigen die umfangreichen Mengen römischer Importwaren ebenso erschöpfend auf. Ein Zusammenschluß der Händler zu einem „conventus civium Romanorum negotiandi causa“ kann vermutet werden, ebenso die Verwaltung dieses Marktes durch eine pseudomagistratische Institution.

Hinsichtlich der Zahlen kann eine erst unlängst von E. Schindler-Kaudelka für den Bereich der Südhang(SH)-Bauten aufgestellte Statistik aller dort aufgefundenen Gefäßfragmente, aufgegliedert nach ihrer Fertigungsart bzw. Form und Herkunft, herangezogen werden. Danach wurden innerhalb dieser rund 16 Häuser insgesamt 19.247 Stück von einzelnen Tongefäßen in verschieden gutem Erhaltungszustand aufgefunden. Davon sind 12.869 Stück importierte Ware aller Sorten aus arretinischen und padanisch-oberitalischen Werkstätten. 6.378 Stück entsprechen der einheimischen Produktion, die somit zur Importware im Verhältnis 1:2 steht. Ziehen wir die in SH/4 und

Abb. 4. Auswahl an Tongeschirr aus Terra sigillata (Foto: U. P. Schwarz)

SH/5 gefundene Keramik davon ab, da SH/4 offensichtlich vor Periode 2 mit dem Inhalt eines abgebrannten Keramikladens aufplaniert wurde und SH/5 offensichtlich überhaupt ein Mehrzweckladen gewesen war (*Abb. 4*), so bleiben für den eigentlichen Wohnbereich innerhalb der SH-Bauten immerhin

Abb. 5. Auswahl an Glasgefäßen (Foto: U. P. Schwarz)

Abb. 6. Bronzeplastik eines einer Apollostatue zugehörigen Greifen (Foto: Kunsthistorisches Museum, Wien)

noch 13.016 dort verwendete Gefäße übrig, also rund 800 Stück pro Haus, verteilt auf einen Zeitraum von knapp 80 Jahren, mit einem Schwerpunkt für die letzten 30 Jahre der Stadt. Ähnliches, jedoch in bedeutend geringeren Zahlen, belegen die Funde von Metall- und Glasgefäßen, letztere ausschließlich Import aus dem Süden, vornehmlich Oberitalien (*Abb. 5*), erstere ebenso (*Abb. 6*), verschiedentlich aber auch in lokalen Werkstätten der Stadt erzeugt und auf den dortigen Markt gebracht.

So festigen und illustrieren diese Grabungsergebnisse unser Wissen um die Handelsbeziehungen Italiens mit dem Regnum Noricum und um die Wichtigkeit und die Entwicklung dieses Großmarktes innerhalb des norischen Zentralraumes um und nach der Mitte des 1. Jhdts. v. Chr. Die erwähnten Baumaßnahmen geschahen, begünstigt sicher durch die Einheimischen, auf Veranlassung der Römer, welche italische Baumeister und Kunsthandwerker in die Siedlung beriefen, um hier jene Bauten errichten und ihr Inneres mitunter nach südlicher Gewohnheit ausschmücken zu lassen. Die geschilderten Vorgänge bedeuten aber auch mannigfaltige kulturelle Impulse für das Ostalpengebiet, weshalb in diesen Maßnahmen letztlich auch eine der vielfachen Wurzeln der Romanisierung dieses Raumes zu erkennen sein wird. Wie bereits oben ausgeführt wurde, befindet sich das Königreich der Noriker in dieser Epoche auf dem Höhepunkt seiner politischen Macht und territorialen Ausdehnung.

Abb. 7. Äußerste Toranlage der Gipfelbefestigung (Foto: G. Piccottini)

Abb. 8. Fresko mit dem Bildnis der Iphigenie (Foto: U. P. Schwarz)

Ausdruck dieser Machtstellung der Noriker ist auch das wenige Jahrzehnte später, in den 20er Jahren v. Chr., auf dem Magdalensberggipfel (*Abb. 7*) geradezu in propagandistisch-repräsentativer Gestalt errichtete und das Gipfelplateau dreifach umschließende Befestigungswerk, weshalb es nahe liegt, den Magdalensberg zumindest während der letzten Phase der Eigenständigkeit des Regnum Noricum auch als dessen Vorort anzusehen.

Die gleichzeitig reiche, auch kulturelle Blüte des römischen Emporiums im Bereiche der Hänge unterhalb des Gipfels wird durch die Ausstattung der Händlerbauten nachgewiesen. Die Häuser selbst erscheinen in Mörtelmauertechnik und nach römischen Baunormen errichtet, die Mauern mit Verputz bedeckt und innen vielfach bemalt. Hierbei verblüfft eine Wanddekoration enthaltend einen Freskenkomplex in der Art des ausgehenden 2. pompeianischen Stils (um 20 v. Chr.), mit einer Reihe von Heroinenfiguren (*Abb. 8*), vielleicht Illustrationen zu den Bacchen des Euripides vorstellend (*Abb. 9*). Dies, wie zwei szenische Bilder mit mythologischen und bukolischen Motiven, weist nicht nur auf den großen Reichtum, sondern auch auf den hohen Bildungsgrad der südlichen Händler hin. Portraitskulpturen, die ältesten innerhalb der Austria Romana, lassen auf die Anwesenheit römischer Bildhauer schließen (*Abb. 10*); Portraits norischer Frauen (*Abb. 11*) sowie Inschriften keltischer Namen auf verschiedenem importiertem Gebrauchsgerät zeigen

Abb. 9. Fresko mit dem Bildnis des Dionysos (Foto: U. P. Schwarz)

Abb. 10. Portraitbüste eines älteren Römers (Foto: G. Piccottini)

deutlich, daß den Einheimischen die Anteilnahme an den aus dem Süden in den Alpenraum gelangenden Kulturgütern durchaus nicht verwehrt gewesen war. Im Gegenteil, sie bedienten sich dessen und schufen in Verbindung mit ihrem überlieferten Kunsthandwerk die Voraussetzungen zur Entwicklung der später blühenden provinzialrömischen Kultur des Ostalpenraumes.

Neben dem Handel lag ein gewisser Schwerpunkt auch im Bereich der Produktion. In einem eigenen Quartier östlich des Siedlungszentrums lagen Werkstätten für Buntmetallverarbeitung, vorwiegend wohl Messing, weniger Bronze. Schmelzöfen, Gußtiegel, Gußformen und Halbfabrikate weisen die Herstellung von Fibeln, Gürtelschnallen und sonstigen Details der heimischen Tracht nach und erfuhren hier ihre Herstellung sowohl für den lokalen Bedarf, als auch für den Export innerhalb des norischen Bereiches.

Vielfach waren diese Werkstätten von italischen Unternehmern geführt, welche gleichzeitig auch als Importeure südlicher Handelsgüter nachweisbar sind. Die Namen einzelner Firmen werden nicht nur aus den erwähnten Geldbeuteletiketten, Rechenmarken, Bleietiketten und Ritzinschriften gegenwärtig, sondern auch aus den zahlreichen Grabinschriften, welche vielfach zu den ältesten Denkmälern dieser Gattung in Österreich zählen; auch sie weisen nach, daß das italische Großkapital dieser Epoche durchaus in der Siedlung vertreten war (*Abb. 12*).

Abb. 11. Portraitbüste eines norischen Mädchens (Foto: U. P. Schwarz)

Der kurz aufgezeigte Großhandelsbetrieb spiegelt sich auch in den Fundmünzen bzw. im daraus erkennbaren Geldumlauf wieder. Neben den nahezu durch sämtliche Nominalien vertretenen römischen Münzen der späten Republik und frühen Kaiserzeit kursierten ebenso norische Groß- und Kleinsilberprägungen. Wohl ab der ersten Hälfte des 1. Jhdts. v. Chr. begann das König-

Abb. 12. Grabinschrift für den Freigelassenen und Händler P. Veturius Amphio und seine Angehörigen (Foto: G. Piccottini)

reich in einer vermutlich für alle seine Stämme gemeinsamen Münzstätte eigene Münzen zu prägen, wobei vor allem die Häufung der Kleinsilberstücke auf dem Magdalensberg es nahe legt, diese Offizin auch dort anzunehmen.

Gegen Ende des 1. Jhdts. v. Chr. trat jedoch in den Beziehungen zwischen Rom und dem Regnum Noricum ein entscheidender Wandel ein, dessen Ursache wohl in der geplanten Offensive der Römer gegen das freie Germanien gelegen hatte. Die Strategie erforderte vor Beginn dieser Operationen die Unterwerfung der teilweise romfeindlichen Bevölkerung des Alpengebietes, wohl um der erwähnten Aktion freien Rücken zu garantieren. Wenn auch die Noriker offensichtlich stets eine proromische Politik verfolgt hatten, wurden sie von den Römern nunmehr dennoch in deren Okkupationsabsichten miteinbezogen. So veränderte die Unterwerfung der Alpenländer in den Jahren 16/15 v. Chr. die politischen Gegebenheiten auch im Ostalpenraum grundlegend. Das Gebiet der Räter und Vindeliker, westlich an jenes der Noriker anschließend, wurde nach schweren Kämpfen besetzt, innerhalb des Regnum Noricum jedoch verlief die römische Landnahme fast ausnahmslos friedlich. Es dürfte wohl die politische Reife der Noriker gewesen sein, die sie veranlaßt hatte, das Gebot der Stunde richtig zu erkennen und einen für sie wohl aussichtslosen Kampf mit der Großmacht des Südens zu vermeiden, selbst um den Preis der Aufgabe ihrer politischen Selbständigkeit. Sie fügten sich der römischen Herrschaft freiwillig, gewissermaßen einem größeren Ganzen, was Rom in der Folge dadurch vergalt, daß es ihnen ihre Traditionen, ihre innere Stammesstruktur, ja ihre Identität beließ.

Für die Magdalensberg-Siedlung brachte dieser historische Wandel keine Einbuße in ihrer Bedeutung, sondern eine zusätzliche Aufwertung. In deutli-

Abb. 13. Die Halle des Praetoriums mit dem Tribunal (Foto: G. Piccottini)

cher Kontinuität ihrer zentralen Funktion während der Zeit vor diesen Ereignissen wurde sie nunmehr zum politischen Mittelpunkt des römisch besetzten Ostalpengebietes, so gewisserweise eine erste Hauptstadt des nachmaligen Österreich vorstellend. Auf diese Vorgänge weisen umfangreiche und entscheidende, vorwiegend das Siedlungszentrum erfassende Baumaßnahmen hin, welche unmittelbar nach der Okkupation einsetzten und, im Grunde genommen, bis in frühclaudische Zeit hinein andauerten. Für den Bereich des Forums ergab sich ein vollkommen neues Bild: Im Nordwesten desselben enststanden über den zugeschütteten älteren Tabernenbauten Gebäude, welche nach individuellen Umbauphasen letztendlich als Praetorium in basilikaler Bauform (*Abb. 13*) und ein ihm angeschlossenes Versammlungshaus vollendet wurden und aufgrund ihrer Einrichtungen, wie eines mächtigen Tribunals, als Sitz der römischen Verwaltung angesehen werden können. An der Ostseite des Forums ersetzten neue, über Tag gebaute Tabernen die vormaligen Kellerkonstruktionen; der gesamte Platz gewann hier außerdem mehr Raum durch die Abtragung der alten Händlerbasilika aus der Mitte des 1. Jhdts. v. Chr. In tiberischer Epoche kam es zum Bau eines großen Podiumtempels für den Kult an Divus Augustus und Dea Roma innerhalb eines weiträumigen Tempelbezirkes (*Abb. 14*), welcher die Mitte der Nordfront des Forums dominierte. Damals mit tetrastyler Fassadenlösung errichtet, sollte er in frühclaudischer Zeit eine Erweiterung zu einem einfachen Peripteraltempel mit hexastyler Fassade erfahren, doch blieb dieses Vorhaben unvollendet. Das kaiserzeitliche Forum kennzeichnen somit wesentlich offizielle Bauten profanen und sakralen Charakters, nur im Nordosten blieb noch ausreichend Platz für die dem Handel vorbehaltenen Gebäude.

Abb. 14. Fundamente des Podiumtempels für den Kaiserkult (Foto: G. Piccottini)

Auf das Handels- und Geschäftsleben in der Stadt sind diese Ereignisse offenbar ohne negativen Einfluß geblieben; was das Eisenwesen betrifft, ist allerdings zu bedenken, ob nicht bereits in dieser Zeit ein kaiserliches Patrimonium oder der kaiserliche Fiskus an die Stelle der vormaligen norischen Eigentümer der ferrariae Noricae getreten ist, selbst wenn sich Änderungen in den diesbezüglichen Verwaltungspraktiken in der Okkupationszeit noch nicht nachweisen lassen.

Die Anwesenheit von Militär, offenbar ein Détachement von Veteranen der legio VIII Augusta vom illyrischen Heeresverband, sowie Soldaten der cohors Montanorum I, ist durch Grabinschriften bezeugt (*Abb. 15*), ebenso durch eine Fülle von Militaria, Gegenstände der militärischen Ausrüstung, die z. T. auch in lokalen Werkstätten innerhalb der Stadt erzeugt wurden. Die Stationierung von Truppenabteilungen der zuvor genannten Art war zweifellos erforderlich zur Unterstützung der vielfältigen Agenden des Vertreters der neuen Machthaber, am ehesten wohl ein hoher Militär des mit der Okkupation betrauten illyrischen Heeresverbandes, und versehen mit den Befugnissen eines Praefectus civitatium. Ein solcher ist für das besetzte Noricum zwar nicht überliefert, doch nach Parallelen, wie im westlich angrenzenden und kurz zuvor okkupierten Rätien, durchaus wahrscheinlich und besser vorstell-

Abb. 15. Grabstele für die Legionsreiter C. und P. Vettius (Foto: G. Piccottini)

Abb. 16. Widmungsinschrift für Iulia, Tochter des Kaisers Augustus (Foto: G. Piccottini)

bar als ein einheimischer Dynast oder eine vornehme Persönlichkeit aus der einheimischen Bevölkerung. Diese Ansätze finden eine Unterstützung durch ein 1990 auf einer Terrasse unmittelbar westlich und etwa 30 m über dem sog. Repräsentationshaus freigelegtes Gebäude, dessen Grundriß stark an jenen militärischer Principiabauten erinnert und in die Zeit um 20 n. Chr. datiert werden kann. In die Wandmalerei der Porticus, welche drei nebeneinander angeordneten Sälen vorgelagert und vom freien Terrassenhof über eine breite Treppe erreichbar ist, erscheinen zahlreiche Graffiti mit Gladiatorendarstellungen eingeritzt, ein Umstand, der vermehrt auf einen engen Zusammenhang des Baues mit dem Militär hinweist und es dadurch erlaubt, in ihm das Stabsgebäude und Fahnenheiligtum für die in der Stadt stationierten römischen Truppeneinheiten annehmen zu können.

Der frühen Okkupationsepoche gehören zahlreiche Bruchstücke von Inschriften an, welche die norischen Stämme Mitgliedern der Familie des Kaisers Augustus, wie Livia, Iulia und Iulia minor (*Abb. 16*), vielleicht auch dem Kaiser selbst, und wohl angebracht an einem entsprechenden Monument auf dem Forum, gewidmet hatten. Sie, wertvollste epigraphische Zeugnisse des römischen Österreich, erlauben, gemeinsam mit dem Kaiserkulttempel, den Hinweis, auf dem Magdalensberg auch den Ort des jährlich einberufenen Conventus Noricorum, des norischen Landtages, vermuten zu dürfen, aus welchem Anlaß die einheimischen Stämme ihrer Loyalität gegenüber Kaiser und Reich feierlich Ausdruck verliehen.

Abb. 17. Gußform für Goldbarren (Foto: U. P. Schwarz)

Ein aufsehenerregender Fund im Jahre 1993 vermag die Annahme vom Vorhandensein römischer Verwaltungseinrichtungen auf dem Magdalensberg wesentlich zu unterstützen. Damals wurden – und damit überhaupt erstmals aus der Antike überliefert – zwei Gußformen (*Abb. 17*) für die Herstellung von Goldbarren aufgefunden; deren zusätzlicher Aussagewert liegt darin, daß sie den Namensstempel des Kaisers Caligula (37–41 n. Chr.) und den Herkunftsnachweis für das Gold aus Noricum tragen. Dies bedeutet, daß der

Abb. 18. Gebäudekomplex südwestlich des Forums (Foto: G. Piccottini)

kaiserliche Goldbedarf jedenfalls zu einem Teil aus dem römisch besetzten Noricum gedeckt wurde, und weiter, daß das edle Metall von den norischen Goldvorkommen auf den Magdalensberg gebracht worden ist, dort geschmolzen, zu Barren gegossen und schließlich nach Rom transportiert wurde. Derartige Umstände setzen in der Stadt die Anwesenheit offizieller Verwaltungsorgane ebenso voraus, wie sie andererseits die Bedeutung dieser Stadt als Sitz derartiger Einrichtungen zusätzlich unterstreichen.

Nunmehr wurde auch im Osten des Zentrums umgebaut. Innerhalb des vorerwähnten Quartiers der Buntmetallwerkstätten wurden diese vielfach durch Wohnhäuser ersetzt und dieser Bereich u. a. mit dem Forum durch eine breite Straße verbunden. Letztere erreichte in gerader Linie ein am Ostrand der weiten Bergmulde dominierend errichtetes Doppeltor, welches, einem klassischen Markttor ähnlich, den Eintritt zum Siedlungszentrum architektonisch betonen sollte. Ein Blick auf den Gesamtplan macht deutlich, daß diesen Maßnahmen bereits ein durchaus urbanistisches Plankonzept zugrunde lag und daß man an dessen Verwirklichung auch konsequent gearbeitet hatte.

Vom Umbau betroffen war auch ein großflächiger Gebäudekomplex mit Badeanlage auf einer Terrasse südwestlich des Forums und an der antiken Straße zum Berggipfel gelegen. Die neue Planung sah die Errichtung eines zusammenhängenden vielleicht Diversoriumcharakter besitzenden Baublockes (*Abb. 18*) vor, welcher sowohl vom Südteil des Forums her wie auch von der Gipfelstraße aus zugänglich gemacht wurde. Dem ursprünglichen Bad mit Apodyterium (Umkleideraum), Tepidarium (Warmwasserbad) und Caldarium (Heißwasserbad mit Badewanne) wurde ein Sudatorium (Schwitzbad) hinzugefügt und unweit desselben eine umfangreiche Küche mit Bratherden und Backöfen sowie zwei Speiseräume errichtet. Nach Süden hin sollte ein dem

Abb. 19. Häuser auf den Terrassen südlich des Forums (Foto: G. Piccottini)

vorhergehenden Bauzustand ähnlicher Peristylhof entstehen, der jedoch unvollendet blieb.

Wie hier wurden auch die Terrassen am Südhang der Bergmulde, weit unterhalb des Forums gelegen, völlig neu gestaltet. Erhoben sich dort zuvor vereinzelt kleinere Objekte, teilweise in Holz- oder Mauerbautechnik errichtet, so wurde nunmehr an deren Stelle ein sämtliche Terrassen umfassendes Baukonzept verwirklicht (*Abb. 19*). Im wesentlichen waren es große Wohngebäude, welche fast in nur einem Bauvorgang errichtet worden sind und bei manchmal vorkommender Doppelgeschoßigkeit eine innere Ausdehnung bis zu 150 m^2 besessen haben.

Im gesamten betrachtet, bedeutet somit aus geteilter Ursache die Okkupationsperiode für die Magdalensberg-Siedlung eine zweite Blütezeit, während welcher die Stadt wohl auch ihre größte Ausdehnung von rund 3 km^2 und die höchste, allerdings schwer zu schätzende Einwohnerzahl, etwa 3000 Menschen, erreicht haben wird.

War einer der Gründe für diese Entwicklung in den geschilderten Maßnahmen der römischen Besatzungspolitik gelegen, so ist die relativ rasche Aufgabe der Siedlung, gegen Ende der vierziger Jahre des 1. Jhdts. n. Chr., ebenfalls einem zeitgleichen Wechsel der politisch-territorialen Gegebenheiten innerhalb des Ostalpenraumes zuzuschreiben. Gemeint ist die Provinzialisierung der besetzten Gebiete durch Kaiser Claudius gegen Anfang seiner Regierungszeit und die endgültige Eingliederung Noricums als römische Provinz Noricum in das Imperium, wobei der Umfang derselben, mit geringen Gebietsabstrichen im Osten und Süden, die Grenzen des alten Königreiches nachvollzog. Ein wesentlicher Einschnitt ergab sich in der Folge auch für die Siedlungsgeographie: Vorwiegend im bereits stark romanisierten Süden Noricums kam es, unweit der gewöhnlich auf Hügeln gelegenen größeren Siedlungen der vorrömischen Bevölkerung, im nahegelegenen Talbereich zur planmäßigen Gründung autonomer römischer Städte, welche als municipia Claudia sowie mit dem Namen der jeweiligen Altsiedlung bezeichnet und vermutlich mit latinischem Recht ausgestattet, ebenfalls noch unter Claudius das Stadtrecht erhielten. Die neuen Städte übernahmen als neue Sammelpunkte ihres Umfeldes die Aufgaben der Altsiedlungen und wurden so zu Garanten der wirtschaftlichen wie kulturellen Weiterentwicklung und der damit auch voll einsetzenden Romanisierung innerhalb der eben eingerichteten Provinz, wozu vornehmlich im Süden die räumliche Nähe Italiens wesentlich beitrug. Von diesen Vorgängen war auch die Siedlung auf dem Magdalensberg voll betroffen. Noch unmittelbar vor der Mitte des 1. Jhdts. n. Chr. schließen die datierbaren Funde innerhalb der gesamten bisher untersuchten Siedlungsanlage, mit Ausnahme der Gipfelzone, wo, wohl im Zusammenhang mit dem dortigen Heiligtum, eine Kontinuität bis in die Spätantike feststellbar ist; alle sonstigen Bereiche scheinen von den Bewohnern allem Anschein nach ziemlich rasch verlassen und die einzelnen Gebäude, manche in unfertigem Bauzustand, dem Verfall preisgegeben worden zu sein.

Zur selben Zeit wurde am Fuße des Berges, auf dem nahen Zollfeld, die Nachfolgesiedlung, das Municipium Claudium Virunum, erbaut, welche nicht nur in den oben charakterisierten Belangen ihre Vorgängerin ersetzte, sondern in geradezu logischer Kontinuität, der politischen Bedeutung ihrer Lage entsprechend, auch zur Hauptstadt der Provinz Noricum und Sitz des prokuratorischen Statthalters auserwählt wurde. Hier fanden die ehemaligen Bewohner des alten Virunum auf dem Berge, Einheimische wie Römer, gewissermaßen ihre neuen Heimstätten und unter anderen, verbesserten Bedingungen die Möglichkeit, ihren verschiedenen Aufgabenbereichen nachzukommen. Es zeigt sich geradezu ein nahtloser Übergang von der Altsiedlung zur Neugründung, der sich einmal innerhalb der Bevölkerungsstruktur nachweisen läßt, aber auch auf dem Gebiet kultureller Werte, wie Skulptur und Kunsthandwerk, welche das Municipium Virunum und seine weitere Umgebung bereits während der Zeit bis zur Jahrhundertwende hinterlassen haben. Ihre Qualität ist nicht Zeugnis für eine mühsame Neuentwicklung, sondern Beweis für die Fortsetzung von Fertigkeiten, deren Anfänge auf dem Magdalensberg rund ein Jahrhundert zuvor gesetzt wurden; diese Voraussetzungen waren mitbestimmend gewesen für die in weiterer Folge besonders hohe Entfaltung der provinzialrömischen Kunst und Kultur im südlichen Noricum.

So bedeutet die Siedlung auf dem Magdalensberg einen der wichtigsten Marksteine für die historische und kulturelle Entwicklung des inneren Ostalpenraumes während der Übergangsepoche dieses Bereiches vom späten freien Keltentum zur frühen Austria Romana; sie steht bisher einzigartig am Beginn des römischen kulturellen Erbes in Österreich, ohne sie wäre unser Wissen um dieses und die historischen Ereignisse, die es begleiteten, wesentlich lückenhafter geblieben.

Schrifttum

G. Piccottini: Bauen und Wohnen in der Stadt auf dem Magdalensberg. Denkschriften der Österreichischen Akad. d. Wiss., phil.-hist. Kl. 208 (1989), mit sämtlicher Literatur!

Ders.: Die Römer in Kärnten (1989) 90ff.

G. Piccottini und H. Vetters: Führer durch die Ausgrabungen auf dem Magdalensberg[4] (1990).

GPSR Compliance

The European Union's (EU) General Product Safety Regulation (GPSR) is a set of rules that requires consumer products to be safe and our obligations to ensure this.

If you have any concerns about our products, you can contact us on ProductSafety@springernature.com

In case Publisher is established outside the EU, the EU authorized representative is:

Springer Nature Customer Service Center GmbH
Europaplatz 3
69115 Heidelberg, Germany

Batch number: 10815974

Printed by Printforce, the Netherlands